図解 静電気管理入門

二澤 正行 編著

ECA Japan

Electro-Static Discharge Coordinator Association of Japan
ESD Coordinator Association of Japan

森北出版株式会社

●本書のサポート情報を当社Webサイトに掲載する場合があります．下記のURLにアクセスし，サポートの案内をご覧ください．

https://www.morikita.co.jp/support/

●本書の内容に関するご質問は，森北出版 出版部「(書名を明記)」係宛に書面にて，もしくは下記のe-mailアドレスまでお願いします．なお，電話でのご質問には応じかねますので，あらかじめご了承ください．

editor@morikita.co.jp

●本書により得られた情報の使用から生じるいかなる損害についても，当社および本書の著者は責任を負わないものとします．

■本書に記載している製品名，商標および登録商標は，各権利者に帰属します．

■本書を無断で複写複製（電子化を含む）することは，著作権法上での例外を除き，禁じられています．複写される場合は，そのつど事前に（一社）出版者著作権管理機構（電話03-5244-5088, FAX03-5244-5089, e-mail：info@jcopy.or.jp）の許諾を得てください．また本書を代行業者等の第三者に依頼してスキャンやデジタル化することは，たとえ個人や家庭内での利用であっても一切認められておりません．

序　文

　本書は、静電気に敏感なデバイスを始めて取り扱う人にも、長年、取り扱ってきた人にも、すぐに役に立つような実用的なESD管理技術を平易な文書で、わかりやすく記述したものです。

　第1章は、静電気の基礎とその具体的な測定方法や測定例、第2章は、静電気に敏感なデバイスとして、半導体の具体的な破壊とその測定、第3章は、ESDが発生した後の障害として、EMIについての世界的な標準類の動向やその影響と測定、第4章は、米国の著名なESD専門コンサルタント、スティーブ・ハルペリン氏の四半世紀前の文献を、本旨を変えることなく、現代風にアレンジしました。この文献は、それ以後の米国ESD関連標準類に大きな影響を与えたもので、現在でも多方面で基礎的な文献として使用されています。ここでは、ESD管理とは何かという問題について解説をしています。第5章は、さまざまなESD対策資材を、財団法人 日本電子部品信頼性センターの発行していた静電気対策資材の解説・指針や、㈱プラスチックス・エージに長年筆者が寄稿した文献を引用して解説したもので、第4章を具体的に実施するためのものです。

　静電気対策や管理方法を具体的に記述した本は、我が国では、非常に少ないのですが、IECなどで静電気管理が標準化されたことにより、今後は増加してくると思います。本書は、その意味で、先駆けとなればよいと考えております。

　なお本書は、2004年4月に工業調査会から出版されたものに、若干の修正を行い森北出版より継続発行することになったものです。

2011年9月

二澤　正行

編　者　二澤　正行（にさわ　まさゆき）

執筆者一覧

二澤　正行（にさわ　まさゆき）
松本　雅俊（まつもと　まさとし）　ルネサスエレクトロニクス株式会社
渡辺　毅（わたなべ　たけし）　ルネサスエレクトロニクス株式会社
村上　俊郎（むらかみ　としお）　村上商事株式会社

目 次

図解 静電気管理入門 目 次

序　文 i
略語一覧 ix
序　章 1

第1章　静電気について

1. 静電気の発生とその原因 8
2. 物質の電気的な特性 10
    実際の静電気の発生と帯電 11
3. 静電気の基礎 14
    電流と電圧 14
    電荷量と電場強度 16
    電気力線 18
    静電容量 18
4. 実際の電荷量測定 19
    摩擦帯電特性 22
    一般包装材料の測定 22
    マガジンの測定 23
5. 電荷測定による評価 23
    測定方法の現状と問題点 23
    ファラディカップを使用した電荷測定上の問題点 24
    デバイスの除電 27
6. 抵抗と抵抗率 29
    抵抗測定 32
    層構造を持つ物質の抵抗測定 36
7. 抵抗測定の問題点 39
    帯電防止物質 39
    施工後の床抵抗測定 39
8. 電荷減衰 42

iii

減衰特性評価と測定試験の概要 ･････････････････････････ 45
減衰測定と表面抵抗率測定 ･････････････････････････････ 47

第2章 電気・電子業界における ESD の問題

1. 半導体デバイスの破壊モデル ･･････････････････････････････ 56
   半導体デバイスへの放電現象 ･･････････････････････････ 58
   半導体デバイスからの放電現象 ････････････････････････ 59
2. 電子デバイスの損傷 ･･･････････････････････････････････････ 60
   非回復性不良 ･･ 60
   回復性不良 ･･ 62
3. 半導体デバイスの静電気敏感性区分 ････････････････････････ 64
4. 半導体デバイスの ESD 試験方法 ･･･････････････････････････ 66
   人体モデル（HBM）試験方法 ･････････････････････････ 66
   マシンモデル（MM）試験方法 ･････････････････････････ 69
   デバイス帯電モデル（CDM）試験方法 ･･････････････････ 70
   ESD 試験方法の問題点 ･･･････････････････････････････ 72

第3章 静電気による EMI 障害

1. EMC(EMI、EMS)とは？ ･･････････････････････････････････ 78
   電磁波の周波数とノイズ ･･････････････････････････････ 78
2. EMC 規格動向 ･･･ 80
   EMI 規格 ･･ 80
   イミュニティ（EMS）規格 ････････････････････････････ 82
3. 半導体 EMC ･･ 82
   規格化の動き ･･ 83
   半導体工場における ESD による EMI 障害 ･･････････････ 90
4. ESDイミュニティ試験方法 ････････････････････････････････ 91
   IEC 61000-4-2 ESD 試験 ･･････････････････････････ 91
   ESD 発生器の取扱い ･････････････････････････････････ 95

　　　　試験手順 …………………………………………………… 98
　5. ESD現象とEMI ……………………………………………… 100
　　　　EMIロケータ ………………………………………………… 101

静電気管理入門

1. **静電気管理とは** ……………………………………………… 104
　　産業分類別の静電気管理上における問題 …………………… 105
　　電子工業界が認識すべき問題 ………………………………… 108
2. **生産分析** ……………………………………………………… 110
　　静電気障害による損失 ………………………………………… 110
　　生産分析の必要性 ……………………………………………… 112
　　生産分析の組み立て方 ………………………………………… 113
　　さまざまな企業での静電気障害 ……………………………… 117
　　生産設備／工程管理評価のために …………………………… 119
　　評価を行うために ……………………………………………… 120
　　設計／計画／評価（生産準備）……………………………… 121
　　生産工程における問題 ………………………………………… 124
3. **業界の問題と生産現場評価** ………………………………… 125
　　生産段階での問題 ……………………………………………… 125
　　物流段階での問題 ……………………………………………… 127
　　生産現場の諸段階 ……………………………………………… 128
　　計画、設計段階の生産現場評価 ……………………………… 129
　　購買部門の機能 ………………………………………………… 132
4. **生き物としての工場の評価** ………………………………… 134
　　静電気管理区域の区分 ………………………………………… 134
　　環境の評価 ……………………………………………………… 137
　　主要生産機器 …………………………………………………… 142
5. **人間の要因評価** ……………………………………………… 144
　　人体が発生する電荷 …………………………………………… 144
　　衣服が発生する電荷 …………………………………………… 146
　　対策の実施手順 ………………………………………………… 147

6. 材料評価 ……………………………………………………… 150
   導電性 ………………………………………………………… 150
   静電気減衰特性 ……………………………………………… 153
   電磁誘導または起電妨害 …………………………………… 153
   電磁パルス …………………………………………………… 154
   腐食性と二次汚染 …………………………………………… 155
   材料の分類 …………………………………………………… 156
7. 包装・輸送の段階 …………………………………………… 156
8. 保守・修理の段階 …………………………………………… 159
   実施主体者 …………………………………………………… 161

第5章 生産環境要因の評価

1. 生産環境を構成するもの …………………………………… 164
2. ESD保護区域 ………………………………………………… 165
   静電気管理の中でのEPAの位置づけ ……………………… 166
   EPAの管理レベル …………………………………………… 167
   EPAの決定、構築 …………………………………………… 169
3. 接地 …………………………………………………………… 172
4. リストストラップ …………………………………………… 174
   リストストラップの構造 …………………………………… 177
   リストストラップの選択 …………………………………… 180
   システム試験 ………………………………………………… 181
   リストストラップモニター ………………………………… 184
5. 床 ……………………………………………………………… 186
   床の種類 ……………………………………………………… 187
6. 床と履物 ……………………………………………………… 189
   履物の種類 …………………………………………………… 190
   ESD管理用靴の試験 ………………………………………… 192
   維持と管理 …………………………………………………… 192
   接地機器類での問題点 ……………………………………… 193
7. 作業表面 ……………………………………………………… 194

	作業表面の目的と選択の要素	194
	作業表面の分類と評価	197
	作業表面材料の分類	199
8.	**作業者と衣服**	202
	衣類の分類	204
9.	**椅子**	207
	椅子の静電気特性評価方法	208
10.	**帯電防止剤**	209
	帯電防止剤とは？	210
	帯電防止剤の構造	211
	帯電防止剤の分類	212
	塗布型帯電防止剤	214
	練り込み型帯電防止剤	229
	導電性素材	230
	帯電防止剤の選択	234
11.	**評価例**	240
	比較試験	240
	洗浄	243
	処理表面の物理的強度	247
	塗布型帯電防止剤の処理方法	250
12.	**イオナイザー**	256
	イオナイザーの概要	257
	電子デバイスの静電気障害	259
	イオナイザーの原理	261
	コロナ放電式イオナイザーの安全性	264
	軟X線式および紫外線式イオナイザーの特徴	266
	コロナ放電式イオナイザーの種類	267
	イオナイザーの評価方法	269
	評価基準	275
	保守管理	284
	簡便な特性評価装置の利用	288
13.	**ESD保護包装**	289
	ESD保護袋の概要	289

ESD 保護包装とは？ ……………………………………………… 294
ESD 保護包装材料の区分 ………………………………………… 295
ESD 保護包装材の選択 …………………………………………… 303
ESD 保護包装材（DIP スティック）……………………………… 307

引用文献／参考文献 ……………………………………………… 316
索引 ………………………………………………………………… 322

略語一覧

ANSI	American National Standard Institute	米国国家規格協会
BSI	British Standard Institute	イギリス規格協会
CDM	Charged Device Model	デバイス帯電モデル
CECC	CENELEC Electronic Components Commitee	CENELEC電子部品委員会
CISPR	International Special Committee on Radio Interference	国際無線障害特別委員会
CPGS	Common Point Ground System	MILで使用する標準接地システム
EIA	Electronic Industries Alliance	米国電子工業企業体協会
EMC	Electromagnetic Compatibility	電磁環境両立性
EMI	Electromagnetic Interference	電磁波妨害
EMS	Electromagnetic Susceptibility	電磁波耐性
EN	European Norm	欧州標準
EOS	Electrical Over-Stress	
EPA	Environmental Protection Agency	環境保護局
EPA	Electrostatic Discharge Protected Area	静電気保護区域
ESD	Electro-Static Discharge	静電気放電
ESDA	Electro-Static Discharge Association	ESD協会
ESDS		静電気に敏感な電子部品類
EU	Europe Union	欧州連合
FCC	Federal Communications Commission	連邦通信委員会
FDA	Food and Drug Administration	食品薬品局
FICDM	Field Induced CDM	電界誘電デバイス帯電モデル
FTMS	Test Method Standard（FS：Federal Standard）	連邦テスト基準
HBM	Human Body Model	人体モデル
IEC	International Electrotechnical Commission	国際電気標準会議
JEDEC	Joint Electron Device Engineering Council	
JEITA	Japan Electronics and Information Technology Industry Association	電子情報技術産業協会
JIS	Japan Industry Standard	日本工業規格
MIL	Military Spec	米軍調達品の品質や信頼性を規定したもの。ミルスペ

	ック
MM	Machine Model　マシンモデル
NASA	National Aeronautics and Space Administration　アメリカ航空宇宙局
NFPA	National Fire Protection Association　米国防火協会
VCCI	Voluntary Council for Interference Data Processing Equipment and Electronic Office Machines　情報処理装置等電波障害自主規制協議会
WVTR	Water Vapor Transmission Rate　水蒸気透過率

序 章

静電気による不思議な現象は、人類が現在のような文化的な生活を営む以前にも存在していました。それは、"セントエルモの火"と呼ばれる航海中の船のマスト先端や、行軍中の軍隊の槍先端部分の青白い火など、その当時の科学では理解できないような現象として、あるいは、劇的な静電気現象としての雷による火災や感電等の恐怖の対象として存在していたのです。
　しかし、そのような現象は、天災として避けられないものと考えることが多く、実際の人類の障害として静電気を制御・管理しようとするようになったのは、身近に着火・爆発の危険のある火薬などを使用するようになった中世のヨーロッパからだと言われています。その当時、火薬の保管用として、砦や城の中に、現在の危険物保管庫でもその理論が一部使用されているような特別な構造の貯蔵庫が作られるなど、大航海時代の船舶での火薬の取扱いには特に注意がなされていました。
　このような静電気問題は、比較的一般的な問題であったようで、中世の騎士物語での攻城戦や近世での砲撃戦、中世から近世にかけての海洋小説の中に、軍艦戦闘シーンでパウダーモンキーと呼ばれる火薬を取り扱う少年がフェルトの靴に海水をかけて静電気の発生を押さえ、なおかつ、甲板を滑りにくくするために湿った砂を撒く風景が記述されていたりします。
　このような着火・爆発を防ぐ装置や構造、取扱方法などは、原始的ではあるにしろ、基本的には、静電気管理技術と呼べるものであったでしょう。さらに、時代が下って産業革命時代になると、静電気は紙の製造や印刷技術、その他原始的なオートメーションラインで、製造障害の原因として問題視されるようになってきました。この頃になると、従来の加湿や摩擦帯電の抑制などの他に、接地やアイオニゼーションの技術も取り入れられ始めました。また、近年の最も印象的な静電気災害の一つに、1937年、水素を使用した飛行船"ヒンデンブルク"号の爆発炎上事故があります。
　2つの大きな戦争が終わって、人類が電子技術に目覚め始めた頃、静電気は、電子産業で大きな障害となり始めました。また、近代産業で急速な発展をすることになる合成樹脂産業では、製造中の安全性、製品の精度、汚れなど目に見える障害として表れることになります。ところで、静電気は、現在ではすべての産業、生活に直接関係のある装置類の重要なデータの表示部、メータ誤動作の原因の1つにも挙げられるようになりました。
　米国海軍が原子力潜水艦の北極点通過時、航行装置の誤動作を防ぐために、塗布型帯電防止剤を開発・使用したのは有名な話です。また、先端技術の集約

された宇宙航空産業でも、開発初期の段階から静電気は大きな問題となり、その制御技術については軍関係のシステムとは別に開発されたものもあります。

1960年代からは、半導体素子などを使用した電子装置類がさまざまな分野で使用され始め、それに伴い静電気の障害は、半導体の破壊や劣化、誤動作の形状でより身近なものとなってきました。ただし、この当時の障害は、前述のように対症療法でも十分機能する程度のもので、静電気管理用の資材としても接地器具の改良（各種のストラップ類）や包装材料の開発（導電性や静電気拡散性）、床の施工方法等の考案などさまざまなものが出てきてはいるものの、まだ静電気管理をシステムの問題と捉えるまでにはいたっていなかったようです。

しかし、1970年代の後半になると電子部品類の軽量・小型化が顕著になり、それにつれて静電気障害に対する敏感性も著しく大きくなってきました。そのため、米国、英国などでは、システム化された静電気障害対策、いわゆる**ESD**（**Electro -Static Discharge：静電気放電**）管理方法の必要性が認識されるようになり、MIL（Military Spec）やBSI（British Standard Institute）などでESD管理の基本規格や標準が作成されるようになってきました。また、1980年代に入ると民間規格として、米国ではEIA（Electronic Industries Alliance）などで標準化が進み、その流れは現在、ESD協会がMILの民間バージョンとして作成したS20.20に集約され、BSIなどの欧州標準は、ENやIECに集約されつつあります。

さて、米国で静電気管理をシステムの問題として考慮するようになった大きな理由の一つに、軍の存在があります。それは、艦船の航行上の問題、電子装置類を使用した射撃システムの誤動作の問題、その他、軍事施設の電子装置類の保守、修理時点での部品の信頼性の問題などで、70年代の後半には、そのような部署で必要とされていた静電気に敏感な電子部品類の取扱いに関する仕様書が、相次いで発刊されたことからもわかります。

この時点では、各仕様書は主要標準に合わせて記述されていましたが、ガイドブックを含めシステム化されたとまでは言い切れない状態でした。しかし、訓練プログラムと静電気に対するさまざまな新規の試験方法は、軍事関連業者に静電気管理という概念を浸透させていきました。このシステム化という作業は、莫大な経費と時間、労働力を必要とする作業で、それを軍の力で行えたために、米国の静電気関連事業は、80年代に入り急速に拡大していきました。

当初、軍事関連で使用していた標準などは、規格の整備とシステム化が進められる中で、EIA、ESD協会をはじめとする民間規格も整備され、民間での使

用も一般化されてきました。このような動きは米国のみではなく、英国でもBSIが80年代の前半にシステム化された静電気管理標準を制定し、欧州でも一般化が進められ、先の5-1／5-2、ENに発展していきます。わが国では、電子部品類輸出の関連企業では、比較的早くから米国の規格・標準の適応が求められたために（米国の静電気管理標準に、部品業者の監査も含まれていました）、80年代の前半には、米国の標準に適応する企業も多く現れてきました。しかし、JISなどには、2002年11月に、IEC 61340 5-1／5-2の翻訳のテクニカルレポートができるまで、静電気管理のシステム化された標準類は存在していませんでした。

　ここで、もう少し詳しく、米国での静電気管理産業の変遷を追ってみましょう。静電気管理のために使用する資材は、工場や研究室で使用するほとんどの資材の他、イオナイザーなどの特殊な機器類、表面抵抗や体積抵抗、減衰時間、帯電電圧、電荷量などの各静電気管理用の指標を測定するための測定機器類があります。この中で、測定機器については、米国での測定に関する基本研究が80年代にほぼ満足できる領域に達したために、基本的には70年代から80年代で完成されています。ただし、抵抗評価のように、その適用方法や測定された数値の認識、評価については、現在でも議論されているものが数多く存在しています。

　つぎに、さまざまな資材についてですが、ここでは、最も変遷の激しかった包装資材について解説することにします。静電気に敏感な部品類が存在するとの認識ができれば、当然、その輸送・貯蔵の際、特別に考慮されることになります。そのため、静電気管理用の包装資材は、比較的古くから開発されています。爆発物や着火物の包装などに使用される包装材料については、かなり特殊であったり、汎用性に問題があることからここではとりあげません。

　さて、静電気に敏感な部品類は、60年代、実際に数は少ないものの存在していたので、その包装材料も開発されていました。しかし、開発当初は、特殊な用途での使用であったために、現在使用されているものとは、多少異なった概念のものだったようです。たとえば、現在では、静電気に敏感な部品類の包装には、透明あるいは少なくとも内部の確認が容易である程度透明なものが使用されることがほとんどですが、この当時のものは、アルミのラミネート製品や黒色の導電性カーボンを樹脂に練り込んだもの、あるいは、樹脂表面にアルミや導電性カーボンをコーティングしたようなものが主流でした。

　アルミのラミネート品を使用したのは、現在でも同じ目的で使用している水

蒸気透過率の問題や突き抜け強度の問題を想定したものです。ただし、この当時のアルミラミネート品の内部には、黒色の導電性カーボンを使用したものが多く、現在のように透明な帯電防止のフィルムを使用しているものは、非常に少なかったようです。

　70年代に入ると静電気に敏感な部品類が増加し始め、それに伴って、それまで包装材料に使用されていなかった素材や軍事用に使用されていた素材が使用されるようになってきます。先に説明した米国の軍規格の整備に伴い、70年代の後半になるとこの傾向は、ますます顕著になっていきます。また、電子部品の製造工程の自動化が進み包装材料の透明化が求められるようになってきたのもこの頃のようです。80年代に入ると電子部品の微細化、高集積化等の技術的な進歩により、静電気に敏感な部品類は顕著に増加していきました。また、この頃になると製造環境のクリーン度の問題から、包装材料に対してもある程度のクリーン度が要求されるようになり、包装材料表面からの汚染についても考慮するようになってきます。

　このような傾向から、袋などでは透明性のあるものが主流となり、導電性カーボンを使用した中の見えない袋は、次第に市場から消えていきました。もっとも、導電性カーボンの練り込みの技術やコーティングの技術は、汚染の問題を解決するために格段に進歩したので、内部を確認する必要のない部品のトレーや部品箱などの使用については、逆に増加していったようです。透明性のある袋は、当初MIL規格の色指定によりピンクの色をしていましたが、現在ではこの項目が削除されたために、基本的には透明の着色のないものも使用可能です。もっとも、企業のイメージカラーや静電気包装を一般包装と区別するために、現在でも着色したものを使用するのが一般的ではあります。

　さて、透明な袋も実は、80年代に問題を発生しています。それは、添加剤に含まれていた物質が化学反応を発生し、内容物の金属部分が腐食した事例です。この研究によりMILの静電気に敏感な部品類の包装仕様書は、金属腐食に関する項目が改良されバージョンアップしています。この事件は、わが国ではあまり話題にはならなかったのですが、米国では腐食を発生した材料のみならず、添加剤を使用しているすべての材料の再検討という大変大きな問題となりました。それは、この問題を引き起こしたホモジェニアスと称する単一なフィルム製品の他、この当時すでに現在と同じようにESDシールドという概念のシールドフィルムや水蒸気バリアー性のあるアルミラミネート製品が多数使用され始めており、それらの製品にもその関連の素材が使用されていたものがあったた

めです。

　このような変遷を経て、現在では静電気に敏感な部品類の包装用フィルムや袋は、単純な練り込み製品の他、共押出、ラミネート、蒸着、電子ビームを利用した表面コーティング製品などさまざまな製品が用途により開発されています。包装材料には、他にマガジン、スリーブ、チューブなどと呼ばれるDIP型半導体用の容器、トレー、キャリアーと呼ばれるSMT用の容器、キャリアーテープの形状のものがあります。袋との大きな違いは、一般にこれらの材料の方が硬質なために、簡単に帯電防止剤の練り込み製品が開発できなかったことや、効果のある表面処理剤が開発されていたこと、導電性カーボン処理技術の発展などの他、容器の使用目的の違いなどから、袋とは異なって、70年代に開発された技術のまま現在にいたっているものも多いようです。実は、袋やフィルムの開発と同時にESDシールドや練り込み型の製品も開発はされたのですが、いずれも強度や透明度の問題、そして多くは経済的な問題から使用されなかったようです。

　その他の資材についても、それぞれ開発の歴史があるのですが、特に、接地については非常に重要な項目なので、少し触れておきます。接地そのものは古くから行われているので、近年は、ESD管理の立場と作業者の安全性の考え方を合理的に組み合わせることや、標準接地点の考え方など管理・制御方法の標準化が進みました。大きく変化があったのは、MILで作業場が標準化された80年代の後半です。それまでは、測定指標なども企業間であいまいであったものが、MILの標準化に伴い統一化が進みました。特に、90年代にこの仕様書が、更新されると作業台表面やリストストラップ、接地点などの抵抗評価が一変しました。また、これに合わせるようにESD協会などの民間標準も整備されたために、作業場周辺の接地環境は、大きく改善されました。

　このように、静電気管理用製品は、この20年の間に大きく変化してきました。それは、部品類の敏感性の増大や要求特性の変化など、購入側の問題を解決するためということの他に、静電気管理を取り巻く環境の変化により研究、開発が進んだことも指摘できると思います。そして、このような問題は、静電気に敏感な部品類の種類が変わると再び発生しています。つまり、現在でもまだ管理技術は変化しているのです。

第1章
静電気について

 静電気の発生とその原因

　静電気管理を行う上で、静電気がなぜ、どのように発生するかを考えることは非常に重要なことです。ただし、実際には管理そのものは、原理や理論を知らなくとも場当たり的に行うことができるので、障害問題が非常に大きくなるまで上部の管理者が、問題を把握できないこともあります。

　さて、静電気の発生は、さまざまな原因によるものがありますが、一般的には2つ以上の物質の接触と分離により発生すると考えてよいでしょう。この場合、物質は同じでも異なったものでもよく、液体、個体、気体いずれの形状でも発生します。その意味では、何か物質が存在していれば必ず静電気が発生していると考えるべきです。具体的には、半導体デバイスをマガジンやチューブ、トレーなどに挿入したり、取り出したりする場合には、半導体デバイスとそのような包装材料の間での接触と分離により静電気が発生します。また、取り出した半導体デバイスを作業表面に置いておくだけでも、微小な静電気が空気と半導体デバイス間で発生します。

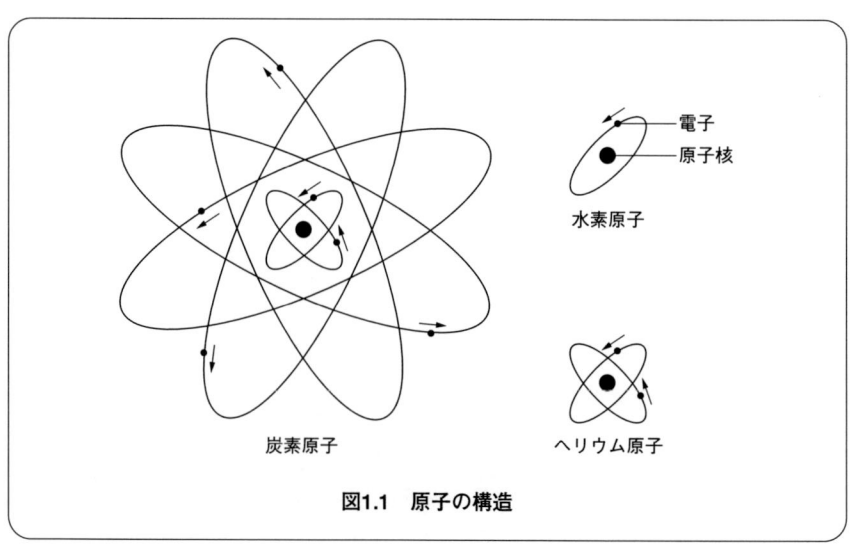

図1.1　原子の構造

1. 静電気の発生とその原因

　では、なぜこのような静電気が簡単に発生してしまうのでしょうか？　それを説明するために、物質を構成している原子についてのごく簡単なお話をします。

　物質を構成している原子を饅頭にたとえると、真ん中にある原子核というあんこの部分とそれを取り巻く皮の部分を回転している電子から構成されています。この周囲の電子（－）の数と原子核の陽子（＋）の数は、同じになっているので、この状態では電気的には中性となります（**図1.1**）。つまり、この原子という饅頭を測定することのできる静電場測定器があれば、この状態ではその目盛りは0を示します。

　さて、原子にはさまざまな種類があり、また、原子と原子が結び付いて分子という集団も形成します。饅頭で言えば、中のあんこの種類が違ったり、異なった種類の饅頭がくっついたものを想像していただけるとよいかもしれません。このような原子や分子の中には、電子の結び付きが他のものと比較すると弱いものもあります。このようなものと結び付きの強いものを接触させると結び付きの弱いほうから強いほうに電子が移動します。電子の極性は－ですから、移動した方は＋を帯び、移動された側は－を帯びることになります。もっとも、この状態は、必ずそうなるというものではなく、離れた電子が、もとの原子や分子に戻ることもあります（**図1.2**）。

　実際の静電気の発生は、この接触・剥離の極端な例としての摩擦現象による

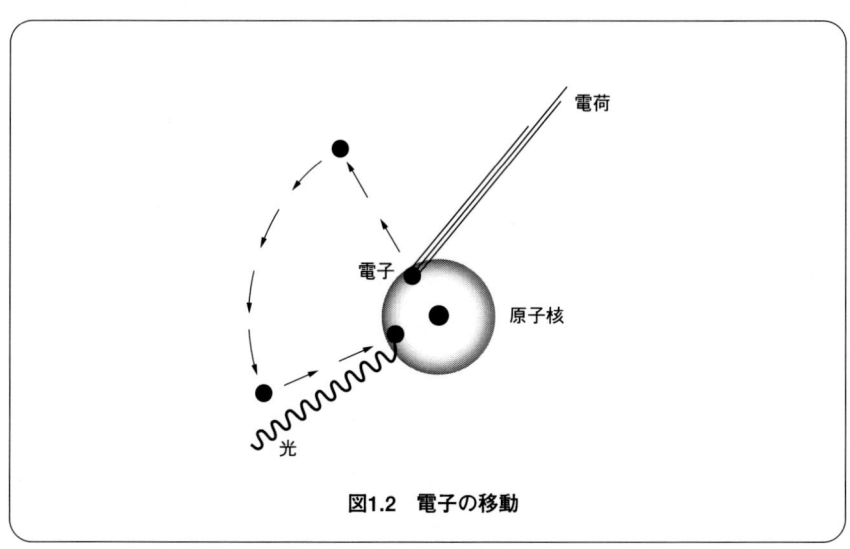

図1.2　電子の移動

ものが主流となります。摩擦現象では、接触する点が著しく増加し、さらに、機械的な力が物質表面に加わるために、単純な接触・剥離の繰り返しではなくなりますが、ここに示したような電子移動のメカニズムは、より劇的に行われると考えられます。

物質の電気的な特性

　静電気問題を検討する場合、物質の電気的な特性とは、電荷がどのように発生し、どこに、どの程度の速さで流れるかということになります。つまり、発生から拡散までを考慮するということになり、静電気管理技術とは、極端に言えばこれらに対する管理方法であるとも言えます。したがって、この基本的な項目の理解と認識は、非常に重要でさまざまな対策の基礎となります。

　さて、電荷の発生については、概略を記述しました。ここでは、電荷が発生した後のお話をします。物質には、表面の電子の流れを抑制したり遮ったりするものがあり、このような場合、電子はほとんど移動しません。つまり、電荷が発生すると非常に長い時間表面上に滞留することになります。また、物質上での電子の流れが抑制されているために、局部的に正に帯電したり負に帯電したりすることもあります。ここで静電気電圧などを測定する装置で物質表面をスキャンすると、アナログメータでは正や負に針がふれるのがわかります。こうした物質を、絶縁体と呼んでいます。

　一方、逆に電子を流しやすい物質もあります。このような物質を導電性体と呼んでいます。導電性物質でも摩擦などにより電荷は発生しますが、速やかに物質上に拡散し、接地やその類似点などに拡散するために、見掛け上発生していないように見えることもあります。ただし、接地やほかの導電体等から絶縁されている場合には、発生した電荷は導体上に残り、さきほどのような測定器でも測定ができるようになります。ここで注意しておかなければならないのは、静電気問題は、直接的にはこの導電性物質によることが多いということです（なぜでしょうか？答えは簡単ですので、ぜひ各自で考えてみてください）。

　物質表面での電荷の移動は、電子の移動という形を取ります。絶縁体と導電体ではこの電子の移動の形が異なります。つまり、絶縁体では、過剰な電子は

2. 物質の電気的な特性

表面上で束縛されて負の電荷を示しますが、導電体では、過剰な電子は速やかに表面上を移動するために、接地などをしている場合には、見掛け上帯電していないように見えるわけです。

一般的な電気の概念では、半導体と呼ばれている領域については、静電気管理では、この絶縁体と導電体の間の物質を静電気拡散性物質と呼んでいます。この物質の特性は、表面に電子は流すものの導電体のように素早く拡散するのではなく、比較的ゆっくりと拡散するというものです。

 実際の静電気の発生と帯電

実際の静電気の発生は、特殊な場合を除けば以下のようになります。

① 摩擦帯電
② 誘導帯電
③ 分極
④ その他

① 摩擦帯電

摩擦帯電については、実際に経験する帯電現象は、Ⅰ．絶縁体間、Ⅱ．絶縁体－導体間、Ⅲ．導体間です。しかし、導体の帯電現象は、電子が流れてしまうために測定や判断がむずかしく、見掛け上、絶縁体のみ帯電したようになってしまうことも多いのです。図1.3は、さまざまな物質を摩擦した場合に、図の左部のものが正に、右部のものが負に帯電するように物質を並べたもので帯電列と呼ばれています。ただし、このような図は経験的に作成されたもので、

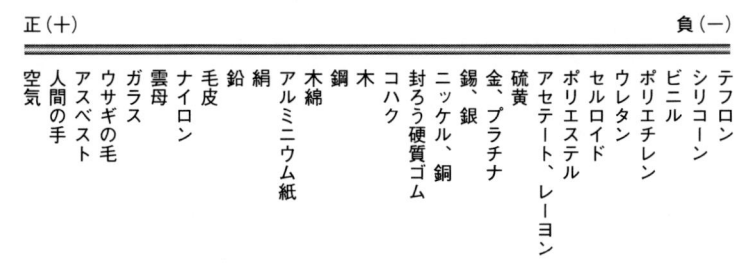

図1.3　摩擦帯電系列（MIL HDBK 263）

物質の表面特性（平滑性、汚れ）や環境条件（温度、湿度、気圧等）、摩擦力等で比較的簡単に順序が逆転してしまうので、使用する場合には十分な注意が必要となります。

② **誘導帯電**

図1.4のように、帯電した物質Aが導電体Bに接近した場合には、導電体Bの物体Aに近い表面に、物体Aの帯電極性と反対の極性の帯電が現れます。これは、導電体では、電子が流れやすいために発生する現象です（簡単に理解するためには、導電体では、電子の束縛が弱く移動が容易で、電子の過剰、欠損部分が発生すると、導電体表面で電荷均一化を計ろうとすると考えると良いかもしれません）。この状態を誘導と呼んでいますが、このままでは導電体内部で電子が移動するだけで導電体内の電子の総数は変化しないので、見掛け上帯電しているわけではありません。

つぎに、この状態のまま導電体Bを接地すると、物体Aの近くの導電体Bに誘導された電子は（この場合には、電子が反対側に押しやられます）、物体Aの帯電により束縛されているために移動できず、接地に押しやられた電子が移動してしまいます。ここで接地を外し、帯電体Aを導電体Bから引き離すと、導電体Bが帯電することになります。この現象を誘導帯電と呼びます。接地については、ここでは無限の電子の供給源があり、同時に無限に電子を吸収してくれるものと考えて下さい。

静電気管理では、この誘導帯電現象は非常に重要です。というのは、ここでの帯電体Aは、通常帯電した絶縁体で、静電気管理領域内でも一般的に存在してしまうことが多いからです。

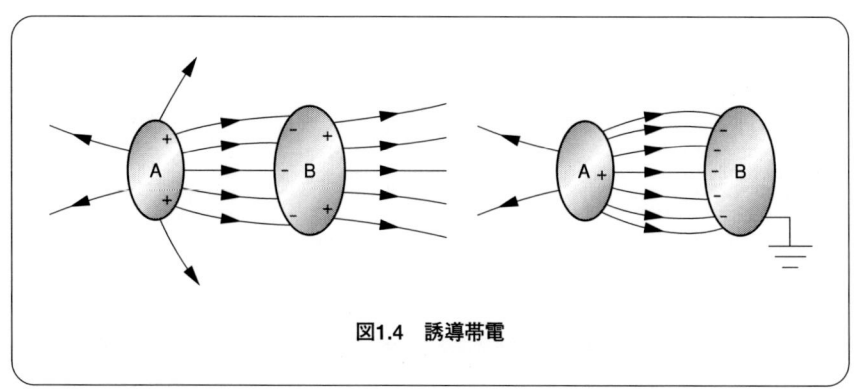

図1.4　誘導帯電

③ 分 極

誘導現象は、物体Bが導電体の場合に発生します。では、物体Bが絶縁体の場合にはどうでしょうか。この場合、物体B内で電子は、自由に移動することができません。しかし、帯電体Aからの電気的な力により、物体B内では図1.5のように、分子レベルで配列が変化します。したがって、見掛け上、誘導現象と同じように見えますが、この場合には接地をしても電子が束縛されているために、電子の移動がなく誘導現象のような帯電を発生しません。この状態を分極と呼びます。

④ その他

摩擦帯電、誘導帯電の他にも静電気が発生する場合があります。たとえば、後ほど「イオナイザー」の項で詳しく説明しますが、コロナ放電を原因とする帯電、自然界に存在するイオンの増加による帯電（滝や波などの急激な水流変化でもイオンが発生します）などです。自然界で発生しているさまざまなイオンについては、人体の健康や生物の成長に対する影響について、古くから研究されているようです。たとえば、陰イオンの多い環境にいると活動が活性化されたり、脳の活動が活発化するとか、傷が早く回復するといった報告があるようです。実際、文明が進むにつれてさまざまな化学物質が生活環境に侵入してきたために、生活環境におけるイオンのバランスは、少しずつ陽イオンが過剰になってきているという報告もあります（一般環境では、陽イオンの方が、過剰です）。しかし、陰イオンと一口にいってもさまざまなイオンが存在するため、実際にこのような効果を定量的に検証するのはむずかしいと考えられています。

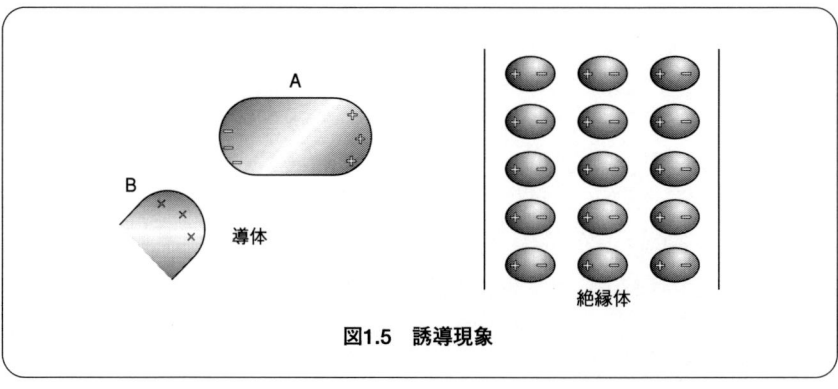

図1.5　誘導現象

3 静電気の基礎

電流と電圧

　電流とは、電気が流れるという現象を示した言葉で、18世紀に電気は流体であると考えた名残りだとされています。静電気とは、本来物体に電荷がとどまっている状態を示す言葉であると考えれば、この電流という概念は不必要なものとも考えられます。しかし、静電気管理という観点からは、電荷の移動やその程度、大きさなどを定量的に考える上で必要となってきますので、ここで簡単に触れておくことにします。

　さて、電流の概念を説明するのに水を例にとる場合があります。これは、電流と水流の特性がよく似ているためです。たとえば、水は高い場所から低い場所に流れます。また、特別な力を加えない限り、この流れは一方通行です。水の場合の高い場所とは、文字通り高度の大きい場所を示しますが、電気の場合には、電子が過剰に存在する場所を示します。そして、水の場合の高度に対する言葉として、電気では電位という言葉を使用します。つまり、電流とは電子の多い場所（電子の密度が大きい－電位が大きい）から電子の少ない場所（電子の密度が小さい－電位が小さい）へ移動する電子の流れを示していることになります。

　また、高さの差は、水圧として示されますから、電気の場合でも電圧と呼んでいます（電位の差という意味で、電位差としても示します）。これを川の流れにたとえれば、電圧が大きいということは、川の勾配が急であるということになります。そして、この場合の流量を示す言葉が、電流（A）ということになります。水を例にして考えるとこのAという単位は、**図1.6**に示したような水道の蛇口から流れ落ちる単位時間当たりの水の量とも考えられます。一般的に、静電気を取り扱う場合には、電圧は比較的大きく電流が小さいことが多く、川の流れにたとえれば、川の源流近くの勾配は急ですが、流量の小さな場所と考えるとわかりやすいと思います。

　電圧の測定には、一般的に表面電位計と呼ばれているものを使用します。こ

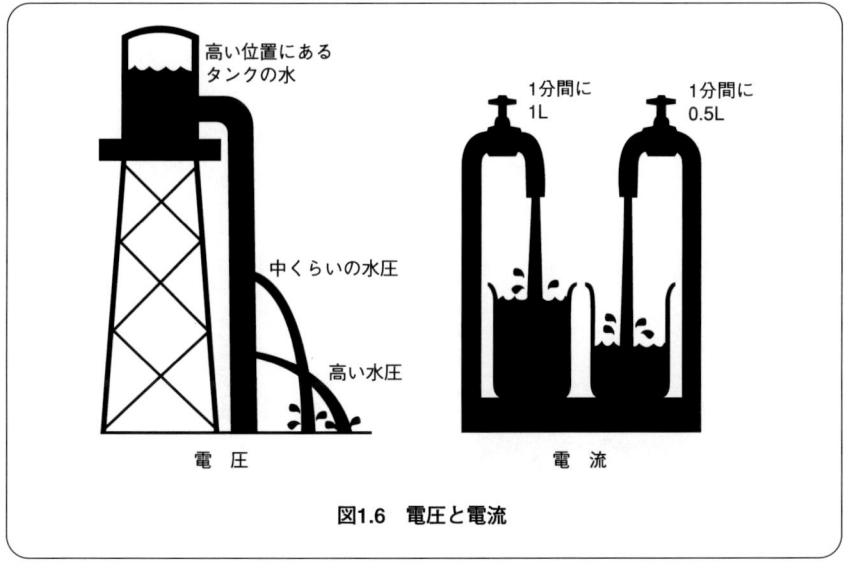

図1.6　電圧と電流

れは文字通り、表面部の電位を測定するための測定器です。しかし、次の場合は注意が必要になります。

① 帯電体が絶縁体である場合

　帯電体が絶縁体であれば、導体のように、全表面が同一電位となることはありません。したがって、導体のように1個所の測定がその物体の電位ということにはならず、数点で測定を行い平均電位を決めるか、その不均一な状態で物体を評価するか、帯電体の各所に測定電極を接触させて、得られた値を平均するかのいずれかになります。また、ここで表示する平均値の定義を、その都度、明らかにすることが必要になります。

② 雰囲気が空間電荷である場合

　空間電荷は、一般に時間の経過に伴って変化するものが多く、粉体雰囲気などは、媒質の状態・荷電粒子の密度・境界条件などの電界を構成する基本要素そのものが、時間的に変化します。そのため、電位測定の多くは、長時間の電位変化を測定せざるを得ない場合が多いといえます。

　静電気ロケータ、サーベイメータ、簡易型測定器などで使用されている誘導型プローブで電位を測定する場合、測定機器のプローブそのものが物体の周囲

の電界を乱すために、通常、プローブは周囲をシールドします。そのため、このプローブ部分の窓の大きさが、感度と精度に関係することになります。この形の測定装置は構造も簡単で、汎用性が広いために、現場測定では広く使用されていますが、表示値、プローブと帯電物体との距離に依存することやドリフトなどの問題があります。そのため、価格は少々高くなりますが、振動容量型やフィードバック機能付きのものも使用されています。

電荷量と電場強度

帯電している物質が、交互に引き合ったり反発したりする現象については、極性の違いによるものと考えれば簡単に理解できます。しかし、この現象を数式化すると立派な法則、クーロンの法則になります。つまり、真空中に2つの点電荷（大きさが無視できる帯電した粒子）が存在した場合、この2つの点には、それぞれの電荷の積に比例し、距離の2乗に反比例した力が働くというものです。この2つの電荷の極性が同じであれば、その力は反発するもの、異なれば引き合うものとなります。実際には、これほど簡単にはいきませんが、ここで登場するクーロン（C）という単位は、静電気管理を行う上で重要なので覚えておいて下さい。

真空中に大きさが、無視できる程度の帯電した粒子が2つ（点電荷；q_1, q_2）、距離rを隔てて存在する場合、その2つの物質間に働く力（F）の関係を示したものを電気力に関するクーロンの法則といいいます。

$$F = (1/k) \times (q_1 q_2 / r^2)$$
$$= k^{-1} q_1 q_2 r^{-2}$$

（ここで、Fは、2つの物質間に働く力、rは2つの物質間の距離）

$r = 1\text{cm}$、$F = 1\text{dyne}$、$k = 1$、$q_1 = q_2$ の場合の点電荷の単位を1静電単位といいます。実用上は、この値を$c/10$（c：光速）したものをクーロンと定めています。また、一般的には、この式を真空中の誘電率ε_0を使用して以下のように、$k = 4\pi\varepsilon_0$として定めています。

$$F = (1/4\pi\varepsilon_0) \times (q_1 q_2 / r^2)$$
（$\varepsilon_0 = 1/4\pi \times 9 \times 10^9 = 8.85 \times 10^{-12}$（$F$（ファラッド）／m）：真空中の誘電率）

電場あるいは電界とは、"空間にある電荷が存在する場合、その電荷に働く力が存在する領域" あるいは、"ある電荷の近くに、他の電荷が存在した場合、

その電荷から発生する力の領域"と定義されています。そして、その強さを電場強度と呼びます。簡単に言えば、電荷が存在した場合のその電荷の勢力範囲だと思って下さい。その勢力は、ちょうど紙の上にインクを落としたように、中心から遠ざかるにつれて小さくなります。電場強度は、その性質上方向性を持つことになるので、ベクトル量となります。

点pに電荷qが存在し、その電荷上に働く力をFとすれば、電場強度Eは、

$$F = q \times E$$
$$E = F / q = (1 / 4\pi\varepsilon_0) \times (q_1 / r_2)$$

ここで、Eの単位は、力の単位Nと電荷の単位Cより、N／Cとなります。また、電場中の置かれた単位電荷を距離rだけ移動した場合、その仕事量を電圧と定義することもできます。

$$V = N / C \times r = rN / C = J / C$$

この式の意味は、電位の単位が、1Cの電荷を移動させる時の仕事がちょうど1Jの場合1Vとなるように定めたということができます。逆に、電場強度の単位は、V/mとなります。図1.7では、$+q$の電荷による電界があるとき、A地点の電荷（$+q$）をB地点まで動かす仕事の大きさを、B地点の電荷（$+q$）がA地点に対して持つ位置エネルギーといい、重力の場合の高さにあたるものを「電位」といいます。重力の場合と同様、基準点を大地の電位を基準に取り、

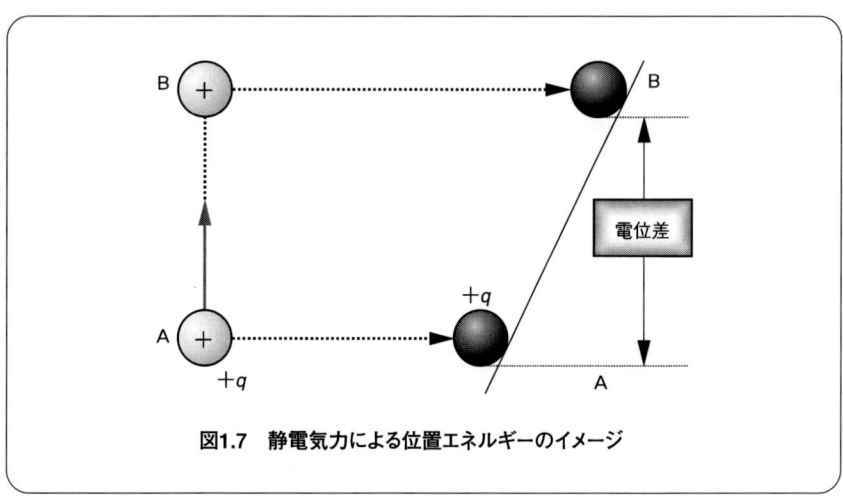

図1.7　静電気力による位置エネルギーのイメージ

その電位をゼロ（±0）とします。

　静電気問題の測定でよく誤解が発生するのは、この電位差あるいは電位と電場強度の関係が認識されていない場合も多いようです。つまり、帯電物体の測定を行った場合、測定の単位は、VでもV/mでも構わないのですが、実際の評価ではV/mを使用します。なぜなら、Vはあくまで電場強度と測定上の距離の積であり、測定物と測定機のセンサーの距離が不明の場合には、測定した位置における電圧を示しているのにすぎないからです。

 電気力線

　電気力線とは、"電場内に存在する1つの曲線上の任意の点における接線が、その点の電場の方向と一致する曲線"と定義されます。静電場の場合には、電気力線は正側から開始して、負側で終了するように描き、電場強度に対して垂直に横切る線の数を電場強度に比例するように描くことで密度を示します。簡単に言うと、目に見えない電場の密度を視覚できるようにするために描くもので、線の間隔が小さく、本数の多いところが、密度が高いことになります。同じようなものとしては、天気図の等圧線や地図の等高線等があります。

　ここでも、重要な定理、ガウスの定理があるので示します。

$$E = \sigma / \varepsilon \quad (V/m)$$

（ここで、σ：帯電物体の表面電荷密度（C/m^2））

　ガウスの式の意味は、帯電物体が、誘電率の大きな物質中では電界が弱まり、電気力線の密度が大きくなると、電界は強くなることを示しています。たとえば、先端が尖っているような場合、その部分の電気力線の密度が大きくなるために、電位がさほど大きくなくても電場が高くなり放電が発生することもあります。

 静電容量

　2つの導電体に+Q、-Qの電荷を加え、その間の電位差がVであった場合、電荷は互いに束縛された状態になります。この場合Q／Vは、電荷量や電位差に無関係に一定の値になります。この比例定数Cを静電容量と呼びます。

$$C = Q / V$$

　電荷量が1C、電位差が1Vの場合を基本単位として1Fとしています。ただし、

1Fでは実用上大きすぎるので、一般的には以下の2つの単位を使用します。

$$1F = 10^6 \mu F = 10^{12} pF$$

これを、さまざまな大きさの水槽に入った水にたとえてみると、水槽の水の量が電荷の量、水槽に入っている水の高さが電位、静電容量は水槽の底の面積ということになります。つまり、水の量（電荷の量）が同じであれば、静電容量（底の面積）が小さくなると、水の高さ（電位）は高くなります。

実際の電荷量測定

電荷量を基本原理に忠実に測定するには、クーロンの法則に従って測定を行えばよいのですが、実際にはさまざまな問題があり、クーロン力の概念による実用的な測定器はないといわれています。その理由は以下の通りです。
① 距離の逆2乗則により、微小な値を高い精度で測定しなければならない。
② 電極形状を含め、装置が空間的な広がりを持つために、静電誘導による電荷（分極電荷も含む）を生じ分布するため、力が分散し正しく測定できない（原理通りの点電荷として扱うことができない）。

一般に使用されている電荷量の測定は、$Q = CV$ の原理によるものです。この関係式より電荷量は、既知の静電容量を持つ物質の電位を測定すれば測定できることになります。しかし、帯電した個々の物体自身の静電容量値を決定することは一般にむずかしいので、あらかじめ静電容量の値がわかっている電極系に帯電体の電荷を導き、電極の電位を測定する方法が使用されます。**図1.8**は、ファラディカップ法といわれている方法で、帯電体の電荷の総和（クーロン量）を測定するものです。

動作原理は、"帯電体の周囲を金属で囲むと、すべての電気力線が周囲の金属に入るので、この金属ケージの電位を測定すれば、カップ内の電荷量が求められる"というものです。実際には、**図1.9**のように深いカップ型にして帯電体を投入し、取り囲んだ場合と同様の効果を得ています。

カップは、図に示すように一方が開放された金属製の二重容器であり、内容器と外容器は、絶縁されています。また、外容器の一部に穴があいており、内容器の電位測定のための配線を通して、電位計で内容器と外容器間の電位差を

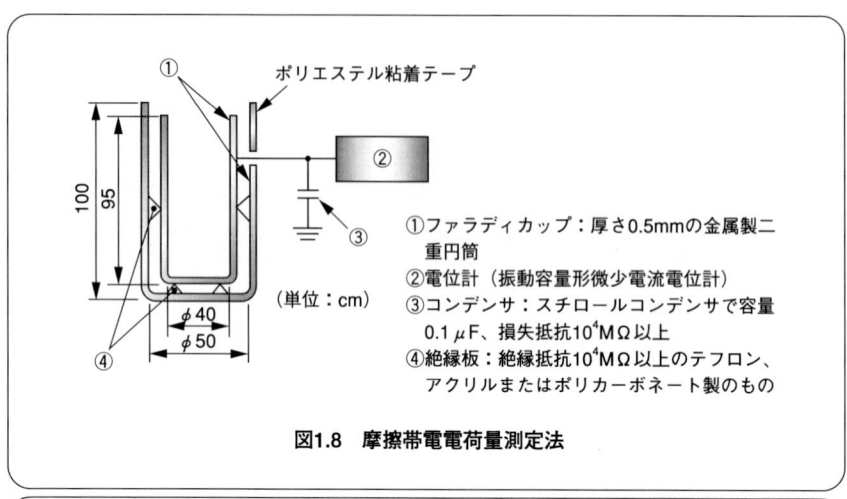

図1.8 摩擦帯電電荷量測定法

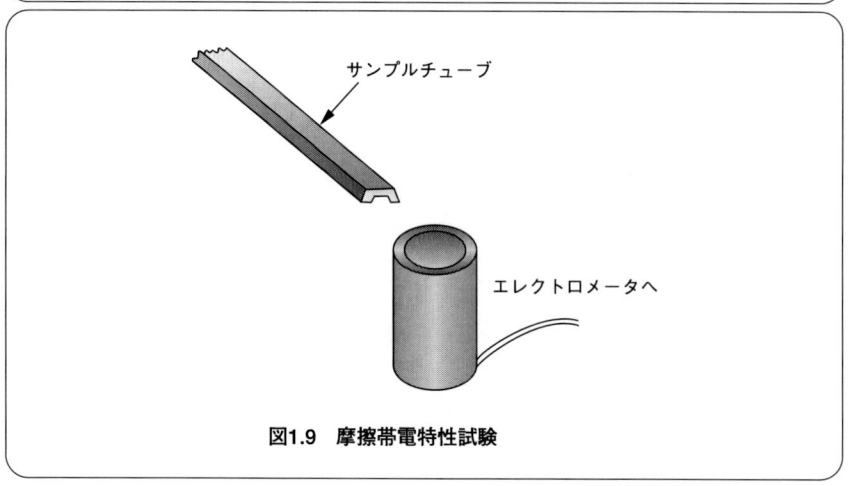

図1.9 摩擦帯電特性試験

測定できるようにしています。ここで、内容器と外容器間の静電容量は、測定系も含めてあらかじめ測定しておきます。電荷測定は、帯電物質を内容器に入れて行います。内容器に帯電物質を入れると、**図1.10**に示すように内容器の外側に、帯電物質の電荷量と同じ極性で同じ量の電荷が誘導され、また、外容器の内側には、逆の極性で同じ量の電荷が誘導されます。

　内容器と外容器間の静電容量は既知ですから、内容器と外容器の電位差を測定して、誘導電荷、すなわち、帯電物質の電荷量を算出できることになります。測定対象は、個体だけでなく粉粒体、液体といった形態でも測定できます。し

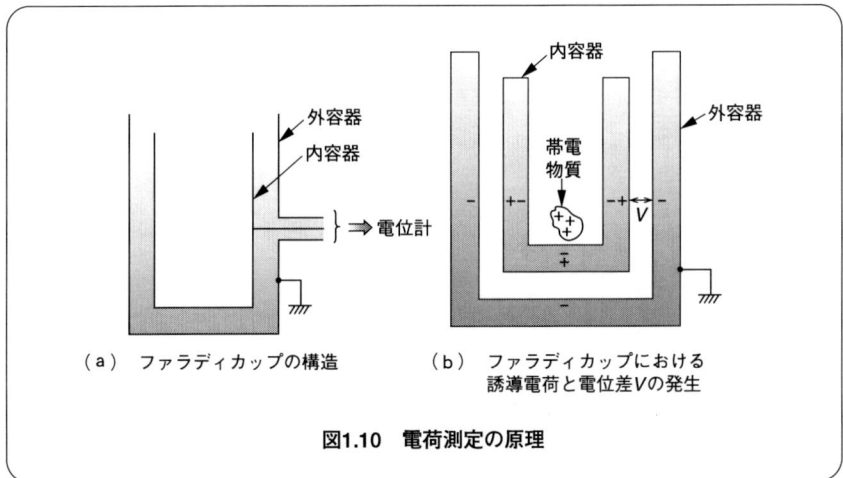

(a) ファラディカップの構造　　(b) ファラディカップにおける
　　　　　　　　　　　　　　　　　誘導電荷と電位差Vの発生

図1.10　電荷測定の原理

かし、この測定では、予想されるように、物体の内部の電荷分布を測定することはできません。また、物体上に正の電荷部分と負の電荷部分が両方存在する場合には、相殺された電荷量が表示されてしまいます。つまり、物体表面、内部の電荷分布を示すものではないのです。

ファラディカップ法は、試料をサンプリングして測定するので、少量のサンプルで測定を行うことができ、また、増幅器により測定器を高感度にすることができるので非常に微小な電荷も測定可能です。しかし、測定器の性質上、測定対象が大型であったり、工程中を流れているものなどの測定はむずかしくなります。

測定上の注意点は、以下の点が挙げられます。

① 内容器と外容器の電位差が発生しないように、測定前に十分な除電を行うこと。
② 外部電界が働くと、帯電物質の電荷量と誘導電荷量が異なってしまうために、外部電荷をシールドしておく。
③ カップの静電容量（測定系を含む）は、測定電荷量の大小により選択して、適当な電位が発生するように設定すること。
④ 内容器と外容器との絶縁抵抗が大きくないと、電荷の減衰を早めて電位測定の精度を悪くするために、測定系の選択を含めてリークを小さくすることが必要となる。

摩擦帯電特性

多くの帯電防止処理された保護材料（導電性、拡散性保護材料等）は、摩擦帯電発生を抑制できます。しかし、ある種の金属は、摩擦帯電系列で示されるように、摩擦帯電により大きな電荷を発生することもあります。たとえば、アルミニウムと一般プラスチックを摩擦すると大きな静電気電荷が発生します。

摩擦帯電測定と方法として、NASAのケネディ宇宙センター（KSC）材料試験支局は、"摩擦帯電電荷発生と減衰のための標準試験方法"を発行しています（MMA-1985-79 REVERSION 2.July 15.1988）。この試験方法は、試験機器により、材料サンプル上に発生した摩擦帯電電荷と制御された環境条件下で既存試験サンプルの放電速度を評価するために使用されます。KSCにより使用される受領試験（○／×）は、KSC要項に従って決定されますが、要求に合わせて適切に修正します。KSC試験方法は、薄いプラスチック材料、圧力敏感性粘着テープ、床材料の特性評価に使用します。

 一般包装材料の測定

実際に、図1.10に示した装置を使用して、デバイスに発生する摩擦帯電を測定してみます。その手順を以下に示します。電荷量はnC/cm^2で表示し、この試験結果はESD保護を要求するデバイスの破壊電圧と相関する最大許容電荷量の計算に使用します。

① 14ピンDIP型プラスチックパッケージ（あるいはESD対策が要求される同様のデバイス）を、装置土台に取り付けられた旋回アームに組み込まれた導電性クランプシステムに取り付けます。この時、デバイスを裏返して設置し、クランプがパッケージの非導電部にのみ接触するようにします。
② 接地されたキャリッジ上に試験材料をクランプします。
③ クランプシステムに0.25 ± 0.01Nの定状的な力を加えます。
④ キャリッジを1分に100 ± 5回の速度で、100mm以上前後に20回移動させます。その後、デバイスをファラディケージに落とし、発生した電荷量を測定します。試験後の包装材料にイオン化空気を吹き掛け、残留電荷が＜±0.01nCとなるようにします。
⑤ デバイスを再びクランプします。

以上の操作を10回繰り返します。

マガジンの測定

電荷量は nC/cm² で表示し、試験結果を ESD 保護を要求するデバイスの破壊電圧と相関する最大許容電荷量の計算に使用します。

① ピンセットを使用して、マガジンに ESDS（静電気に敏感な電子部品類）デバイスを挿入します。次いで、マガジンの両端にストッパをします。
② デバイスをマガジンの端から端まで滑らせるように、マガジンを水平から上下 45°つまり傾斜 90°の回転を行います。
③ これを 6 回行い、試験デバイスをマガジンの端に移動させ、ファラディケージに落として発生電荷量を測定します。
④ 試験後のマガジンにイオン化空気を吹き掛け、残留電荷が＜±0.01nC となるようにします。
⑤ デバイスを再びマガジンに挿入します。
以上の操作を 10 回繰り返します。

その他の測定は、JIS の測定方法では、摩擦帯電による帯電電圧測定は、JIS L 1094 に B 法として規定され、摩擦帯電による帯電電荷量測定は、JIS M 7102、RIIS-TR-84-1 の中で、布地などの帯電性試験に取り入れられています。

 ## 電荷測定による評価

 測定方法の現状と問題点

80 年代の後半に、静電気対策用包装資材の要求を定めた米国民間標準 EIA541 が制定されて、電荷測定もようやく規格化され、実際に測定が行われるようになってきました。しかし、現場では DIP チューブの特性評価[1]を主体に行っているというのが正しいようです。

その理由は、電荷測定を行う主な目的が、被測定物の摩擦帯電特性におかれ

---

1) EIA 541 Appendix B "Triboelectric Charge Testing of Magazine"

ているためで、測定評価を行うためには、被対象物に均一に、再現性よく摩擦帯電を発生させなければなりません。また、トラックや鉄道輸送用の包装材料は、工場内で作業者が手で持ち運ぶ包装材料とは、明確に異なった摩擦帯電の振動条件を持つことになります。そこで、トラック、鉄道輸送用の実際的な振動試験が記載されているASTM-D-999やMIL-STD-810を使用して試験を行うこともあります。

米国では、EOS/ESDシンポジウム、あるいは、その運営母体であるESD協会の標準化委員会等で、さまざまな方法を検討していますが、DIPチューブの測定のように、試料を15°に傾斜した台上に貼り付け、その上を石英とPTFE製シリンダーを滑らせるという方法が主に検討されています。[2] また、袋の中に基盤の形のカードを挿入して、引き出し、発生電荷を測定するような方法も検討されています[3]。

このような測定方法は、現場的な感覚で作成されるため、感覚的に理解することが容易である反面、理論的に問題が多いこともあります。また、規格制定などの経緯が不明瞭であると、測定装置を構成し実験する場合、理解に苦しむ点も出てきます。たとえば、EIA 541のDIPチューブ試験では、サンプルや使用器具の除電、器具の洗浄、装置の設定など、関連のFTMSやMILの試験を行っていない場合には、装置構成のイメージを把握したり、測定の初期設定で不明瞭な点が多くなります。また、EIAのDIPチューブ試験で使用するストッパーは木製で、実際のゴムとは特性が異なるのではないか？（これは、ゴム製のストッパーでは試験中にサンプルデバイスが弾かれて再現性の問題が出ると言われています）。低湿度のチャンバー内でイオナイザーを使用し、測定に影響が出ないか？（初期設定を間違えると影響が大きくなる）サンプルデバイスの除電はどのように行うのか？（通常は、接地した金属製の容器を使用）などさまざまな問題が出てくるのです。

ファラディカップを使用した電荷測定上の問題点

試験に使用する器具、被試験体の除電についてと、チャンバー内に卓上型イオナイザーを設置して除電を行った場合の障害について次のような条件で試験

---

2) Incline Plane Method-Large/Small Cylinders : ESD ADV 11.2 ESD Association Advisory for the Protection of Electrostatic Discharge Susceptible Items - Triboelectric Charge Accumulation Testing ; Appendix B,C
3) "Triboelectric Testing of Packaging Materials : Practical Considerations. What is Important?," D.E.Swenson, R.Gibson, 1992 EOS/ESD Symposium Proceedings

5. 電荷測定による評価

を行いました。

① 被試験体をアルミ製のカゴに入れ、そのカゴを接地する。
② チャンバーの底に帯電防止性テーブルトップを設置し、それを接地する。

実験条件は以下の通りです。

A：条件①②とも行わず接地を全くしなかった場合
B：条件①だけ行った場合
C：条件②だけ行った場合
D：条件①②とも行った場合

　装置の設定位置を図1.11に示しました。試験の結果、EIA-541より0.02nCを最大値としそれを越える場合を不合格とします。評価対象は、被試験体（デバイス）とテフロン製ピンセットです。イオナイザーの運転時間は、1分間です。結果を表1.1、表1.2に示します。

　EIA-541に沿ってファラディカップを使用した電荷測定を行うためのその他の注意点を実験を交えながら説明します。

① 電荷測定装置

　電荷測定装置は、ファラディカップとその測定値を表示する装置であれば特に問題はないのですが、EIA-541のように比較的静電容量の小さな対象物を測

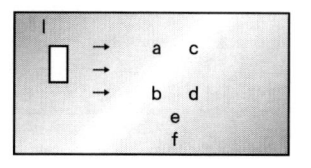

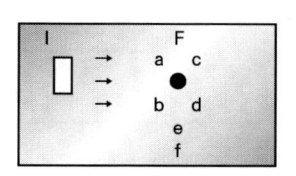

ファラディカップなし　　　　ファラディカップあり
壁面S

Iと壁面Sの最小距離：40mm
Iとa、bの最小距離：30mm
Iとc、dの最小距離：50mm
Iと壁面Sの最小距離を決める線よりe、fの最小距離は、35mm

図1.11　ファラディカップの影響

表1.1 ファラディカップなしの場合

条件	被試験体	発生電荷量(pC)					
		a	b	c	d	e	f
A	DIP	60	110	60	120	40	210
	ピンセット	420	380	520	410	320	480
B	DIP	80	50	20	100	50	200
	ピンセット	420	420	520	380	200	360
C	DIP	40	110	80	110	50	200
	ピンセット	320	320	320	420	320	320
D	DIP	20	10	10	20	10	10
	ピンセット	10	10	10	10	20	40

表1.2 フィラディカップありの場合

条件	被試験体	発生電荷量(pC)					
		a	b	c	d	e	f
A	DIP	60	120	200	150	50	320
	ピンセット	440	480	580	410	380	480
B	DIP	10	60	40	200	80	180
	ピンセット	420	420	420	680	320	420
C	DIP	60	80	120	160	50	420
	ピンセット	420	490	520	420	220	120
D	DIP	20	10	40	60	10	10
	ピンセット	20	20	80	100	20	10

定する場合には、ファラディカップの静電容量を考慮しなければなりません。つまり、静電容量の小さな物体を静電容量の大きなファラディカップに入れると、カップの静電容量のために測定がむずかしくなるのです。簡単に言えば、コップに入った水にインクを1滴加えた場合と、バケツに入れた水にインクを1滴加えた場合での色の違いから、加えたインクの量を測定することを想像するわかりやすいと思います。

次に、表示部は電圧を指標とするものでも良いのですが、EIA-541では電荷

量を単位としている（電荷量を測定するのであるから本来はこれが正しい）ので、できればエレクトロメータなどを使用した電荷量を直接表示するものが良いでしょう。このような装置を使用すれば、測定値を計算して電荷量にする必要がなくなります。

　以上の点を考慮して、ここではEIA-541の電荷量測定には、ACL-1000　ナノクローンメーターあるいは、モンロー社製モデル241を使用することにしました。なお、測定環境については、減衰測定等で使用していた環境チャンバーに図1.12で検討した接地、イオナイザーなどをセットして調整しました。

② ピンセット

　ピンセットについては、EIA-541ではテフロン製を使用することが規定されています。テフロン製のピンセットは、洗浄時さまざまな溶剤が使用でき利点も多いのですが、電荷測定では、その帯電が非常に問題となります。さまざまなタイプのピンセットを調査した結果、この帯電の問題を考慮した場合には、竹製のピンセットが最も良いことがわかりました。しかし、汚染の問題が完全に解決できなかったために、この実験では、テフロン製のものをイオナイザーで、十分に除電して使用することにしました。

③ ストッパー

　EIA-541では、木製のヘラを使用してDIPスティックの蓋をする方法を取っていますが、実際の包装では、この部分はゴム製のストッパー、あるいは樹脂のピンを使用しています。使用する樹脂の種類による影響を調査するため、ストッパーとスティックの材質を変化させて、EIA-541で試験を行いました。使用したデバイスは、14ピンのプラスチックパッケージです。結果を**表1.3**に示しましたが、ストッパーの種類、スティックの種類とも、どの組み合わせでも、発生電荷量にほとんど差は見られませんでした。そこで、実験では、特に問題がない場合には、以後ゴム系のストッパーを使用することにしました。なお、導電性のストッパーを使用した場合には、接地の有無を含め優位差が認められませんでした。

デバイスの除電

　試料デバイスは、試験前に除電することが規定されていますが、除電を行わずに試験を行った場合には、試験の再現性がほとんどなくなってしまいます。

表1.3 ストッパーの試験結果

ストッパー材質	No.	スティック材質 (帯電防止)	発生電荷量 (nC)
ゴム系	1	PVC（帯電防止処理）	0.003
	2	PVC	2.512
	3	PVC（導電カーボン）	0.041
	4	アルミ	−0.151
テフロン製	1	PVC（帯電防止処理）	0.002
	2	PVC	2.831
	3	PVC（導電カーボン）	0.021
	4	アルミ	−0.201
ABS	1	PVC（帯電防止処理）	0.004
	2	PVC	2.903
	3	PVC（導電カーボン）	0.031
	4	アルミ	−0.161

　この影響は非常に大きなものであるために、試験前の試料デバイスの除電は、保管状態での接地も含め厳密に行う必要があります。

　ファラディカップの蓋の開け閉め、ストッパーの解除など、この試験方法では、試験技術に多少熟練が必要となります。デバイスのファラディカップの試験器には、通常スティックを傾斜させるための装置の詳細は含まれていないので、自動化試験を行うためには、この部分を自作する必要があります。

　以上の諸注意をまとめると、以下のようになります。

① 被試験体を取り扱うツールは、テフロン製ピンセットを除電して使用（竹のピンセットは、電気的には最適であるが、汚染と被試験体に傷を付ける可能性があるので、今回は使用しない）。
② 試験前、各ステージで被試験体とピンセットの帯電を確認する（これは、ファラディカップに入れて、電荷を測定することにより行う）。帯電限界を0.025nCとする。もし、帯電がこのレベルを越える場合には、イオナイザーを使用し、電荷を取り除き再び電荷測定を行う。
③ ②の操作で帯電電荷が0.025nC未満の場合には、被試験体を試験用スティックに入れ、木製のストッパーでスティックからデバイスが飛び出さ

表1.4　EIA-pn-1525の規定

DIP型	評価基準
MOS型	0.03nC以下（1ピン当たり）
バイポーラ型	0.05nC以下（1ピン当たり）

ないように両端を押さえる（この場合、測定を行う作業者は、グランドストラップで接地すること。また、チャンバーの手袋が導電性である場合には、手袋も安全抵抗を介して接地する。

実際の測定は、EIA-541により行い、評価基準は、EIA-pn-1525の規定（**表1.4**）を使用します。

6 抵抗と抵抗率

静電気が発生した後の電荷移動の現象を評価する場合、$A = V/R$で示されるオームの法則を使用するのは一般的なものでした。しかし、このRで示される抵抗をさまざまな静電気管理資材の評価に使用する場合、50年以上昔から問題とされていることがありました。それは、この場合のRとは何かという点です。このRは、帯電物体やその電流経路に存在するすべての電気的な抵抗であるために、実際には、静電気問題を発生する物質の大きさや形、材質、その置かれている環境により変化することが予想され一定のものではないのではないか？という疑問に答えるために、物質の形状に依存しない数値を考案する必要がでてきました。そこで、以下の式で示される比例定数ρを抵抗率として評価基準とすることにしました。

$R_V = V/I_V = \rho_V \cdot L/S$　---体積抵抗
$R_S = V/I_S = \rho_S \cdot L/W$　---表面抵抗

体積抵抗は、物質の長さに比例し、電極の接触面積Sに反比例します。同じように、表面抵抗は、物質の長さに比例し、電極の幅Wに反比例します。この場合、体積抵抗率の単位はΩ-mで問題はないのですが、表面抵抗率は、単位がΩとなり、抵抗と区別ができなくなるために、一般的にはΩ/□あるいはΩ/sq. としています。

さて、長い間この抵抗率は、静電気管理資材の評価指標としてあるいはその分類指標として使用されていましたが、80年代に入りさまざまな複合資材が静電気管理資材に使用され始めると実用上の問題が発生してきました。それは、のちほど解説する減衰特性評価では、すでに70年代の後半に問題提起されていたことなのですが、静電気拡散性材料等の比較的抵抗の大きな材料では、同じ材質で作成した製品でも、その形状により、この抵抗率が変化することがあるという点です。

また、2層や3層のラミネートや共押出の成形物では、実際の測定で、どの層の抵抗率を示しているかが疑問となってしまうことです。これについては、さまざまな実験が行われ検討されていますが、大きな問題点としては、測定における電流経路と実際の電流経路の違い（この中には、主に表面抵抗率で問題となる体積抵抗成分の問題も含みます）、評価材料としてのホモジェニアス（均一に分散した）の概念の捉え方、不変であるはずの静電容量の微小変化、サンプルの表面状態、環境要因等があります。そこで、90年代に入ると、電極の大きさ、電圧やその印加時間等測定系を一定として、同じ材料でも形状や大きさが異なれば、測定をその都度行うようになってきました。この場合、表示される値は、抵抗となります。

さて、抵抗率には、さまざまな呼び方があり、以前は"固有抵抗"という言葉も使用されていました。また、電気の伝導性を示す言葉としては、抵抗とは逆の意味の導電率という用語もありますが、ESD管理等では、一般的に抵抗値の高い物質や資材を使用するために、抵抗率を使用します。この他のESD管理で使用される抵抗に関する用語は、絶縁抵抗、漏洩抵抗（あるいはリーク抵抗）などがあります。これらは慣用的に使用されるものではありますが、わが国独自の用語ではなく、比較的広く使用されている言葉です。

絶縁抵抗は、通常、表面抵抗と体積抵抗を合わせた抵抗で、複合資材等の合成抵抗という意味合いを持つものです。漏洩抵抗については、物質の区分（導電性物質、拡散性物質、絶縁物質等）が明確に定義されていなければ、非常に曖昧な表現となります。漏洩抵抗は、絶縁性が多少低いという意味合いがあり、

絶縁物の場合よりやや大きな電流（漏洩電流）に対する電気抵抗と考えることができるのです。

① 体積抵抗率

体積抵抗率（ρV）は、バルク抵抗率とも呼ばれ、均質な物質に対する定数であり、数学的には以下のように誘導されます。

電気理論から、ある物質の抵抗（R）は、電流の流れに対して、垂直な断面の面積（S）に逆比例し、電流の流れに対し、並列な方向の物質の長さ（L）に比例する。この時の比例定数は、物質の体積抵抗率（ρV）として知られています。

$$R_V = \rho_v L/S$$
$$\rho_v = R_V S/L$$

体積抵抗率 ρ_v は、Ω-cm の単位でさまざまな物質についてのデータが出されています（正式な単位系は、Ω-m ですが、大きすぎて実際的ではないので、一般的には上記の単位系を使用しています）。

② 表面抵抗率

表面抵抗率（ρ_S）は、通常、物質上の相対的に絶縁性が高い基材上に存在する薄い導電層の抵抗率の尺度です。ρ_S の単位は、Ω なのですが、通常の抵抗と区別がむずかしいので、便宜的にΩ/□と記述するのが一般的で、表面導電性物質の抵抗測定で使用します。Ω/□という値は、便宜的に設けた表現ですが、定義から測定に使用する正方形の大きさには無関係になります。そして、この抵抗は、物質表面における非常に薄い厚みを通じての平均抵抗を示していることになります。

2つの抵抗率パラメータでは、表面抵抗率は、表面導電性物質での抵抗率指標を示す傾向が強く、体積抵抗率は、体積導電性物質での抵抗率指標を示すものです。表面抵抗率（ρ_S）と体積抵抗率（ρ_V）は、式 $\rho_V = (T)(\rho_S)$ の関係で示されます。ここで、T は表面導電層の厚みです。この関係は、物質が非常に薄い表面導電層の場合には有効で、薄い拡散層を発見するために、半導体産業で広く使用されています。しかし、これはESD保護物質では、ρ_S と ρ_V の関係を適切に示すものではありません。

表面抵抗率は、絶縁基体上に薄い導電性面を有するラミネート物質の抵抗の

測定パラメータとして広く使用されています。以下のような表面が導電性物質の抵抗率測定に使用されています

- 吸湿性ESD保護ポリエチレン
- ナイロンおよび天然木綿
- 金属あるいはカーボンコートした紙
- プラスチック
- その他の導電性コートあるいはラミネートされた絶縁物質

吸湿性ESD保護物質の発汗層などの上記の物質の導電性は、通常厚さが大体一定です。

表面抵抗率（ρ_S）は、ASTM D257で単位のないファクター（W/L）を使用し、Ωの単位で抵抗を測定します。測定抵抗（Ω）と表面抵抗（Ω/□）との関係は、以下のようです。

$$\rho_S [\Omega/\square] = R[\Omega] \times W/L$$

（ここで、ρ_S = 表面抵抗率（Ω/□）、R = 測定抵抗（Ω）、L = プローブ間距離、W = プローブ長さ）

正式な単位系は、あくまでΩですが、測定抵抗や一般の抵抗表示との混乱を避けるために一般的には、Ω/□を使用します。したがって、Ω/cm^2 やΩ/m^2 と表示してはなりません。

抵抗測定

抵抗の測定は、**図1.12**に示したように、評価する物質に電圧Vを印加し、流れる電流Iとの関係より求めることになります（オームの法則$R = V/I$）。しかし、実際には、ESD対策に使用する物質には、イオン成分等を導電機構に使用しているものが多く、オームの法則に従わないことがあります。つまり、印加電圧を変化すると、導電キャリアの量も変化するのです。言い換えれば、このような物質では、測定時の電界強度が変化すると、電流密度も変化するということになります。したがって、厳密には物質間の相関を得るためには、測定時の電界強度を合わせることが必要となり、実用状態の電荷拡散性能を推定するのであれば、帯電時の電界強度をシミュレートする必要がでてきます。

$$\rho_V = R_V S/L = V/I_V \times S/L = (V/L)/(I_V/S)$$

6. 抵抗と抵抗率

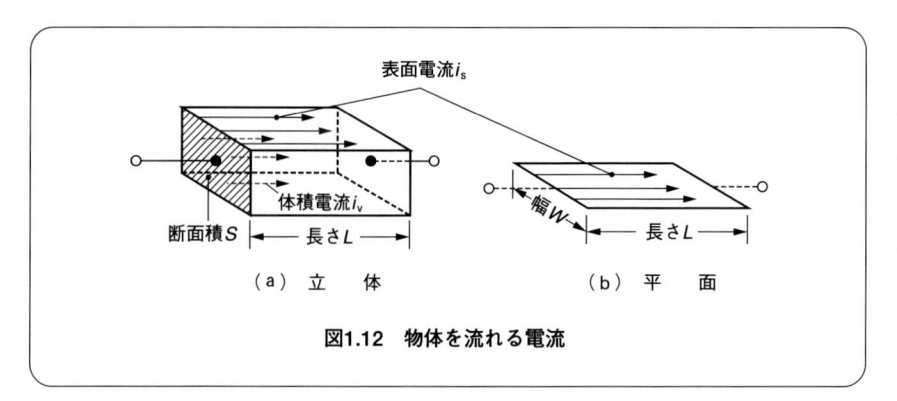

図1.12 物体を流れる電流

$$\rho_\mathrm{s} = R_\mathrm{s} W/L = V/I_\mathrm{s} \times W/L = (V/L)/(I_\mathrm{s}/W)$$

つまり、抵抗率＝(電界強度)/(電流密度)となります。

　物質の電気的な抵抗は、体積抵抗と表面抵抗の2つにより構成されます。しかし、物質の表面とは、物質の内部からのブリードアウト物質、酸化被膜、付着した水蒸気層、汚れなどさまざまなもので構成されていると考えられ、どのような物質であれ基材を構成する物質とは異なったものと考えるべきです。つまり、表面抵抗とは、基材物質の汚れや水蒸気等への親和性を示すものと考えることもできます。表面の物性が、2物体間接触時の電荷移動と密接に関係することを考えると、ESD対策における表面抵抗の重要性がさらに認識されるでしょう。

　さて、このような表面抵抗の性質上、表面抵抗の値は比較的高抵抗領域にあると考えられ、静電気拡散性物質や絶縁物質では重要な特性となります。逆に、導電性の高い物質では、電流の大部分が体積的な電流となるので、表面抵抗を測定する意味は薄れることになります。

　具体的に表面抵抗と体積抵抗を分離して測定するには、フラットな物質の表裏に**図1.13**に示すような3つの電極を配置して行います（ASTM D 257）。(a)は、体積抵抗測定で、電圧Vは電極H－L間およびH－G間に印加されます。電流計Aには、Lに流れ込んだ電流だけが測定され、G電極に流れ込んだ電流は測定されません。電極Lと電極Gの寸法に対してギャップgが十分に狭ければ、H－L間の電界は、ほぼ平等電界となり測定試料の面積と電極Lの面積がほぼ一致するので、単位面積当たりの電流（体積電流）が正確に測定されます。次に(b)に示す表面抵抗測定では、H電極はリング状電極です。H電極から物

(a) 体積抵抗測定　　(b) 表面抵抗測定

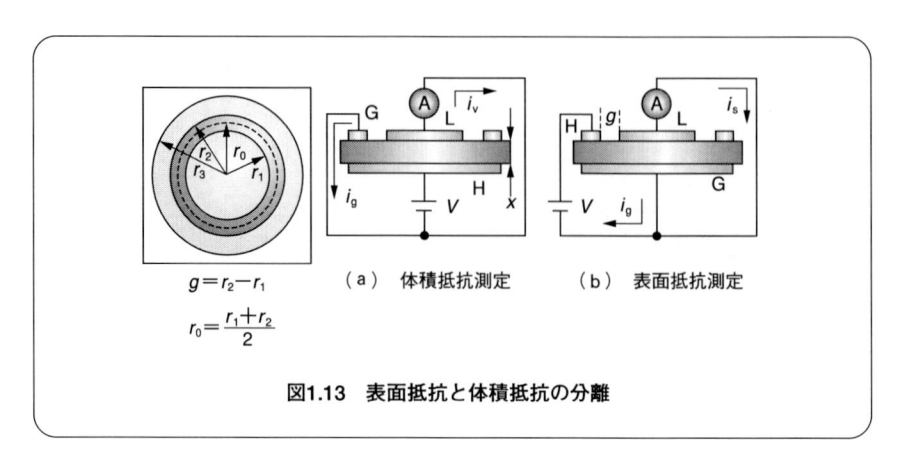

$g = r_2 - r_1$

$r_0 = \dfrac{r_1 + r_2}{2}$

図1.13　表面抵抗と体積抵抗の分離

質の内部に入った電流は、G電極に流れて電源に戻されます。物質表面を流れた電流だけがL電極を通じて測定装置に入ります。この場合、G電極とL電極は同じ電位であるので、試料の厚みxに対して、ギャップgを大きくすればすればするほど、相対的にH－G間の電界が強くなり、物質の内部に入った電流は、G電極に流れ込むようになります。つまり、L電極に流入する表面電流の測定値が正確になります。

① 四端子方法による抵抗測定

電気抵抗を測定するには、電流を流す端子を設けて電圧計、電流計を接続する必要があります。接続を行うことにより、接続点では境界現象（接触抵抗）が生じます。導電性の高い帰属物質などでは、物質の抵抗値に対して接触抵抗が無視できないほどの大きさとなるために、導電性物質の測定では、接触抵抗の影響を抑制する方法として、四端子測定法が使用されます。しかし、接触抵抗が、接続境界面で発生する現象であることを考慮すると、個々の物質に対応した大きさの接触抵抗が存在すると考えるべきです。

測定原理は、図1.14のように、電流端子T_iと電圧端子T_vを別々に設置し、標点間（l）の電圧と、回路電流から抵抗値を求めます。電圧測定に際しては、電流による電圧降下を0とするために、零位法で行われます。標点の電圧端子に逆向きの電圧を与え、電流回路の電流が、0となった時点の電圧を求める電位差計も使用されますが、ここでも前述のエレクトロメータを使用することができます。FET入力OPアンプは、入力抵抗が$1 \times 10^{13}\,\Omega$以上となるため、実質的には電位差計の入力抵抗より高くなり、零位法が成立します。エレクトロメ

図1.14　四端子法抵抗測定

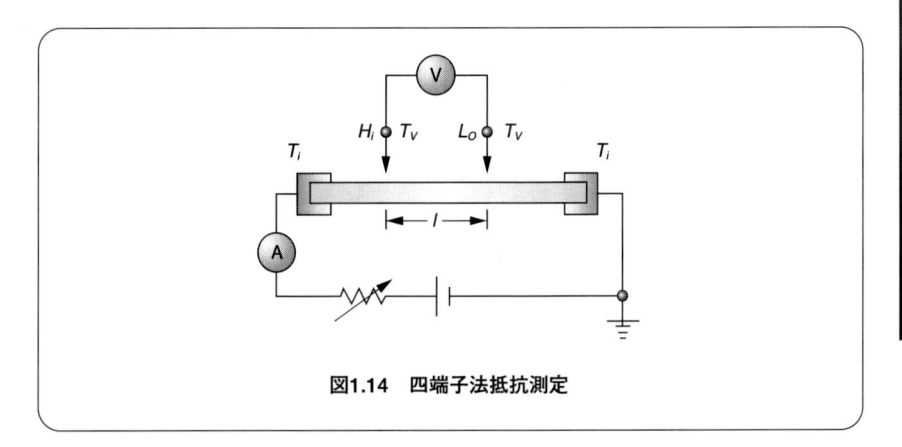

ータ使用すれば、1×10^{10} Ω程度の中抵抗領域まで測定可能です。ただし、ここで注意しなければならないのは、測定器はHi、Lo両方の端子とも接地から浮いている必要があることです。また、試料の抵抗が10^8 Ω以上になった場合には、測定器が浮いている構造であっても、十分に気をつけなければなりません。つまり、Hi − Lo間の入力抵抗は、10^{13} Ω以上であってもLo − G間は、10^8 Ω程度のことがあるために測定が不正確となります。抵抗率への換算は、試料の断面積Sと標点間距離lから以下のようになります。

$$\rho_v = R_v \times S / l$$

② 二端子方法による抵抗測定

ESD対策製品や資材の特性が、抵抗に主眼を置いて設計されている場合、全体として電荷の再分布、接地経路の形成に考慮されていれば、特に表面／体積抵抗を分離して測定する意味がなくなってしまいます。また、実際の使用を考えた場合でも、従来の表面抵抗率や体積抵抗率に特にこだわる理由がないために、最近では二端子測定のようなより実際的な測定を行うことが多くなってきています。そして、抵抗率を使用していた大きな理由の一つ、相対的な比較については、試料の大きさを合わせることや形状を合わせることで行おうとしています。

実際に、フィルムやシート状の物質、床物質や作業台表面のような比較的平滑な表面を持つものには特に問題がないので、今後、このような試験方法が多く使用される可能性が高いと考えられます。ただし、その場合には、標準試料の大きさなどを業界で指定することが必要となるでしょう（実際の仕様に合わ

せるために、縦×横は指定する必要がありますが、厚みなどについては、特に指定しないほうが良いかもしれません）。

　二端子方法測定とは、物質の2点間の電気抵抗を測定する抵抗測定の総称で、表面抵抗、体積抵抗を合成した測定結果が得られます。二端子測定は、規格／標準によっては、リーク抵抗測定、あるいは、絶縁抵抗測定という言葉を使用している場合もあります。二端子法では、物質の総合的な抵抗を評価することになりますが、その意味は表面抵抗、体積抵抗、局部的導電経路等の電流経路成分中で、最も低い抵抗成分が支配的評価指標となるということです。

　したがって、1つの導電性要素が強く他の要素を無視することができれば、抵抗率を求めることも可能です。たとえば、体積抵抗が表面抵抗よりも3桁以上高く、電流の大部分が表面電流であることが確かであれば、試料の幅と長さから表面抵抗率を算出することができます。また、逆に大部分が絶縁物質で構成されたものであっても、局部的に導電物質が挿入されていれば、導電物質として評価してしまう可能性もあります。

◆ 層構造を持つ物質の抵抗測定

　実際にESD対策製品の抵抗測定する場合、多くのESD対策製品は、要求されるさまざまな特性のために、均一な構造を持っていることはあまりありません。しかし、抵抗測定は、本来、均一な物質を測定するためのものですから、測定に非常に無理が掛かってくることになります。ここでは、とくに層構造を持つ物質の実際の測定で必要となる諸注意を記述します。

　層構造を持つ物質の種類は多く、シート・マット類、袋などのフィルム物質、タイル・カーペットといった床物質などがあります。各層の厚みはさまざまで、層の数は、多い場合には4層以上となることもあります。

① 二層構造物質

　たとえば、高抵抗の板状物質に帯電防止剤を塗布したものは、塗膜の厚みが数μm以下であり、導電性塗料を塗布した場合は、1回塗布で数～数10μmです。また、2種類のフィルムをラミネートした場合や床物質の一部のものは、表面物質と基材の厚みの比が1：1～1：3程度となります。**図1.15**に示したように、表面物質が抵抗の低い物質では、表面物質の表面／体積抵抗測定は、共に比較的容易ですが、基材の測定は多少工夫が必要となります。この物質を通常の均一物質として、表面物質側で表面抵抗率測定を行えば、表面物質の中を

表面材（低抵抗）

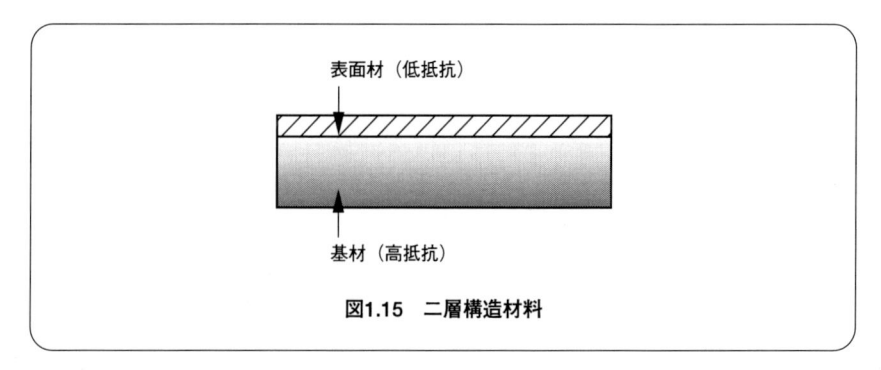

基材（高抵抗）

図1.15　二層構造材料

流れる体積電流を測定することになります。

したがって、この場合には、見掛けの表面抵抗率測定とするのが、より正確な表現でしょう。次に、そのまま体積抵抗率測定を行うと、低い表面抵抗で測定器の入力端を短絡する形になり、大きな誤差を生じることになります。したがって、もし、表裏の区別がつかないまま抵抗測定を実施した場合には、実態と大幅にかけ離れた結果が生じてしまいます。

② 三層構造物質

三層以上の多層構造になると問題はさらに複雑になりますが、各層の抵抗値により扱い方が異なります。図1.16に3層構造物質を示しました。

中間層が高抵抗の場合、厚さ方向の抵抗を測定するには、(a) のリング電極を浮かせ、二端子測定を行う以外ありません。ただし、この測定では、中間層の高抵抗部分が測定されることになります。その他は、二層構造物質測定と同様であり、表面物質、裏面物質で個々に体積抵抗を測定するか、あるいは表裏の見掛けの表面抵抗率を求めます。

中間層が低抵抗の (b) の場合、特に加工を加えずに外側から中間層の抵抗を測定する手段はありません。何らかの方法で外層を取り除くか、外部から特殊電極を差し込む、あるいは、中間層の素材単独でサンプルピースを作成するかの方法が考えられますが、具体的には、中間層の厚さ・強度等を考慮し個別に対応すべきです。これらの物質で抵抗率測定を行う場合には、さらに上下層の抵抗値の違いにより測定結果が変化する可能性もあります。

上層抵抗＜下層抵抗の場合、(a) の電極構成で体積抵抗測定を行うと、測定器の入力端子には、表面の中抵抗層と中間低抵抗層でショートに近い状態になり、アース電位となります。測定電圧は、裏の高絶縁層を通じて電極前面を覆

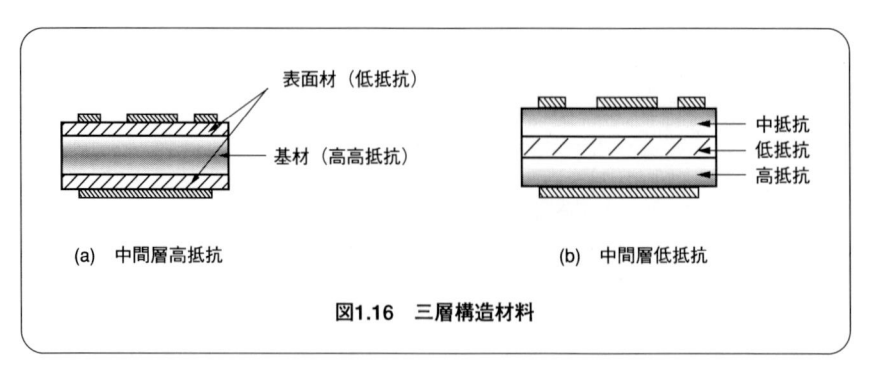

(a) 中間層高抵抗 — 表面材（低抵抗）／基材（高高抵抗）

(b) 中間層低抵抗 — 中抵抗／低抵抗／高抵抗

図1.16　三層構造材料

うように印加されます。つまり、電源と測定器は、絶縁層で切り離された形となるので測定になりません。表面抵抗測定では、表面中抵抗層と中間抵抗層の合成体積抵抗電流を測定するので、見掛け表面抵抗率が得られます。

　上層抵抗＞下層抵抗の場合は、上層物質（高抵抗層）についての表面抵抗・体積抵抗が測定できます。また、高抵抗層が、金属蒸着層の上に処理された保護膜のように非情に薄い膜であった場合には、測定電圧が高すぎると絶縁破壊が発生し、中間層の低抵抗層と電極間がショートするので、測定できなくなります。さらに、低い抵抗の蒸着層には、大きな電流が流入することになり、発熱により被膜の溶解が発生、測定器の入力回路の破損まで引き起こす恐れがあるので、十分に注意しなければなりません。ただし、測定器の破損は、0チャックボタンを、ONにしておけば避けられます。また、通常は、高抵抗測定用電極の内部抵抗が高いので、電流が大きくなると、出力電圧が急激に低下します。このような状態で測定を行うと、本来、高抵抗であるべきものが、低抵抗として測定されることもあり得ます。特に、極薄の絶縁層を測定する場合には、測定電圧を10V以下に下げることが必要となります。

　以上のように層構造物質の抵抗測定は、表裏どちらの面を測定したかにより、結果が異なったり、原理上測定が成立しないこともあります。さらに、各層の抵抗値レベルにより変化が見られ、測定者や測定器により差を生じることもあります。

　電気的抵抗を下げる手段として、導電性物質を基材に練り込む方法があります。この方法では、一般に、基材の絶縁性が高く、練り込む物質の配合率を調節することにより物質の導電経路の量を調節します。一般的には、このような導電経路は、多かれ少なかれキャパシティブ結合をしていると考えられ、その量により、

抵抗値が変化すると考えられています。導電物質が比較的多量に含まれている物質は、抵抗性の結合が優先する物質と見ることができ抵抗測定では、比較的安定した結果を得ることができますが、導電物質が少ない場合には、キャパシティブ性の結合が優先となり、電極荷重などの測定条件や印加電圧により、抵抗測定で測定値が突然ジャンプしたり、下降したりすることがあります。

7 抵抗測定の問題点

帯電防止物質

　ESD対策資材の評価において、抵抗要素が重要であることはいうまでもありません。しかし、市場のESD対策資材の抵抗値と静電気に敏感な電子部品類（ESDS）の保護特性が、必ずしも一致していないこともまた真実です。この理由としては、ESD対策に対する認識が、最近一般化されてきたものであるために、ESDS側の損傷モードがあいまいであったり、対策方法の理論が十分に完成されていなかったりすることによるものであると考えられます。つまり、ESD対策資材の評価方法自体、現在もなお、検討中であるためと言うことができるのです。いずれにしても、現在新素材等を評価する場合、抵抗指標を使用するとさまざまな問題点があります。**表1.5**にそれをまとめました。

　以上のように、抵抗測定では測定時、測定者により設定されるさまざまな条件が測定値に影響することが多く、測定値の再現性に問題がでてきます。そのため、測定値そのものの信頼性が下がり、帯電防止効果との相関性も判然としなくなります。

施工後の床抵抗測定

　ESD対策用床物質には、帯電防止タイプと導電性タイプがあり、RIIS-TR-87（P50）では、帯電防止物質を 10^{10} Ω 未満と間接的に指標値として示しており、帯電防止作業床の条件を 10^{9} Ω 以下と定義しています。同様にNFPA99では、導電床は 1×10^{6} Ω 以下となります。床の抵抗測定では、物質測定、施工後の測

表1.5 抵抗指標を使用するときの問題点

問 題 点	例
① 物質の導電性部分と電極を、安定して接続／接触させることがむずかしい	・積層構造を持つ物質で、導電性物質が表面にでていないもの。 ・中心部に導電部を持つ繊維。 ・導電性粒子や導電性フィラーを練り込んだ物質。
② 物質と電極の接触が、局部的に接触、あるいは、接触状態が不安定で測定に再現性がない	・導電性繊維混紡カーペット。 ・導電性微粒子を練り込んだ物質。
③ 測定方法、測定機器による抵抗値が異なる	＊抵抗領域の範囲により測定方式が変わる。試料形状・測定電界強度・電圧／電流計法・メガー法・ブリッジ法等
④ 物質の構造を考慮しない抵抗測定方法の選択	＊物質構造が不明なために生じる測定方法との不一致。
⑤ サンプリングの不一致	＊規格条件にサンプリングがあった場合に、それにより行わない。FED 101C 4046等
⑥ 電極物質の種類	＊表面の材質により、電極を選択しない。表面が柔らかい場合にナイフエッジ、堅い場合には、導電性ゴム
⑦ 電極取り付け方法	
⑧ 電極圧力	＊基本的には、同一種類の物質には、規定加重を加える。
⑨ 測定電圧	＊規定電圧は、物質により変化させる必要があるために考慮が必要。 ＊積層フィルム等物質としてキャパシター構造を持つ物質を測定する場合、高電圧を印加するとフィルム構造を破壊することがある。 ＊最近の傾向としては、100V以下のような低電圧を使用する。
⑩ 測定電流	
⑪ 温度／湿度等の一般環境条件	＊気圧等の影響も考慮すべき場合もある。 ＊湿度依存性物質では、コンディショニングを行う環境と同じ条件で測定を行う。

7. 抵抗測定の問題点

定があり、物質測定は、通常のシート物質の測定と同じです。しかし、施工後の床物質は、床の裏面が通常接地面となるので、抵抗測定に際しては、十分に注意する必要があります。

NFPA99などの規格に示された測定方法は、図1.17のようです。図1.17からわかるように、体積導電性物質では、表面リーク抵抗は、体積方向に測定電流が流れてしまうために、測定ができません。つまり、床の表面リーク抵抗は、表面導電性物質のみ存在することになります。また、体積方向に電流が流れないのであれば、表面リーク抵抗は、表面抵抗と同じとなります。このような測定には、携帯用のメガーが適当です。しかし、帯電防止仕様の床は、$1 \times 10^6 \, \Omega$を越え$10^9 \, \Omega$以下ですから、測定電流がnA近くになるので、この範囲をメガーだけではカバー仕切れなくなります。もし、高絶縁抵抗等を使用する場合は、図1.18に示すように施工床の接地と測定器の接地の関係で測定できないことも

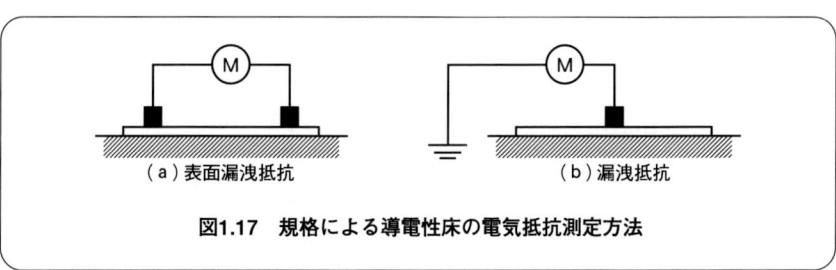

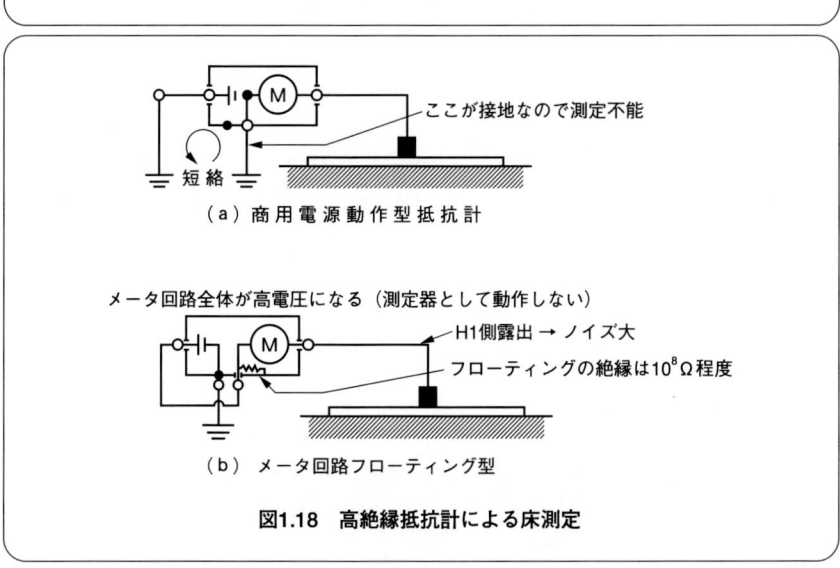

(a) 表面漏洩抵抗　　　　(b) 漏洩抵抗

図1.17　規格による導電性床の電気抵抗測定方法

(a) 商用電源動作型抵抗計
ここが接地なので測定不能
短絡

(b) メータ回路フローティング型
メータ回路全体が高電圧になる（測定器として動作しない）
H1側露出 → ノイズ大
フローティングの絶縁は$10^8 \, \Omega$程度

図1.18　高絶縁抵抗計による床測定

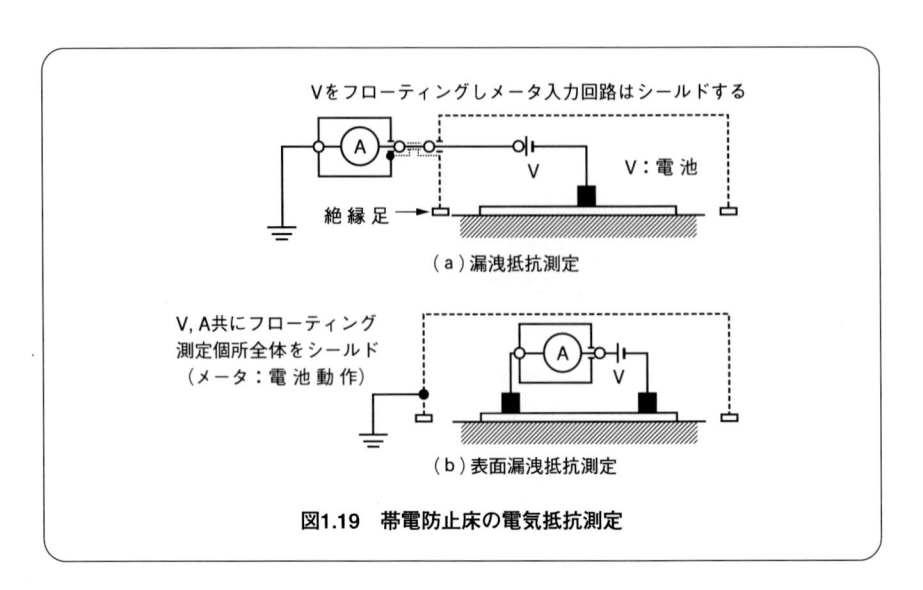

図1.19　帯電防止床の電気抵抗測定

(a) 漏洩抵抗測定
Vをフローティングしメータ入力回路はシールドする
V：電池
絶縁足

(b) 表面漏洩抵抗測定
V, A共にフローティング
測定個所全体をシールド
（メータ：電池動作）

あるので注意が必要です。図1.18（a）の場合、電池駆動型の測定器であれば、測定器を丸ごと絶縁し、さらに測定系全体をシールドすることにより測定可能となります。実は、このような測定に対応できる高抵抗測定器は、わが国では市販されていませんでした（米国では、逆にこの型のものが多く市販されています）。図1.19に、市販の測定器を使用し、工夫して$1 \times 10^{10} \Omega$程度まで測定できるようにする方法を示しました。しかし、いずれにしても、微小電流を測定する現場測定は、電気的なノイズが大きくなるので測定はむずかしくなります。

　抵抗測定では、一般的に補助電極を使用しますが、前述のように、実際の使用条件では、抵抗測定時のような密接な接触が起こることは非常にまれで、境界条件を含めた実際的な接触時の電荷移動による帯電減衰評価方法も検討する必要があります。

8 電荷減衰

　静電気対策を行う上でもっとも基本的な事項は、対象とする物質が摩擦や剥離、その他の理由により静電気的に帯電しないことです。しかし、実際には、

8. 電荷減衰

物質が存在すれば、その物質がたとえ静電気対策を施されていたにしろ、ある程度静電気による帯電は避けることができません。そこで、一般に静電気対策を行うために、この静電気の発生をできる限り小さく抑え、障害となる静電気現象の持続時間を可能な限り短くするために、発生した静電気を何らかの方法で拡散するような手段を取ることになります。この拡散する能力を示す指標として、一般には、抵抗率や減衰値を使用しています。

ところで、何らかの要因で物質が帯電した場合、その電荷はどのような形で拡散するのでしょうか。物質が導電体であれば、接地をとることなどにより、比較的簡単にその帯電電荷を拡散することができますが、絶縁体の場合には、逆の極性の電荷をイオンなどの形で再結合する必要がでてきます。このように物質の電荷の拡散の特性は、電流の流れやすさで示すことができます。したがって、その意味では抵抗特性をその指標として考えることは問題がありません。しかし、実際の静電気管理を行う場合には、この電荷拡散の性質を"時間"スケールで表示した方が実用的な場合も多いのです。また、電荷の拡散を決定する要因は、抵抗だけではありません。

減衰測定そのものは、紙などの特性を評価するために、1950年代の後半より行われていたものですが、それが現在のような測定となったのは、1960年代の後半のようです。古くは、この減衰評価が、摩擦帯電をある程度予測するものと考えられていたこともありましたが、現在では、抵抗率の評価が摩擦帯電に無関係であるのと同じように、ほとんど無関係であると考えられています。

一般的には、帯電電荷とその減衰の関係は、静電容量と抵抗の並列回路（**図1.20**）のようなRC回路と呼ばれる回路で示されます。図1.21で回路が閉じられると、キャパシターの端子電圧 V は、**図1.21**に示されるように指数関数で減衰します。V_t、V_0 をそれぞれ t 秒後の電圧、開始時の電圧とすると、このRC回路の t 秒後の電圧 V_t は、以下の式で示されます。

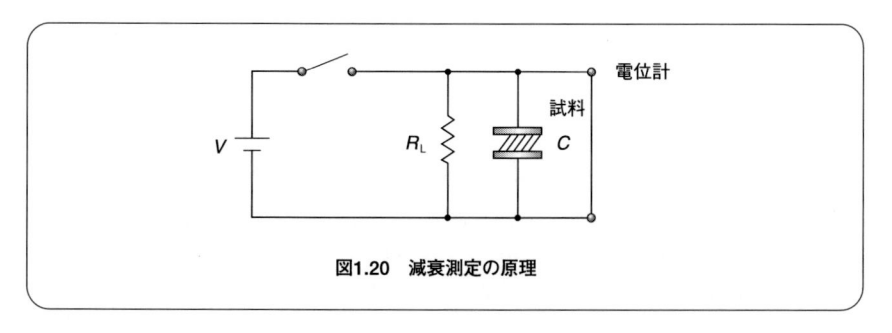

図1.20　減衰測定の原理

図1.21　電荷減衰曲線

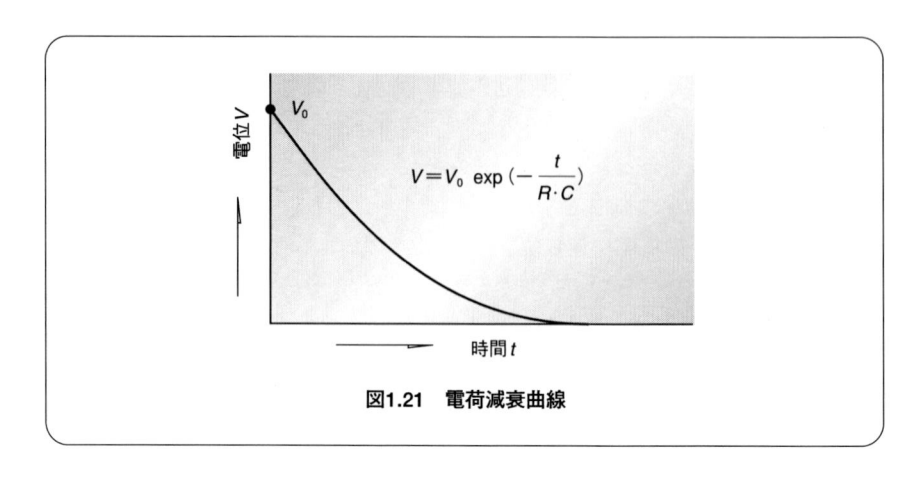

$$V_t = V_0 \exp(-t/(R \cdot C))$$

この式で、$t = R \cdot C$の場合のtをτと表示して、時定数と呼びます。この式を書き換えると以下のようになります。

$$t = R \cdot C \ln(V_0/V_t)$$

次に、さまざまな標準や仕様で定めている値を表示してみましょう。電圧が初期の電圧の半分になるまでの時間を半減期といいます。

$$t_{1/2} = R \cdot C \ln 2 \fallingdotseq 0.69\tau$$

NFPAでは、初期電圧の1／10の値を規定しています。

$$t_{1/2} = R \cdot C \ln 10 \fallingdotseq 2.3\ \tau$$

MILやEIAでは、初期電圧から0Vまでの値を定めていますが、測定機の特性上0Vまでの減衰は、通常計れないのでこれを1／100としてみます。

$$t_{1/2} = R \cdot C \ln 100 \fallingdotseq 4.6\ \tau$$

これは、理論的には時定数の測定を行うことで各規定値を計算により求めることができることを示していますが、実際の測定では、のちほど詳しく述べるように、体積成分の影響やサンプルの形状の問題等から理論値と実測値は、静電気拡散性材料等では一致しないのが一般的です。また、逆に測定物の抵抗率や静電容量を測定し減衰時間を計算することも理論的には可能ですが、上記の

理由からあまり行われていません。

減衰特性評価と測定試験の概要

　減衰測定の規格値は、MIL-PRF-81705 に 0％までの減衰時間が 2.00 秒以下と規定されています。この 2.00 秒以下という値の根拠については、理論的なものではなくエンジニアリング的に定められた値ではないかと言われています。つまり、MIL-PRF-81705 は、包装用の袋やパウチ類を規定したものであるために、作業者が袋を開封して内容物に接触する時間内に作業者の帯電あるいは包装材料の帯電が接地に逃げればよいという考えに基づいているというものです。次に、具体的な測定規格は、MIL-STD-3010, Method 4046 です。この評価方法で使用する電極の概要図は、図1.22のようなもので、サンプルの表面に直接規定

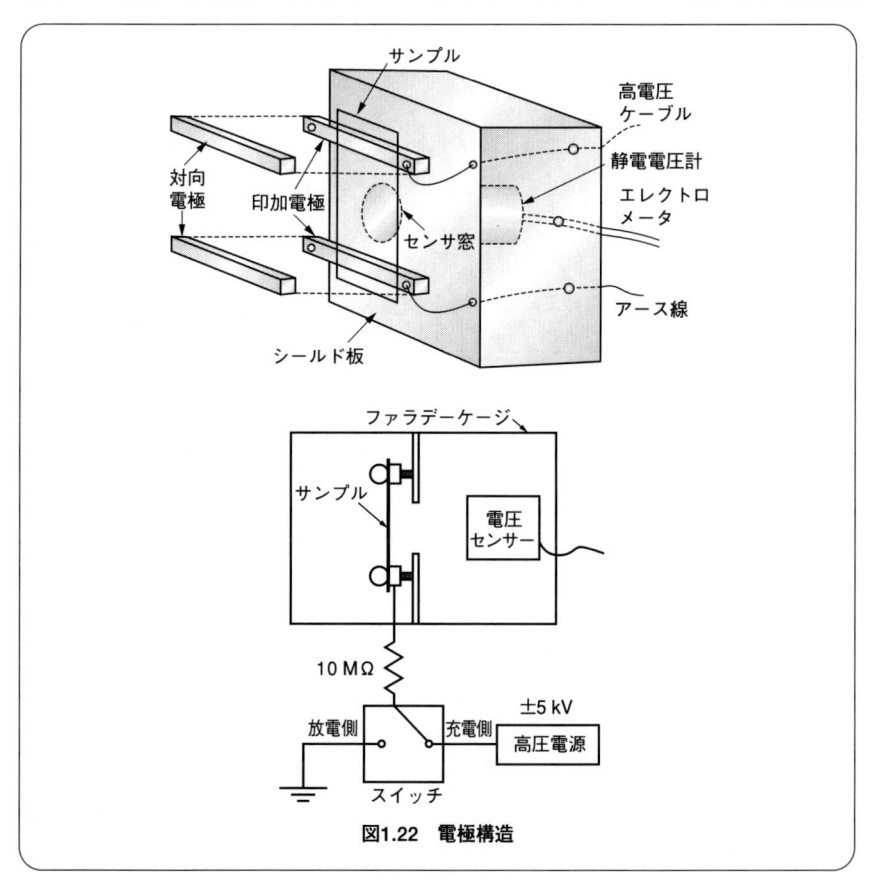

図1.22　電極構造

の±5000Vの電圧を直接印加するものです(電圧を印加するとは、電流を流すという意味ではありません。充電すると思った方がわかりやすいかもしれません)。

測定の環境条件などは、現在の静電気管理試験条件の基本となったものなので、ここで少し詳しく説明します。サンプルは、3つのグループに分割して以下の処理を行います。

① 12日間、160°±5°F環境下に放置
② 24時間のシャワーリング。
③ 73°±5°F、50%±5%R.H.環境下に放置

すべてのサンプルを24時間、73°±5°F、15%±5%R.H.環境下に放置し、その環境で試験を行います(ただし、最近ではコンディショニングの環境が、多少あまいのではないかという疑問が多く出され、ANSI／EIA 541のように、環境放置時間を長くする傾向があります)。

測定は、測定サンプルに、直接±5kVの電圧を加え、サンプルの電圧が、最高許容電圧に達した後、電圧印加を停止しアース回路に切り替え、測定サンプルの電荷減衰を測定します。測定装置は図1.22のように、この測定規格ではサンプルは2つの電極間に設置され、電圧を加えられます。したがって、市販のセンサーやエレクトロメーターを使用し装置を構成する場合には、この点を注意すべきです。また、高電圧を使用するために、センサー周囲のシールドにも十分に留意する必要があります。

減衰測定を行う場合、一般には、チャートレコーダーを使用し、**図1.23**のような減衰曲線を記録します。そして、この曲線より、時定数τや目的とする減衰値を、計算あるいは読み取りにより得るわけです。しかし、市販の測定器の中には、デジタルタイマーを使用し、目的とする減衰値を自動的に表示するものもあります。

さて、実際にこの規格の構成により、測定を行うと減衰曲線は、期待される図1.23のような理論曲線を描かずに、**図1.24**のように、ある点までは直線となり、そこから減衰曲線を描く場合が多いのです。この原因としては、電極構造による、印加—放電回路の切り替え時の電極周囲の容量結合成分の影響であるとされています。つまり、この減衰曲線が始まる点は、このような電極構成で測定した場合、実際的には、3～4kVとなります。ただし、本書では、説明を容易にするために、5kVより減衰曲線が始まるものとして説明を行うので注意

8. 電荷減衰

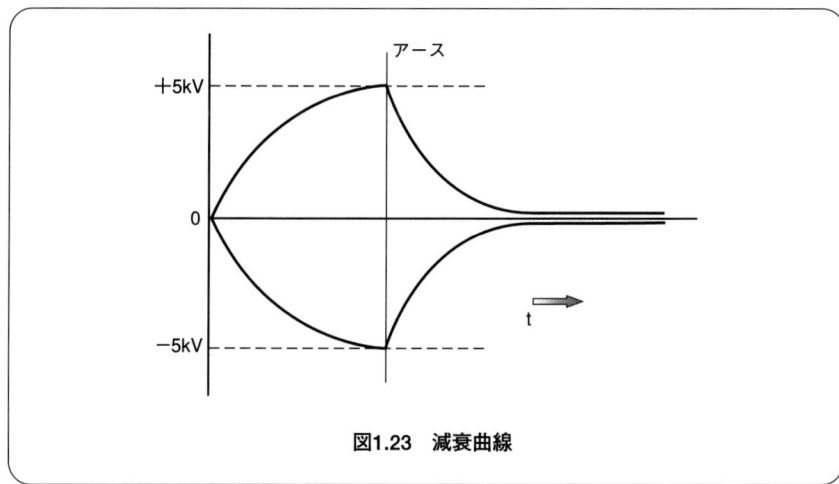

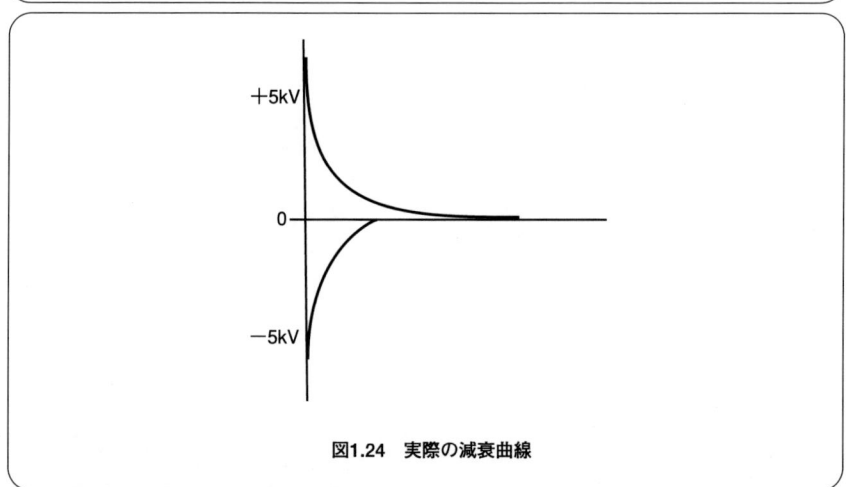

図1.23　減衰曲線

図1.24　実際の減衰曲線

して下さい。

減衰測定と表面抵抗率測定

① フィルムの評価

2つの評価方法の差異を明らかにするために、PVCシートに市販の静電気防止剤を**図1.25**のように処理し、その特性を評価してみました。この場合の2つの評価方法の感知領域イメージを、**図1.26**に示しました（表面抵抗率測定は、同心円電極を使用して測定しました）。結果を**表1.6**に示します。表より、2つ

（a）中心部未処理　（b）縦に2本処理　（c）全面処理

図1.25　静電気防止剤処理領域

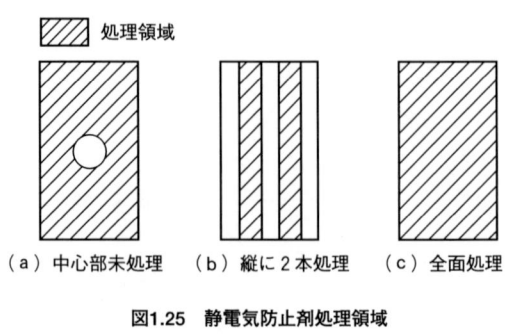

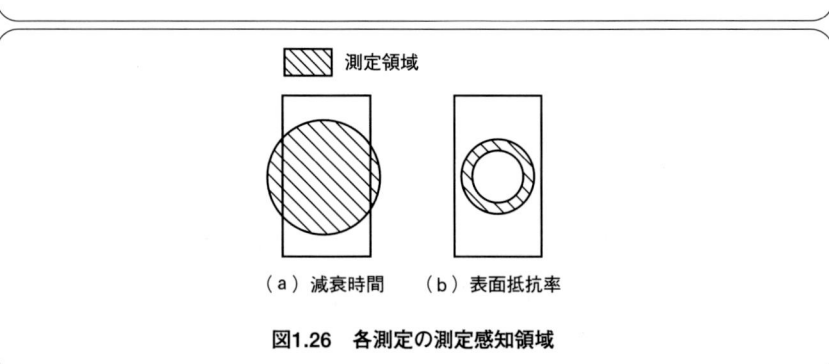

（a）減衰時間　（b）表面抵抗率

図1.26　各測定の測定感知領域

表1.6　減衰測定と表面抵抗率

試料	初期帯電（残余電圧）(kV)	減衰時間（秒）0% CUT OFF		表面抵抗率（Ω/□）
		＋	－	
(a)	+0.2	N	0.3	1.0×10^{11}
(b)	+4.5	N	N	5.0×10^{9}
(c)	0	0.04	0.05	1.0×10^{8}

注）N：測定不能。

の評価法の差異は明らかです。つまり、減衰測定評価の場合には、サンプル上に帯電領域が存在した場合、その存在を明確に示すことができますが（ただし、場所の特定はできない）、表面抵抗率測定では、感知領域内に帯電領域が存在しても、電極間に導電領域が存在すれば、その抵抗を測定しサンプルの表面抵

抗率を決定してしまう可能性があります。したがって、表面抵抗率のみでサンプルを評価しようとする場合には、測定点を多数選択し、電極を小さなものにする必要があります。

② 積層フィルムの評価

積層材料などの表裏で電気的な特性が異なるサンプルを評価する場合には、その表面の静電気拡散能力を評価するために、減衰特性を使用することは非常にむずかしくなります。というのは、この電極構造でサンプルに電圧を加えた場合、中間層金属蒸着面に電荷が誘導され、センサーが表面の電荷減衰ではなく、中間層の電荷減衰を測定してしまう可能性があるからです。つまり、この場合の減衰測定は、サンプルの構造上、最も導電性が良い層の値を示すことになります。この問題は、表面抵抗率の測定でも発生する可能性があります。ただし、表面低効率の測定では、サンプルへの印加電圧を小さくすれば、この影響を少なくすることができ、サンプルの表面層がある程度厚みを持っていれば、ある程度の指標を得ることができます。評価例を**表1.7**に示しました。

いずれにしても、このような積層材料（特に、静電気シールドタイプ）の評価に、減衰測定や表面抵抗率を行うことは、材料の使用目的から考えてもあまり適切ではないと考えるのが妥当です。

ところで、この測定器には、構造上の問題があるとも指摘されています。その点についてここで解説してみます。実は、市販されている測定装置の電荷印加部は、規格に示された素材で作成されていません。それは、図1.22の対向電極の素材なのですが、規定ではテフロン樹脂を使用するようにと指示があります。しかし、テフロン樹脂は減衰測定を行う試験環境（相対湿度15％以下）では、非常に帯電しやすく、測定に影響することが考えられます。

表1.7 減衰時間と表面抵抗率

サンプル	減衰時間（秒）0％ CUT OFF		表面抵抗率 ($\Omega/\square$)
	＋	－	
静電気シールドフィルムA	0.01	0.01	1.0×10^4
静電気シールドフィルムB	0.02	0.01	5.0×10^6
透明静電気防止フィルム	0.20	0.21	1.0×10^{10}

そこで、一般には、この素材をステンレスのような導電性の金属に変更して測定を行います。しかし、今度は測定サンプルの裏面にも電荷を印加することになり、測定表面のみの測定がむずかしくなるおそれがあります。また、このように改良した電極を使用した場合には、表面と裏面の材質や特性が異なっている材料の測定や評価が難解となります。実際に、DIPスティックでは、窓付きというタイプ（**図1.27**のように、材質の異なる樹脂で成形したもの）でこの問題が指摘されました。

この測定では、通常**図1.28**のようにDIPスティックの両面から電圧を印加するために、窓付きのDIPスティックのように導電率の異なる樹脂から構成されているものは、導電性の良い方の樹脂特性を示してしまいます。そこで、前述のように対向電極をテフロン製などの絶縁性の高いものに替えて測定を行うことが考えられますが、このような成形品では、印加電極側に導電部分が残っているために、この部分に電流が流れてしまい導電性の小さな部分の測定を行う

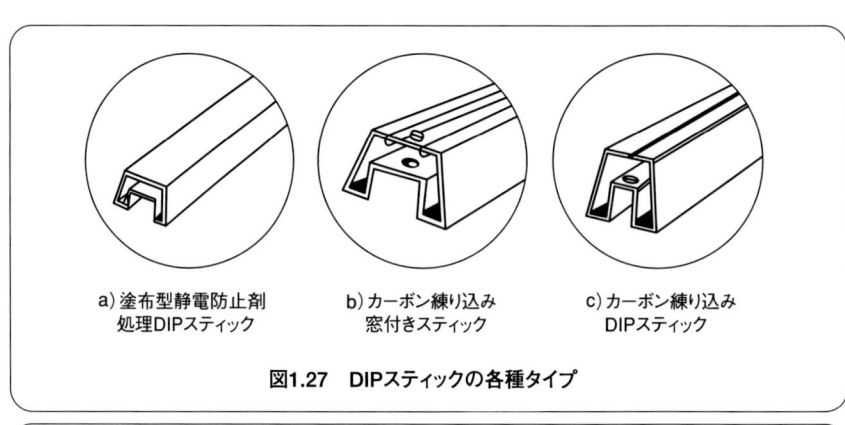

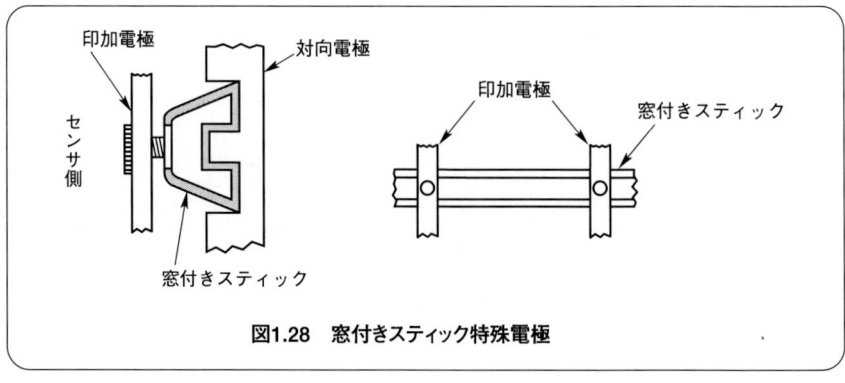

a) 塗布型静電防止剤処理DIPスティック　　b) カーボン練り込み窓付きスティック　　c) カーボン練り込みDIPスティック

図1.27　DIPスティックの各種タイプ

図1.28　窓付きスティック特殊電極

ことができません。一般的に、このような場合には電極を設計することになり、この場合には**図1.29**のような改良を電極に施して導電性の低い部分のみ電圧が印加されるようにしました。結果は、**表1.8**に示すように優位性が現れ測定が行えるようになります。

つぎに、これは電極の構造とセンサーヘッドの構造から避けられないことなのですが、大きな電圧を加え、それを接地に逃がす測定ではどうしても空間の静電容量の影響やセンサーや電極のシールド板の影響が、測定に影響してしまいます。理論的なお話はむずかしくなるので、ここでは、実際の減衰時間を測

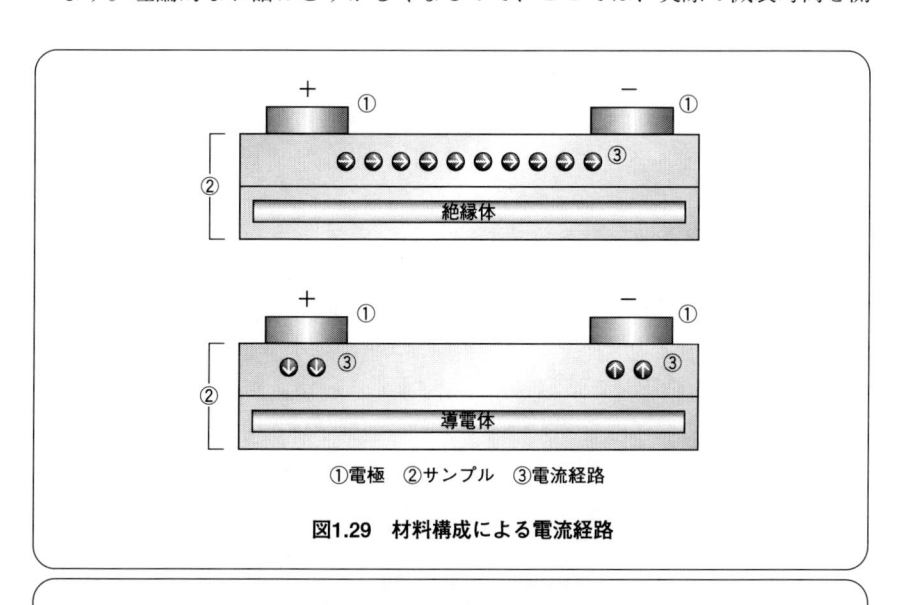

①電極 ②サンプル ③電流経路

図1.29 材料構成による電流経路

表1.8 特殊電極による減衰時間（5000V→50V）

(単位：sec)

電極	従来方法			対向電極（＜テフロン＞使用）		
サンプル	一般スティック	窓付きスティック		一般スティック	窓付きスティック	
		カーボン部	透明部		カーボン部	透明部
$\bar{x}$	0.159	0.01	0.013	0.236	0.01	1.847
min	0.08	0.01	0.01	0.08	0.01	0.13
max	0.33	0.01	0.02	0.40	0.01	14.82

注) $n=20$, 23.8℃/13%RH　　（資料提供：旭プラスチック工業(株)技術開発課）
なお、一般カーボンスティックの減衰時間は0.01sec程度である。

定する場合の初期電圧が、規定の値よりある程度小さくなると覚えておいてください。

さて、この測定は、本来シートや袋などの比較的平滑で面積も一定のサンプリングが行えるような材料を評価するためのものです。そのため、DIPスティックなどのある程度の厚みがあり、評価面積が規定の大きさに達しない場合には、いくつかの問題が出てきます。図1.30にこの測定装置でのセンサーの感知領域を示しました。このように測定で使用するセンサーの感知領域は、シールド板の窓で領域を絞ってもかなり大きなものとなります。

そこで、この感知領域全体にサンプルが存在しなければ、測定された電荷の減衰は、本来のサンプルの減衰だけではなくサンプル周囲の空間電荷の変化の影響も含まれてしまいます。サンプルが感知領域よりも小さくても、ある程度はサンプルの表面の電荷移動により影響なく測定することが可能とされています。しかし、DIPスティックのように、サンプルの測定に有効となる表面積が小さい場合には（図1.30）、この影響は無視できないほど大きなものとなります。

図1.31は、実際にこの影響を確認するために、同じ濃度の帯電防止剤を処理し幅を変えたサンプルを作成し減衰測定への影響を調べたものです。図のように幅による影響は明らかです。図中ピークがあるのは、サンプルの幅が、ある一定の大きさ以下になると、急速に空間の電荷減衰の影響が大きくなるためで、具体的にはこのピーク値を示す幅以下のサンプルの測定は、この測定器では何らかの処理をしなければ測定ができないことを示しています。また、バルク材料の測定では、側面の電荷減衰の影響やサンプル内部の電荷の動きも測定に大

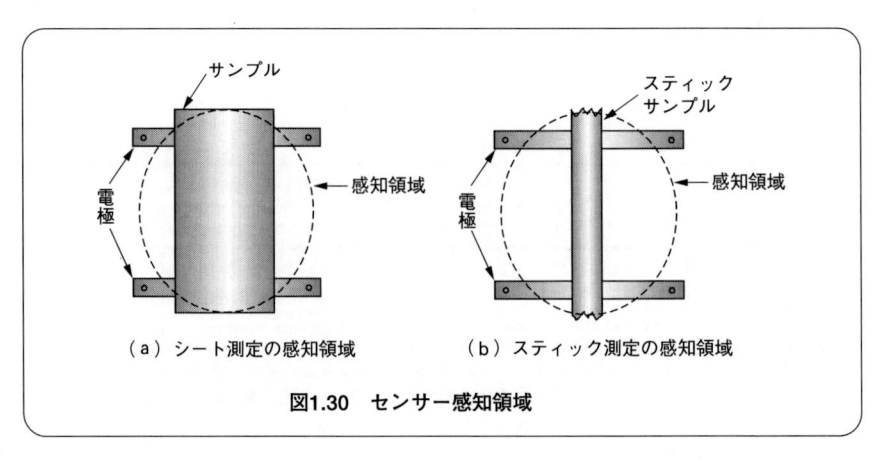

（a）シート測定の感知領域　　（b）スティック測定の感知領域

図1.30　センサー感知領域

8. 電荷減衰

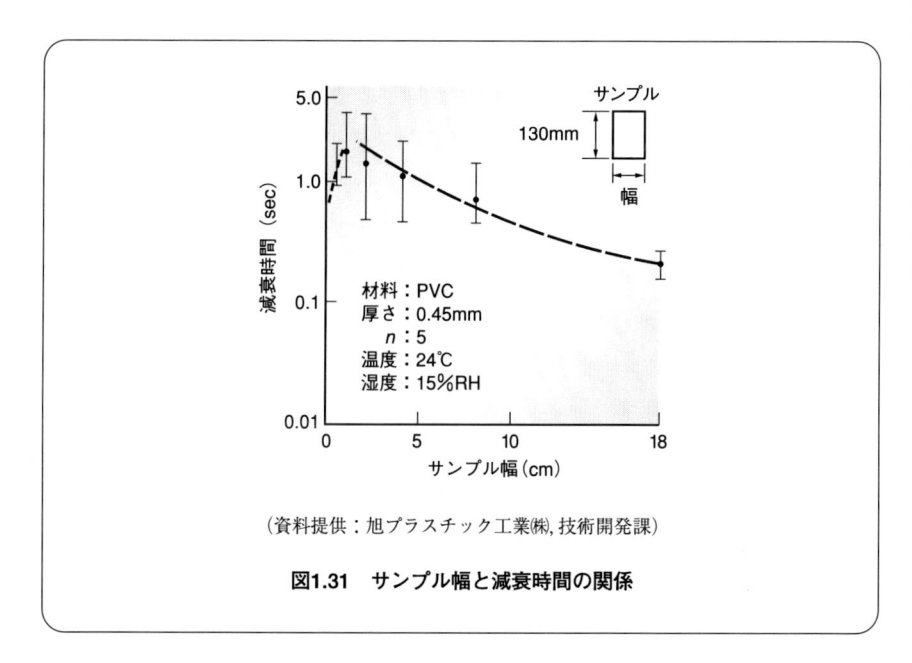

図1.31　サンプル幅と減衰時間の関係

グラフ内表記:
- 材料：PVC
- 厚さ：0.45mm
- $n：5$
- 温度：24℃
- 湿度：15%RH
- サンプル 130mm ×幅
- 縦軸：減衰時間 (sec)
- 横軸：サンプル幅 (cm)

（資料提供：旭プラスチック工業㈱,技術開発課）

きく影響することが予想されるために、測定には十分な考慮が必要となります。もっとも、DIPスティックなどでは、大きさの規格が比較的明らかにされているために、同じ大きさの製品の相対試験を行う方法も考えられます。

　減衰測定は、本来導電性領域の素材を評価するものではなく静電気拡散性領域の素材を評価するものです。つまり、抵抗測定で抵抗率や抵抗値の小さな素材は、測定を行う必要がありません。また、規格によっては減衰測定か抵抗率あるいは抵抗値の測定のどちらかを行えば良いことになっている場合もあります。しかし、減衰測定は、ESDSを取り扱う業界では、包装材料の一般評価として広く使用されていることも事実です。特にシートや袋類では、分類としての抵抗、評価としての減衰測定を位置付けている企業もあります。

第2章
電気・電子産業におけるESDの問題

電子デバイス産業、特に半導体デバイス分野においては、高集積化・微細化、低動作電圧化にともない、従来の静電気破壊耐性を維持することが困難になってきています。このため、半導体デバイスメーカーの生産工程、また半導体デバイスユーザの組立て工程で、静電気放電（ESD）に起因する半導体デバイスの破壊の問題が顕著になっています。特に、半導体デバイスの中でも現在主流のMOS（金属酸化物半導体：Metal-Oxide-Semiconductor）構造を採用したものは、入力回路のインピーダンスが高いことに起因して、外部から小さなESDが印加された場合でも回路自体の電位の変化が大きくなり、破壊に至る場合が多くあります。このため、近年の半導体デバイスではESD破壊現象から半導体デバイスの内部回路を保護するために、保護回路を半導体チップ上に配置することが必須であるといっても過言ではありません。

本章では、半導体デバイスがESDを受けた場合の破壊モデル、および半導体デバイスの静電気破壊耐性レベルを求めるための試験方法（シミュレーションモデル）について示します。

1 半導体デバイスの破壊モデル

一般的に、電子デバイスの使用期間と故障率との関係はバスタブカーブという故障率曲線で表されます（図2.1）。初期故障期間とは、初期欠陥などに起因して故障が発生し、時間とともに故障率は減少する領域で、ゲート絶縁膜中の初期欠陥による破壊現象に代表されます。偶発故障期間とは、ランダムに故障が発生し、時間に関係なく故障率は一定の領域で、代表的な故障メカニズムとしてはα粒子の入射によるメモリのソフトエラー現象があります。磨耗故障期間とは、使用期間中の累積ストレスにより材料等の構造が劣化することにより故障が発生し、時間とともに故障率は増加する領域で、大気中の水分等の影響で発生する腐食現象に代表されます。

図2.1に示したように、ESD起因の破壊現象は、主に初期故障期間に発生しますが、前述のような初期欠陥に起因して初期故障期間で故障が発生しているわけではなく、取扱い方法および使用環境に依存して発生します。ESD破壊現象は、半導体デバイスの製造工程もしくは半導体デバイスが単体で取り扱われ

1. 半導体デバイスの破壊モデル

図2.1 故障率曲線（バスタブカーブ）と故障メカニズム

図2.2 半導体デバイスの破壊を引き起こす静電気放電モデル

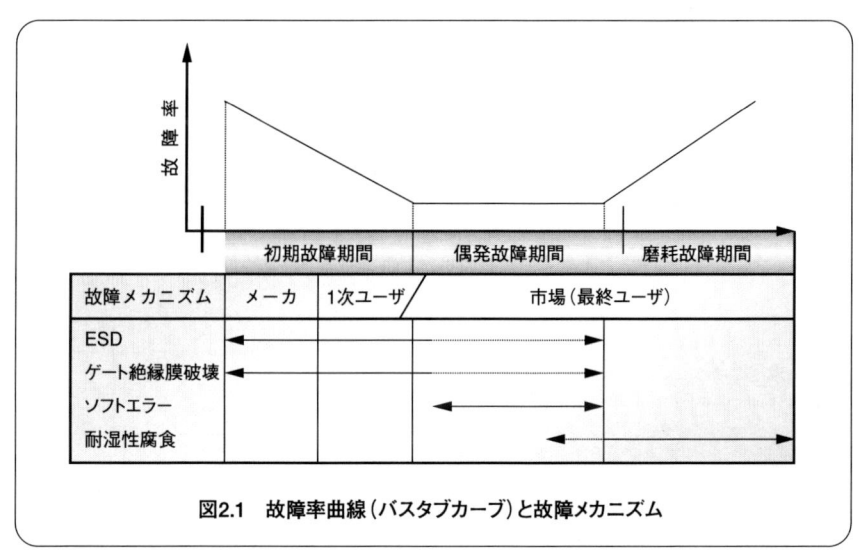

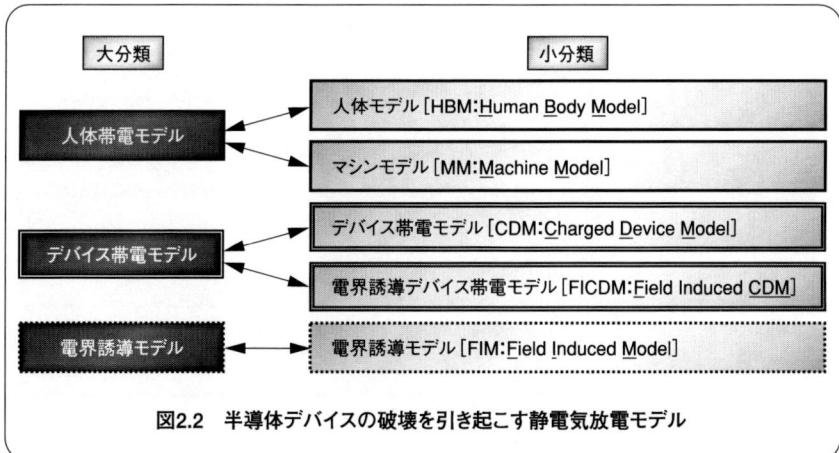

る組立て工程で主に発生するために、図2.1に示した故障率曲線の初期故障期間と偶然一致しているだけであり、本来は使用時、特に取扱い時のストレスもしくは環境により決定される故障現象です。

半導体デバイスの破壊を引き起こす静電気放電モデルは、**図2.2**に示すように、人体帯電モデル、デバイス帯電モデル、電界誘導モデルに大別できます。ここで、人体帯電モデルは、外部の静電気的帯電物体から半導体デバイスの端子への放電を模擬したモデル、デバイス帯電モデルは半導体デバイスが静電気

表2.1　放電モデルの特徴

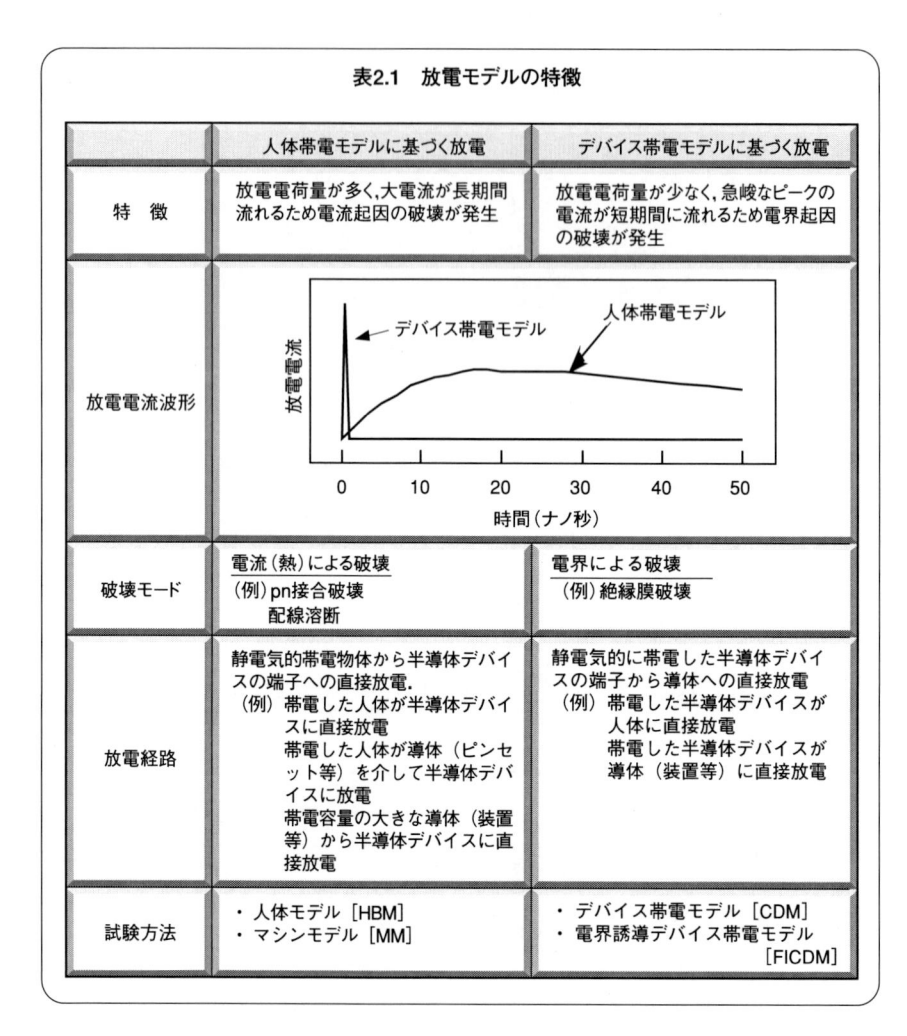

	人体帯電モデルに基づく放電	デバイス帯電モデルに基づく放電
特徴	放電電荷量が多く,大電流が長期間流れるため電流起因の破壊が発生	放電電荷量が少なく,急峻なピークの電流が短期間に流れるため電界起因の破壊が発生
放電電流波形	横軸: 時間(ナノ秒) 0〜50、縦軸: 放電電流。デバイス帯電モデルは鋭いピーク、人体帯電モデルは緩やかな波形	
破壊モード	電流(熱)による破壊 (例)pn接合破壊 　　 配線溶断	電界による破壊 (例)絶縁膜破壊
放電経路	静電気的帯電物体から半導体デバイスの端子への直接放電. (例)帯電した人体が半導体デバイスに直接放電 　　 帯電した人体が導体(ピンセット等)を介して半導体デバイスに放電 　　 帯電容量の大きな導体(装置等)から半導体デバイスに直接放電	静電気的に帯電した半導体デバイスの端子から導体への直接放電 (例)帯電した半導体デバイスが人体に直接放電 　　 帯電した半導体デバイスが導体(装置等)に直接放電
試験方法	・人体モデル [HBM] ・マシンモデル [MM]	・デバイス帯電モデル [CDM] ・電界誘導デバイス帯電モデル [FICDM]

により帯電し半導体デバイスの端子から外部の導体への放電を模擬したモデル、電界誘導モデルは半導体デバイス周囲の電界変化により半導体デバイス内部に発生する過渡電圧、渦電流に起因するモデルです。表2.1に人体帯電モデル、デバイス帯電モデルそれぞれの放電モデルの比較を示します。

半導体デバイスへの放電現象

外部の静電気的帯電物体から半導体デバイスの端子への放電を模擬したモデルは、人体帯電モデルと呼ばれています。人体帯電モデルの中で、放電する静

電気的帯電物体が人体である場合は人体モデル（HBM：Human Body Model）、また静電気的帯電物体が装置等である場合はマシンモデル（MM：Machine Model）と呼ばれており、帯電物体が半導体デバイスの外部端子に触れたとき電流がデバイス内を貫通して破壊することを想定しています。このモデルに対しては、半導体デバイスの外部端子に帯電物体の放電電流に相当する電流を流すためのコンデンサおよび抵抗の回路による試験方法が考案され、国内ではJEITA（電子情報技術産業協会：Japan Electronics and Information Technology Industries Association）において試験規格が制定されています。

　この放電モデルでは、外部の帯電物体は容量の大きな人体／導体であり、容量の小さな半導体デバイスへの放電を模擬しています。この放電電流波形の時定数は100ナノ秒程度であり、この値はESD保護素子の応答速度より十分に長いため、半導体デバイスの内部の保護素子を大電流が貫通することで熱的要因の破壊が発生します。つまり、ESDの電流エネルギーが半導体デバイス中でジュール発熱により熱エネルギーに変換され、構成材料の融点以上になった時に熱破壊が発生するため、p-n接合破壊、配線溶断等の電流（熱）による破壊モードが支配的となります。

半導体デバイスからの放電現象

　近年、人体モデル（HBM）試験およびマシンモデル（MM）試験で十分な耐量があっても半導体デバイスメーカーの生産工程、また半導体デバイスユーザの組立て工程でESD起因の破壊が発生することがあります。また、各種工程の設備、およびその環境での作業者の静電気対策を十分に行っていても、依然としてESD破壊が発生しているという事実もあります。これは別の要因によるESD破壊が起こっているためです。生産・組立て等の装置・設備は静電気対策済み、人体に対しても静電気対策済みとなると、未対策は半導体デバイスということになります。生産・組立て中の半導体デバイスは接地することが困難なため、搬送中の摩擦による静電気的な帯電、もしくは外部電界により誘導帯電が発生する場合があります。このように、半導体デバイス自体が帯電した場合のESD破壊を模擬する試験方法としてデバイス帯電モデルによるESD試験方法が必要になってきています。

　この放電モデルでは、帯電物体は容量の小さな半導体デバイスであり、半導体デバイス表面の摩擦帯電、もしくは外部電界により誘導帯電します。この帯電した半導体デバイスから容量の大きな人体／導体への放電を模擬しているた

め、放電電流パルスの時定数は200ピコ秒程度であり、この値はESD保護素子の応答速度に対してマージンがなく応答しきれなくなります。注入される電荷量も人体帯電モデルの静電気放電と比べて非常に少ないため、保護回路中の各素子で消費される電力も非常に小さいものです。このため、デバイス帯電モデルのESDでは、注入された電荷の逃げ道がないことに起因して、急峻な電位上昇が起こることで絶縁膜破壊等の電界による破壊モードが支配的となります。

2 半導体デバイスの損傷

ESDによって引き起こされる半導体デバイスの損傷には、非回復性不良と回復性不良の2つのモードがあります。非回復性不良は、半導体デバイスの機能を完全に破壊してしまうような金属配線の溶断やゲート絶縁膜の破壊、p-n接合の破壊等に起因して発生します。もう一つのモードは、LDD（Lightly Doped Drain）構造を採用したトランジスタでのソフトリーク不良に代表される回復性不良です。

非回復性不良

前節で述べたように、人体帯電モデル、デバイス帯電モデルでは放電電流波

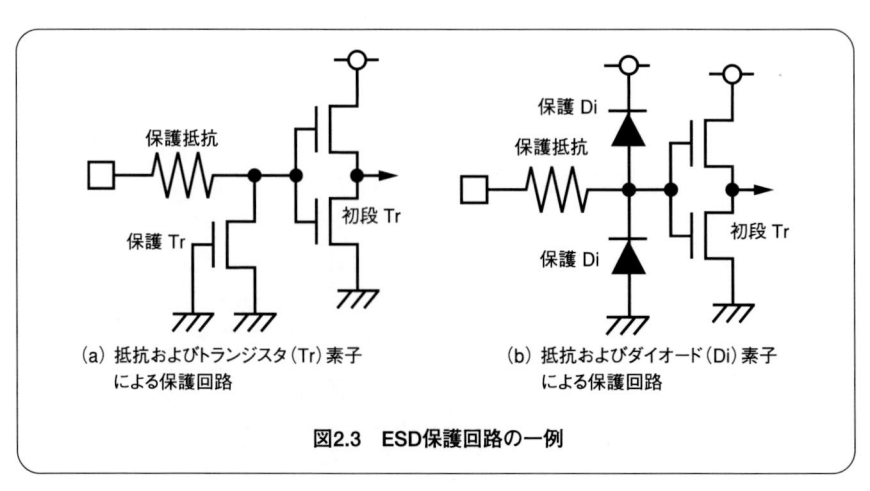

(a) 抵抗およびトランジスタ(Tr)素子による保護回路

(b) 抵抗およびダイオード(Di)素子による保護回路

図2.3　ESD保護回路の一例

形が大きく異なり、これが原因で破壊モードも異なります。図2.3に一般的な保護回路例を示します。(a)は抵抗およびトランジスタを保護素子として用いた場合、(b)は抵抗およびダイオードを保護素子として用いた場合の1例です。

人体帯電モデルの場合は、放電電流波形の時定数が大きいため、半導体デバイスの内部の保護素子を電流が貫通することでジュール発熱による熱破壊が支配的となります。人体帯電モデルによる破壊例として、図2.4にpoly-Siで形成された保護抵抗の熱による溶断、図2.5にAl配線の熱による溶断、図2.6にESD保護トランジスタ部でのp-n接合破壊、図2.7に拡散層からそれに対向する拡散層への電流経路形成による破壊の写真を示します。

デバイス帯電モデルの場合は、放電電流波形の時定数が小さいため、ESD保護素子(抵抗、ダイオード、トランジスタなど)が応答せず、注入された電荷を逃がすことができないため、急峻な電位変化が起こります。このため、電界による破壊が発生します。図2.8にデバイス帯電モデルによる破壊例として、入力初段トランジスタのゲート絶縁膜破壊の写真を示します。

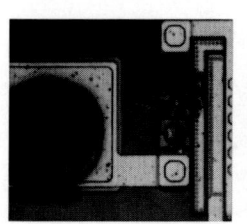

図2.4　熱破壊モード(I)
(poly-Si保護抵抗溶断)

図2.5　熱破壊モード(II)
(Al配線溶断)

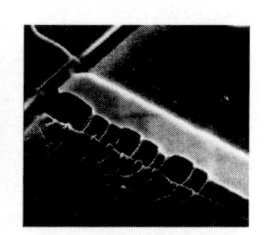

図2.6　熱破壊モード(III)
(pn接合破壊)

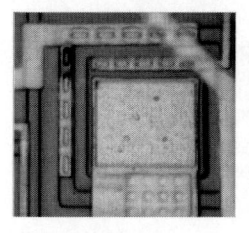

図2.7　熱破壊モード(IV)
(拡散層破壊)

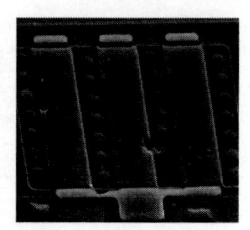

図2.8　電界破壊モード(II)
(ゲート酸化膜破壊)

回復性不良

半導体デバイスの技術トレンドの1例を表2.2に示します。3μmプロセスでは、接合深さは0.8μm、ゲート酸化膜厚は50nmで、SD（Single Drain）構造のトランジスタを採用していました。1.5μmプロセスになると、接合深さは0.4μm、ゲート酸化膜厚は30nmとなり、このデザインルールの頃から新しくLDD（Lightly Doped Drain）構造のトランジスタの採用が始まり、SD構造のトランジスタからの置き換えが始まりました。このLDD構造のトランジスタは、MOS型トランジスタの物理的な劣化メカニズムであるホットキャリア対策のために採用しています。図2.9にnチャンネルMOS型のLDD構造トランジスタとSD構造トランジスタの断面を示します。

しかし、ホットキャリア対策として採用したLDD構造は、ESD破壊耐性という観点で見ると耐性を下げる要因となっていることがわかってきました。特に、その傾向は人体モデル（HBM）の放電によるESD試験不良発生電圧に対して顕著に現れます。入出力回路をSD構造トランジスタとLDD構造トランジスタとで作り分けた同一デザインルールのMOS型半導体デバイスのHBM ESD試験による不良発生電圧を表2.3に示します。不良発生電圧は、SD構造トランジスタ

表2.2 半導体デバイスの技術トレンド

デザインルール（μm）	3.0	2.0	1.5	1.0	0.8	0.5	0.35	0.25	0.18	0.15
接合深さ（μm）	0.80	0.50	0.40	0.35	0.30	0.25	0.20	0.15	0.12	0.10
酸化膜厚（nm）	50	40	30	20	15	10	7.5	6.0	4.0	3.0
トランジスタ構造	SD	SD	LDD	LDD	LDD	LDD	LDD	LDD	LDD	LDD

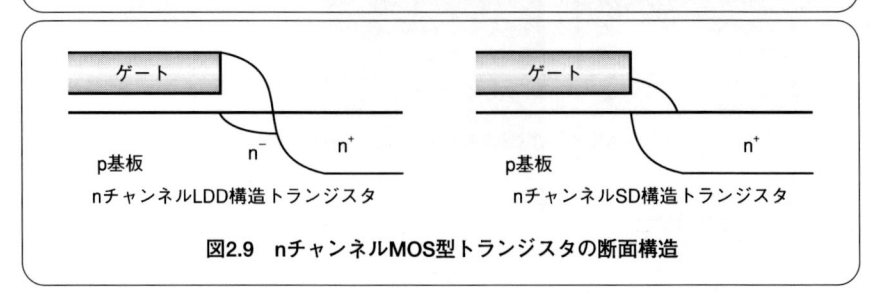

図2.9 nチャンネルMOS型トランジスタの断面構造

では2000V以上であるのに対してLDD構造トランジスタでは1000〜2000Vと低い値を示しています。破壊モードは、SD構造トランジスタでは接合破壊等の完全破壊（非回復性不良）ですが、LDD構造トランジスタではサブスレショルド領域でのソフトリーク不良（回復性不良）です。

サブスレショルド領域でのリーク発生メカニズムを図2.10を基に説明します。図2.10は、典型的なnチャネルMOS型LDD構造トランジスタの断面で、n^+拡散層同士がゲート下領域で対向する部分にn^-拡散層を設けたものです。ESD試験により多量の正電荷がn型LDD構造トランジスタのドレインもしくはソースのどちらか一方（ここではドレインで統一する）に注入される（図2.10①）と、ドレイン（n型）、基板（p型）、ソース（n型）でバイポーラトランジスタ（npnトランジスタ）を形成し、ドレインからソースへ電流が流れます（図2.10②）。これを、スナップバック現象と言います。

表2.3　トランジスタ構造によるHBM ESD試験不良発生電圧

トランジスタ構造	HBM ESD試験不良発生電圧
LDD構造トランジスタ	1000〜2000V
SD構造トランジスタ	2000V以上

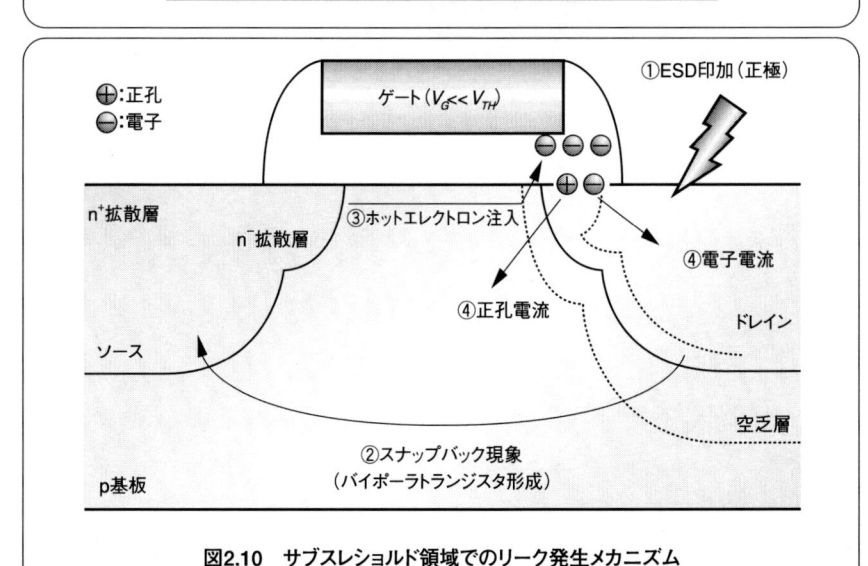

図2.10　サブスレショルド領域でのリーク発生メカニズム

電子は、電流とは逆の方向に流れるため、ソースからドレイン方向に流れ、その電子がドレイン近傍の空乏層の電界で加速されSiの最外殻電子との間で衝突電離を起こし電子－正孔対を生成します。生成された電子の大部分は、ドレインに吸収されドレイン電流となりますが、衝突電離により$Si-SiO_2$のバンドギャップを乗り越えられるエネルギーを得た一部の電子、また、さらにドレイン近傍の空乏層の電界で加速され$Si-SiO_2$のバンドギャップを乗り越えられるエネルギーを得た一部の電子が、ゲート酸化膜に注入されます（図2.10③）。

このような高エネルギー（運動エネルギー）を得た電子のことを、ホットエレクトロンと呼んでいます。衝突電離により生成された正孔のほとんどは、基板領域に吸収されます。ここで、ゲート酸化膜に注入されたホットエレクトロン（電子）がドレイン側のn-拡散層領域のSiのエネルギーバンドを曲げ、この曲がりがバンドギャップ以上になった時に価電子帯にある電子が伝導帯に移動し、Band-to-bandトンネル電流が基板方向へ流れます。これが、サブスレショルド領域でのリーク電流として現れます（図2.10④）。上述のゲート酸化膜に注入されたホットエレクトロン起因のLDD構造トランジスタのリーク電流不良現象は、高温保存等で回復するため回復性不良と呼ばれています。

このようなESD印加によるホットエレクトロン注入で発生した$Si-SiO_2$界面での結晶欠陥が残った状態での動作中に、さらにノイズ等の過電圧もしくは過電流が印加されると、酸化膜破壊による不良、トランジスタパラメータの劣化等が発生する可能性があります。このように、ESDによる回復性の潜在的な欠陥が非回復性の不良になる可能性もあるため、各工程におけるESD対策は非常に重要です。

3 半導体デバイスの静電気敏感性区分

静電気敏感性区分とは、半導体デバイスの使用環境等を考慮し、その環境下で静電気による破壊が発生しないようなESD耐性レベルのクラスを設定したものです。半導体デバイスメーカーでは、開発時にESD耐性レベルのターゲットとしてのクラス区分を決定し、半導体デバイス中に配置するESD保護素子の種類および回路構成を決定します。ここで重要なことは、ESD耐性レベルのクラ

ス区分の設定は、半導体デバイスメーカーの生産工程、また半導体デバイスユーザの組立て工程の静電気対策レベルおよび管理レベルに依存するため、半導体デバイスメーカとユーザとが一体となって決定する必要がある点です。半導体デバイスメーカーではESD保護素子および回路を付加することでESD耐性レベルを向上させることは可能ですが、それにともなう半導体チップの面積増大によるコストの上昇、半導体デバイス端子の容量増大による入出力波形の遅延等の機能に与える影響を考慮すると、過剰なESD耐性レベルのクラス区分の設定は、半導体デバイスメーカーおよびユーザの両者にとって必ずしもメリットがあるとは言えません。

表2.4　静電気敏感性区分（HBM）

ESD耐性範囲(V)	クラス区分				
	JEITA [2]	IEC [3]	ESDA [4]	JEDEC [5]	MIL [6]
0〜 500	1,000V推奨	規定なし	0	0	0
250〜 500			1A	1A	1A
500〜1,000			1B	1B	1B
1,000〜2,000			1C	1C	1C
2,000〜4,000			2	2	2
4,000〜8,000			3A	3A	3A
8000〜			3B	3B	3B

JEITA ： Japan Electronics and Information Technology Industries Association
IEC ： International Electrotechnical Commission
ESDA ： Electrostatic Discharge Association
JEDEC： Joint Electron Device Engineering Council
MIL ： Military in USA

表2.5　静電気敏感性区分（MM）

ESD耐性範囲(V)	クラス区分			
	JEITA[2]	IEC[7]	ESDA[8]	JEDEC[9]
0〜100	150V推奨（参考試験）	規定なし	0〜 25 M1A	規定なし
			25〜 50 M1B	
			50〜100 M1C	
100〜200			100〜200 M2	
200〜400			200〜400 M3	
400〜			400〜　　M4	

表2.6 静電気敏感性区分(CDM)

ESD耐性範囲(V)	クラス区分		
	JEITA [10]	ESDA [11]	JEDEC [12]
0〜 125	I	C1	I
125〜 200			
200〜 250	II	C2	II
250〜 500		C3	
500〜1,000	III	C4	III
1,000〜1,500		C5	
1,500〜2,000	IV	C6	IV
2000〜		C7	

　表2.4、表2.5および表2.6に、公的規格記載の半導体デバイスの静電気敏感性区分の1例を示します。日本の公的規格の1つであるJEITAのHBM静電破壊試験規格[1]では、HBM 1000Vの耐性があれば組立て工程で人体放電によるトラブルが起きることはほとんどなく、またIEC 61340-5-1でもHBM 100VレベルのものをESDSと位置付けており、それに対して1000Vは十分マージンがある等の理由でクラス区分は行わず人体モデル(HBM)耐量1000Vを推奨としています。

4 半導体デバイスのESD試験方法

▶ 人体モデル(HBM)試験方法

　人体帯電モデルは、半導体デバイス近傍の人体が静電気的な帯電物体となり、半導体デバイス端子にESDを発生するモデルです。このモデルに基づく試験方法として、人体モデル(HBM)試験方法があります。
　この試験方法は、世界中で最も古くから採用されており、人体がより低い電位の半導体デバイスに触れた場合の人体からの放電を模擬したものであり、人

---

1) EIAJ ED4701/300 試験方法 304-2001

4. 半導体デバイスのESD試験方法

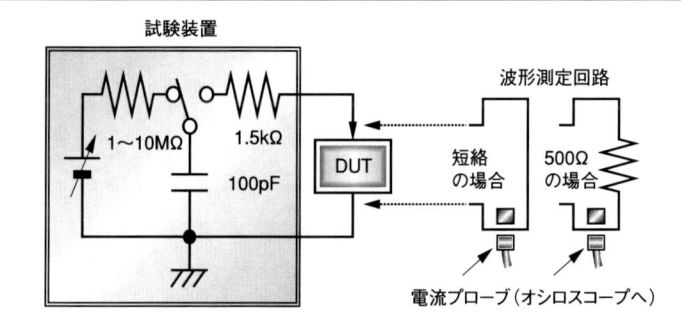

図2.11　人体モデル（HBM）ESD試験回路および波形測定回路

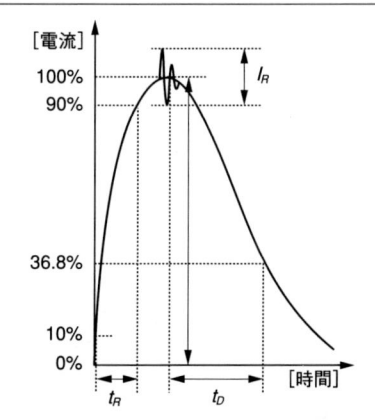

図2.12　人体モデル（HBM）ESD放電電流波形

表2.7　人体モデル（HBM）ESD放電電流波形の規定

項目（記号）		規定内容	
		短絡の場合	500Ωの場合
立ち上がり時間 (t_R)		2〜10ns	5〜25ns
減衰時間 (t_D)		150±20ns	200±40ns
ピーク電流 (I_P)	500V	0.33Aの100%±10%	0.25Aの100%＋10%/−25%
	1000V	0.67Aの100%±10%	0.50Aの100%＋10%/−25%
	2000V	1.33Aの100%±10%	1.0Aの100%＋10%/−25%
	4000V	2.67Aの100%±10%	2.0Aの100%＋10%/−25%
リンギング電流 (I_R)		I_P の15%以内	I_P の15%以内

表2.8 公的規格記載の人体モデル(HBM) ESD試験規格および放電波形規定

項目	公的規格		JEITA EIAJ ED4701/300 試験方法304-2001	IEC IEC 61340-3-1 -2006	ESDA ESD STM5.1-2007	JEDEC JESD22-A114F -2008	MIL MIL-STD-883H 3015.8-2010
放電電流波形特性	校正抵抗		短絡 / 500 Ω	短絡 / 500 Ω	短絡 / 500 Ω	短絡 / 500 Ω	短絡
	校正電圧		0.5〜4kV	0.25〜8kV	1〜4kV	0.25〜4kV	0.5〜4kV
	立ち上がり時間	短絡 500Ω	2〜10ns 5〜25ns	2〜10ns 5〜25ns	2〜10ns 5〜25ns	2〜10ns 5〜25ns	10ns以下 —
	減衰時間	短絡 500Ω	150±20ns 200±40ns	150±20ns —	150±20ns —	130〜170ns —	150±20ns —
	ピーク電流 (校正電圧1kV)	短絡 500Ω	0.67 A±10% 0.5 A+10%/−25%	0.67 A±10% 0.375〜0.55 A	0.67 A±10% 0.375〜0.55 A	0.60〜0.74 A 0.37〜0.55 A	0.67 A±10% —
試験規格	試験電圧		1kV		0.25/0.5/1/2/4	0.25/0.5/1/2/4	0.5/1/2/4kV
	放電回数(正/負)		1回/1回		1回/1回	1回/1回	3回/1回
	放電間隔		0.3s以上		0.3s以上	0.1s以上	1s以上
	サンプル数		—		3個	3個	3個

注) IEC 61340-3-1は放電電流波形特性のみ定義。試験方法はIEC 60749-26 Ed.2.0-2006にて定義

体の等価容量に見立てた100pFのコンデンサに貯めた電荷を人間の等価抵抗に見立てた1.5kΩの抵抗を介して半導体デバイスの端子に直接放電するものです。試験の等価回路および波形測定回路を**図2.11**に示します。**図2.12**および**表2.7**にJEITAで規定されている[2]放電電流波形および規定値を示します。また、**表2.8**に主要な公的規格記載の放電電流波形規定の抜粋を示します。

◆ マシンモデル（MM）試験方法

人体帯電モデルに基づく別の試験方法として、マシンモデル試験方法があります。これは、半導体デバイス近傍にある導体または金属が静電気的な帯電物体となり、半導体デバイス端子にESDを発生するモデルです。このモデルは、前述の人体が静電気的な帯電物体であった人体モデル試験方法とは違い、導体または金属が静電気的な帯電物体ですが、一般的に人体帯電モデルに基づく試験方法として分類されます。

この試験方法は、日本において古くから採用されてきましたが、最近では海外において試験規格の標準化が進んでいます。たとえば、IEC[3]、ESDA[4]、JEDEC[5]等では、マシンモデル試験方法が公的規格として制定されています。しかしながら、JEITA制定のEIAJ ED-4701/300規格では、マシンモデル試験方法による試験の結果が市場での故障モードや故障の率と異なる、試験装置により試験の結果が異なるなどの理由で規格から参考規格への変更がなされていま

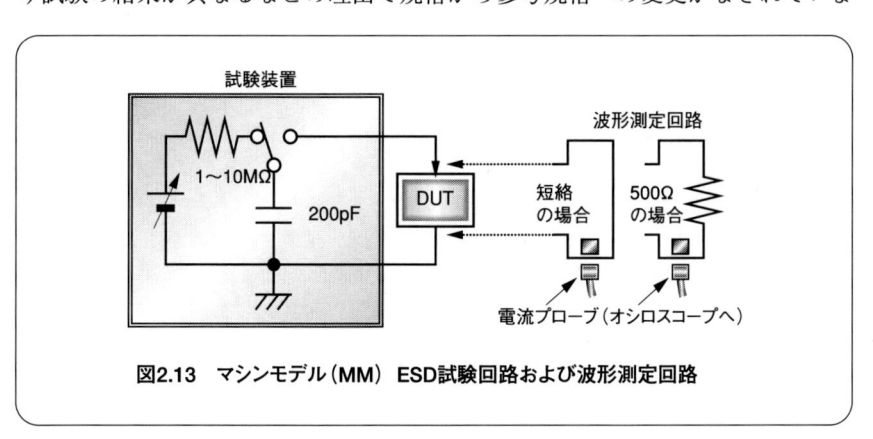

図2.13 マシンモデル（MM）ESD試験回路および波形測定回路

---

2) EIAJ ED4701/300 試験方法 304-2001
3) 61340-3-2 Ed. 1.0-2002
4) ANSI/ESD STM 5.2-1999
5) EIA/JESD-A115-A-2000

図2.14 マシンモデル（MM）ESD放電電流波形

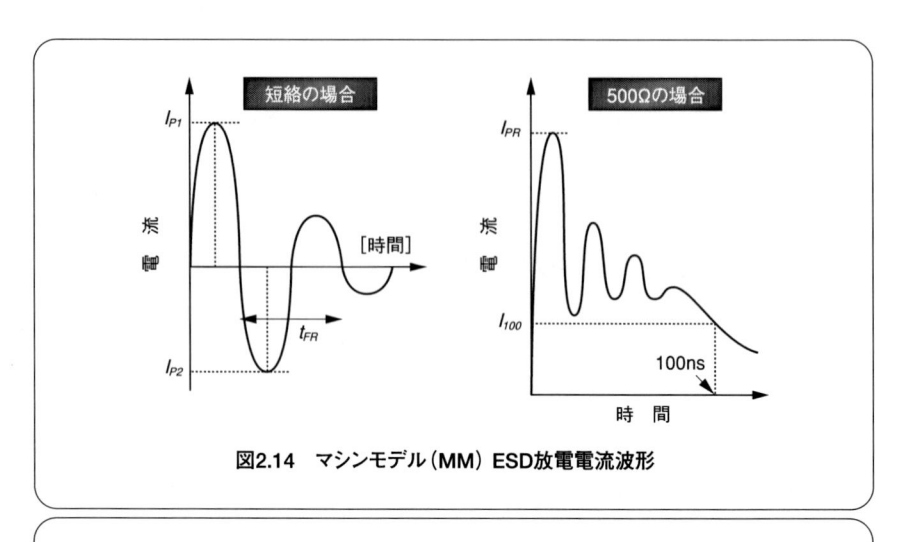

表2.9 マシンモデル（MM）ESD放電電流波形の規定

波形測定条件	項目（記号）	校正電圧		
		100V	200V	400V
短絡の場合	ピーク電流（I_{P1}）	1.45〜2.0A	2.9〜4.0A	5.8〜8.0A
	リンギング電流（I_R）	I_{P1}の30%以下	I_{P1}の30%以下	I_{P1}の30%以下
	共鳴周波数（$1/t_{FR}$）	11〜16MHz	11〜16MHz	11〜16MHz
500Ωの場合	ピーク電流（I_{PR}）	—	—	I_{100}×4.5以下
	100ns後の電流値（I_{100}）	—	—	0.29A±20%

す。

　この試験方法は、200pFのコンデンサに蓄積した電荷を抵抗を介さずに半導体デバイス端子に直接放電するものです。試験の等価回路および波形測定回路を図2.13に示します。図2.14および表2.9にJEITA規格[2]に参考試験方法として記載の放電電流波形および規定値を示します。また、表2.10に主要な公的規格記載の放電電流波形規定の抜粋を示します。

デバイス帯電モデル（CDM）試験方法

　デバイス帯電モデルは、半導体デバイスが直接的、間接的に静電気的に帯電

4. 半導体デバイスのESD試験方法

表2.10 公的規格記載のマシンモデル（MM）ESD試験規格および放電波形規定

項目	標準規格	JEITA	IEC	ESDA	JEDEC
		EIAJ ED4701/300 試験方法304-2001 (参考規格)	IEC 61340-3-2-Ed.1.0 -2002	ANSI/ESD S5.2 -2009	JESD22-A115C -2010
放電電流波形特性	1stピーク電流(I_{P1})(短絡,400V)	5.8〜8.0 A	7.0 A±15%	7.0 A±10%(1〜40 pin) ±15%(41〜128 pin) ±20%(≧129 pin)	5.8〜8.0 A
	2ndピーク電流(I_{P2})(短絡)	−	I_{P1} ×(67〜90)%	I_{P1} ×(67〜90)%	−
	ピーク電流(I_{PR})(500Ω,400V)	I_{100} ×4.5以下	I_{100} ×4.5以下	0.85〜1.2 A	I_{100} ×4.5以下
	100 ns後の電流値(I_{100})(500Ω,400V)	0.29 A±20%	0.29 A±15%	0.23〜0.40 A	0.29 A±20%
	周波数	11〜16 MHz	11〜16 MHz	11.1〜15.2 MHz	11〜16 MHz
試験規格	試験電圧	150V	100 / 200 / 400 V	25/50/100/200/400 V	100 / 200 / 400 V
	放電回数(正/負)	1回/1回	−	3回/3回	1回/1回
	放電間隔	0.3 s以上	−	1 s以上	0.5 s以上
	サンプル数	−	−	3個	3個

注）IEC 61340-3-2は放電電流波形特性のみ定義。試験方法はIEC 60749-27 Ed.2.0-2006にて定義

し、半導体デバイスの端子から近傍の金属もしくは導体へESDを発生することに起因するモデルです。

　近年の半導体デバイスメーカーの生産工程、また半導体デバイスユーザの組立工程の自動化などによりこのモデルに基づいた半導体デバイスの損傷報告が多くなり、種々の試験方法が公的機関より提案されてきました。各機関の規格は、現時点では整合性は取れていませんが、試験規格の統一を図るべく各機関の交流が盛んになっています。

　このモデルに基づく試験方法としては、デバイス帯電モデル（CDM：Charged Device Model）試験方法、電界誘導デバイス帯電モデル（FICDM：Field Induced CDM）試験方法などがあります。CDM試験方法およびFICDM試験方法の等価回路を図2.15および図2.16にそれぞれ示します。図2.17にJEITA規格[6]に暫定規格として記載の放電電流波形および規定値を示します。また、表2.11に主な公的規格記載の放電電流波形規定の抜粋を示します。

---

[6] EIAJ ED4701/300 試験方法 305-2001

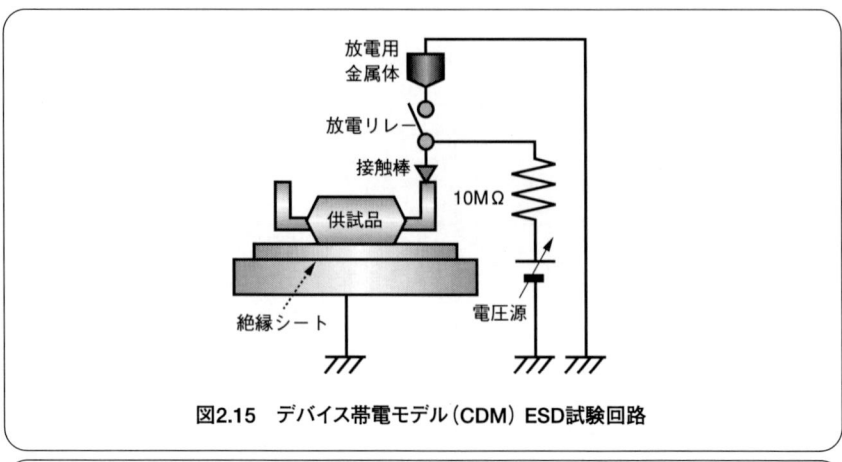

図2.15　デバイス帯電モデル（CDM）ESD試験回路

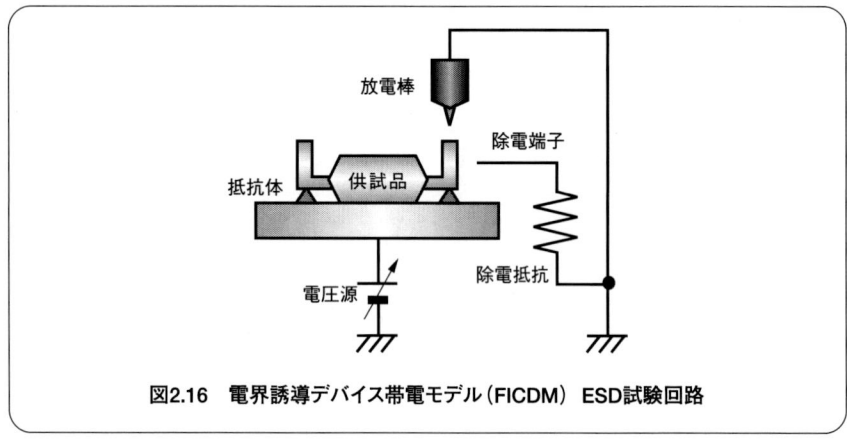

図2.16　電界誘導デバイス帯電モデル（FICDM）ESD試験回路

　CDM試験方法の放電電流波形の立ち上がり時間は200ピコ秒以下とHBM試験方法の10ナノ秒程度と比べて非常に短く、かつ電荷量が少ないため、電界による破壊が主に発生します。一方、MOS構造デバイスでは微細化につれてゲート絶縁膜が薄膜化し、電界による破壊耐性が減少しており、電界破壊を引き起こしやすい静電気破壊モデルの1つであるCDM耐量は急速に低下することが懸念されます。

ESD試験方法の問題点

　半導体デバイスの高機能化による信号の増加とパッケージの小型化が相俟って、近年、外部ピンの狭ピッチ化が加速してきています。図2.18は、人体モデ

図2.17 デバイス帯電モデル（CDM）ESD電流波形

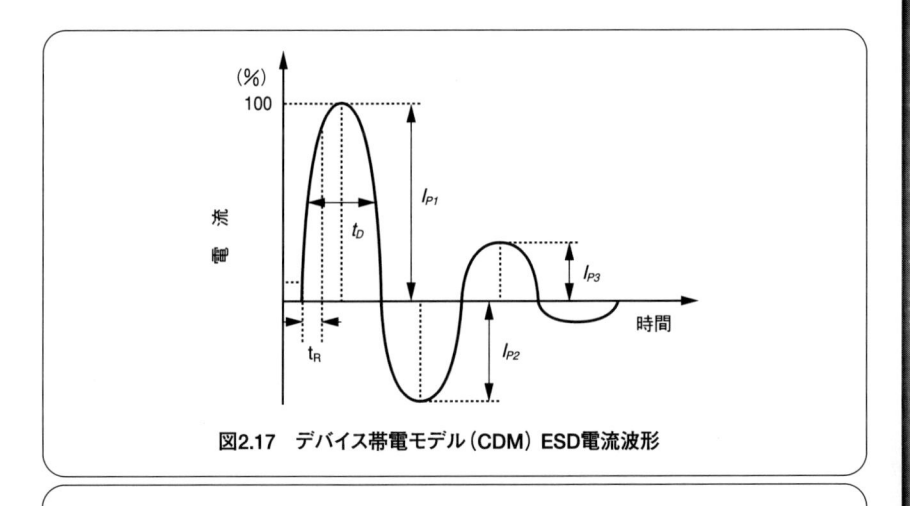

表2.11 デバイス帯電モデル（CDM）ESD放電電流波形の規定

項目（記号）		規定内容	
		モジュール小の場合	モジュール大の場合
立ち上がり時間(t_R)		300 ps以下	400 ps以下
パルス幅(t_D)		600 ps以下	800 ps以下
ピーク電流(t_{P1})	500 V	5.75A±10%	11.5A±10%
	1000 V	11.5A±10%	23.0A±10%
アンダーシュート電流(I_{P2})		I_{P1}の50%以内	I_{P1}の50%以内
オーバーシュート電流(I_{P3})		I_{P1}の25%以内	I_{P1}の25%以内

ル（HBM）ESDを半導体デバイスの1つの端子に印加した時に、印加ピンから隣接ピンへの気中放電により隣接ピンが破壊する現象について示しています。隣接ピンの破壊モードは、リーク電流の増加です。この気中放電は、外部リードフレーム間で発生し、外部ピンのピッチが狭くなることで低い電圧でも発生することを示しています（図2.19）。このように、狭ピッチの半導体デバイスにおいては、高電圧の試験自体ができなくなるなどの問題点が顕在化してくる可能性があります。

　図2.20は、半導体チップの未接続ピンに複数回の人体モデル（HBM）ESDを印加した時、未接続ピンから隣接の接続ピンへのモールド樹脂中での放電により接続ピンが破壊することについて示しています。しかも、この破壊電圧は、接続ピン自体のHBM ESD破壊電圧より低い値です（表2.12）。この原因は、未

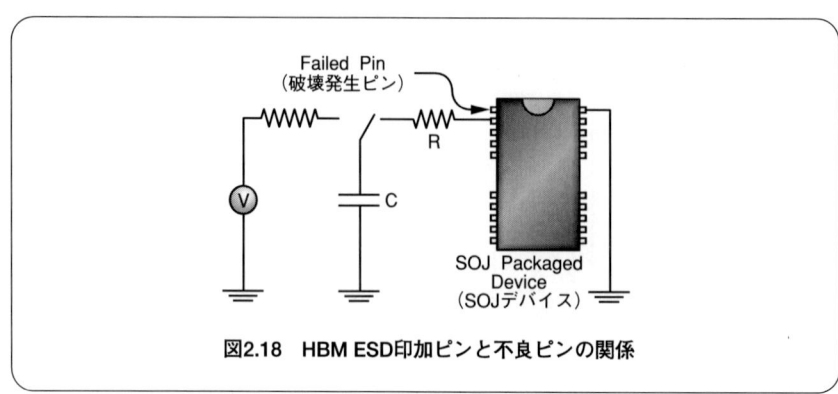

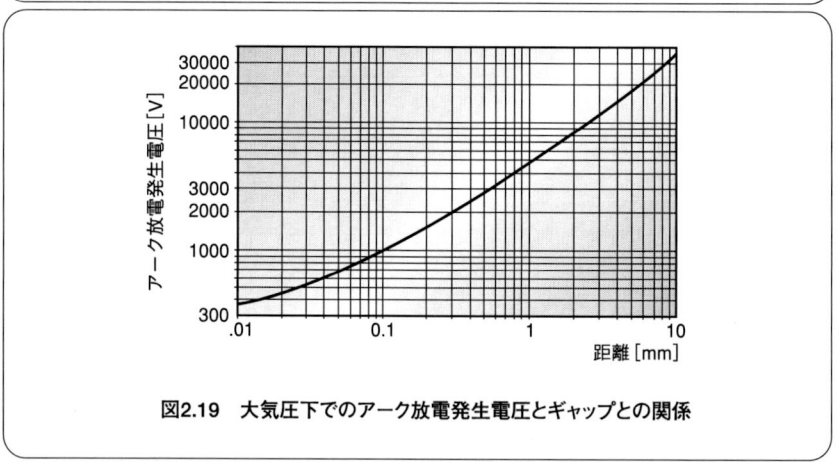

図2.18　HBM ESD印加ピンと不良ピンの関係

図2.19　大気圧下でのアーク放電発生電圧とギャップとの関係

　接続ピンへの複数回のESD印加により未接続ピン自体およびそれに接続される内部回路の電位が上昇し、接続ピンとの電位差がモールド樹脂の耐圧以上になった時にコロナ放電が発生するためです。このように、未接続ピンへのESDの印加は、本来意図した以外の破壊現象を導くといった問題点があり、公的規格でも対応を検討中です。

　半導体デバイスの微細化にともなってESD破壊に対する感度が上昇し、半導体デバイスのESD耐性は低くなってきています。半導体デバイスの回路構成、構造などのESD耐性向上策は限界に近づいています。また、近年クローズアップされてきたCDM ESDによる半導体デバイスの破壊現象に対しても、従来から行われてきた機器、人体の接地によるESD破壊抑制策も有効な手段とはなり得ない状況になってきています。

4. 半導体デバイスのESD試験方法

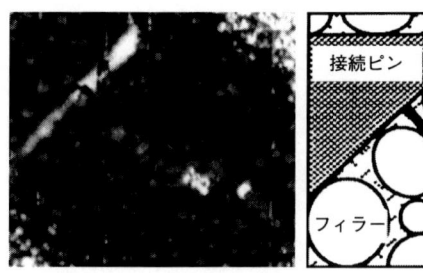

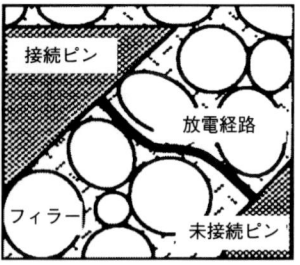

図2.20　EMSによる内部リード間の放電経路観察結果

表2.12　接続ピンの人体モデルESD耐量

極性	ESD耐量	
	未接続ピンに印加	接続ピンに印加
正	＋1.5kV加	＞＋3.0kV
負	－1.5kV加	＜－3.0kV

　このため、今後は半導体デバイスのESD耐性レベル区分に対応した生産・組立て工程のESD管理を十分に行い、生産・組立て側からもESD破壊抑制策に取り組むことが、きわめて重要になってきているのです。

第3章
静電気によるEMI障害

本章では、EMIの概要、ノイズの規格、ノイズによる誤動作、ノイズ試験法などの基礎的な解説と静電気によるEMI障害の事象について述べます。

1 EMC（EMI、EMS）とは？

電気・電子機器へ障害を与える電磁波妨害（EMI：Electromagnetic Interference：エミッション）と、妨害を受ける問題である電磁波耐性（EMS：Electromagnetic Susceptibility：イミュニティ）を共に扱う電磁環境両立性をEMC（Electromagnetic Compatibility）と言います（図3.1）。このEMCは、電子機器の高速化にともない今後ますます重要になる電磁波に対する環境問題です。

電磁波の周波数とノイズ

各種のノイズ源の周波数分布と電波利用の関係を図3.2に示します。電磁波は、超長波（3〜30kHz）からマイクロ波、サブミリ波までに大きく分類されます。主なノイズ源であるデジタル機器ノイズは10kHz〜3GHzの広範囲で発

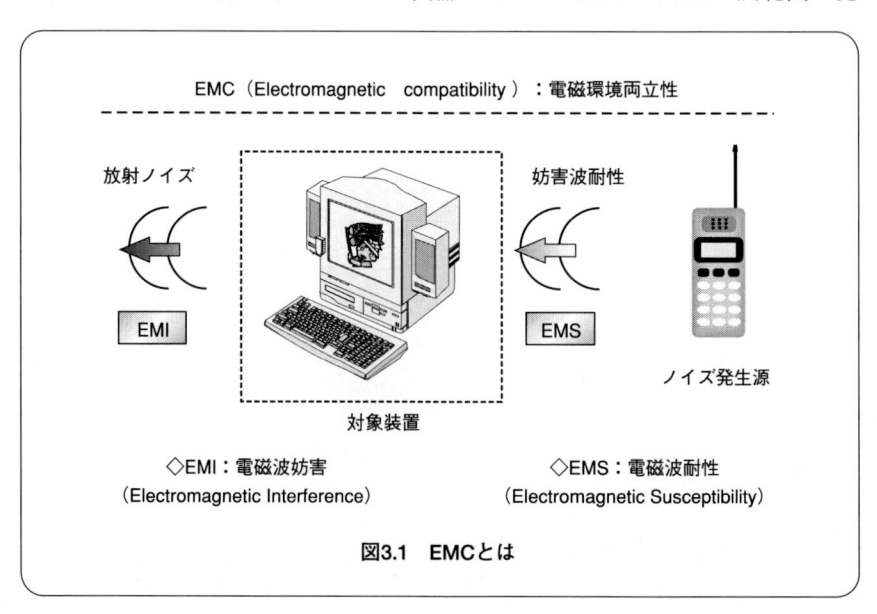

図3.1　EMCとは

1. EMC（EMI、EMS）とは？

図3.2　電磁波の周波数とノイズ

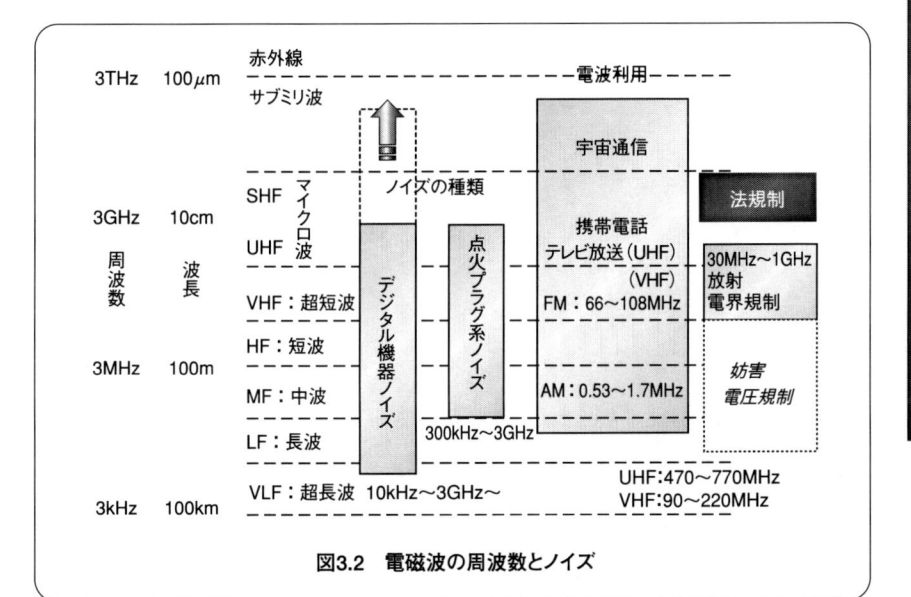

表3.1　ノイズ源の種類

ノイズ源			システムへの影響			
			破壊	誤動作	特性異常	
雷			○			EMS
静電気			○	○		EMS
機器	機械	エンジンからのイグニッションノイズ（点火プラグ）	○	○		EMS
		電動ファンモータからのブラシノイズ	○			EMS
	電波	送信機／携帯電話		○		EMI/EMS
	ラッシュカレント*	ヒータ		○		EMS
		コンデンサ		○		EMS
	表示器	放電灯		○	○	EMI
		CRT		○	○	EMI/EMS
		LCD、PDP		○	○	EMI/EMS
	照明	街灯		○	○	EMI/EMS
半導体				○	○	EMI/EMS

＊スイッチON時の突入電流

生しているといわれ、ラジオ放送、テレビ放送、自動車電話などの電波利用周波数帯域と重なり電磁波障害になります。このデジタル機器ノイズは、最近のCPUの高速化（数GHz）にともない、3GHz以上の帯域でも発生しています。ここに示すようにわれわれのまわりには、電波利用に使う正常な電磁波とノイズといわれる各種の電磁波が入り乱れているのです。

　具体的な障害として、携帯電話による医療機器および一般電子機器への電磁波障害、車両に搭載されるFMラジオなどへの妨害波や電波利用機器以外にCD、パソコン、ゲーム機による飛行機航行の異常、障害などが発生し、クローズアップされています。

　またイミュニティノイズによるシステムへの影響については、**表3.1**のように雷から静電気、機器、半導体がノイズ源になりシステムへの影響の度合いとして、破壊に至るものから誤動作や特性異常まで多様なモードがあります。このなかで静電気放電によって発生する電磁波ノイズは、周辺の電子機器システムに誤動作として影響し、特にひどい場合はシステムの破壊に至ることもあります。

② EMC規格動向

　電子機器のEMI、EMS（イミュニティ）の規格について述べます。特にEMSは、周辺で発生する妨害波に対する電子機器のノイズ耐量であり、誤動作を防止するため、装置の用途や設置場所により適したイミュニティ耐量が要求されます。

▶ EMI規格

　EMI規格は、大きく国際規格、地域規格および各国規格に位置づけることができます（**図3.3**）。まず国際規格であるCISPR（国際無線障害特別委員会：International Special Committee on Radio Interference）は、電波障害の各側面に関する国際的合意の促進を目的に設立され、地域規格／各国規格の基礎的存在になっています。また欧州連合（EU）のように地域規格がある場合は、欧州規格（EN）により欧州全体でのEMC規制を行っています。

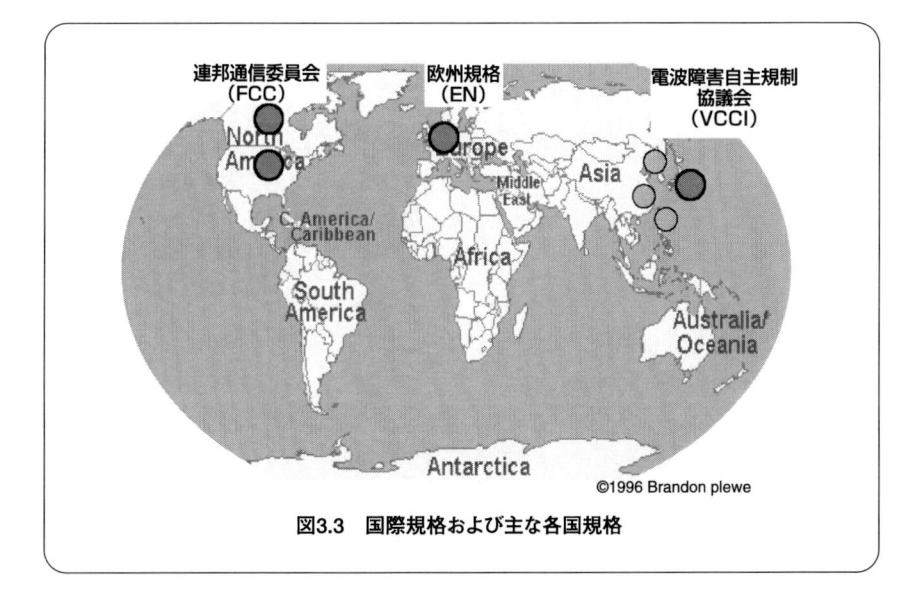

図3.3 国際規格および主な各国規格

　各国で定めている規格ですが、まず米国における規格・規制は、米国の政府機関の1つである連邦通信委員会（FCC：Federal Communications Commission）でCISPRをベースに規定化されています。
　日本の場合は、国際規格：CISPR22を受けて郵政省・電気通信技術審議会答申が出され、㈳日本電子工業振興協会、㈳日本事務機械工業会、㈳日本電子機械工業会および通信機械工業会の4団体による情報処理装置等電波障害自主規制協議会（VCCI：Voluntary Control Council for Interference Data Processing Equipment and Electronic Office Machines）が結成され、ここで定めたVCCI規定により各メーカーでのEMI自主規制が96年より始まっています。
　一方、欧州各国での規格は、EUに属するドイツの場合は、EU圏内の国であることから、CISPR22を受けた欧州規格：EN55022を受け、ドイツ国内規格"VDE0878"として規程化しています。
　コンピュータ機器に代表される情報技術装置のほかにも掃除機に代表される家庭用機器などあらゆる電気電子機器でそれぞれ規格が設けられています。自動車においても規格化がされており、国際規格についてISOではイミュニテCISPRでは放射電波雑音をそれぞれ分担し規定化しています。これまでは点火系電波雑音の抑制に重点が置かれていましたが、これからはクロックまたはデジタル回路に起因する放射雑音の抑制に重点が移りつつあります。日本では

JASO、米国ではSAE規格があります（自主規制）。

イミュニティ（EMS）規格

電子機器のイミュニティ試験法は、IEC（International Electrotechnical Commission）-61000で定められています。IEC-61000シリーズは**表3.2**のように構成され、Part 4で各イミュニティ試験法が詳細に規定されています。このPart 4は、**表3.3**のように4-1の試験共通事項と4-2〜4-32の各種イミュニティ試験方法とで構成されます。このイミュニティ試験方法のなかには、本章に関係する"ESDイミュニティ（4-2）"からその他のノイズ（サージノイズや伝導性ノイズ、放射性ノイズなど）に対応した多様なイミュニティ試験法があります。

3 半導体EMC

電子機器のEMC問題、EMC規格について述べてきましたが、この電子機器のEMC問題の原因の1つは、半導体デバイスです。

半導体デバイスの高速化、高機能化に伴い、電子機器レベルのEMIノイズ源と考えられる半導体デバイス単独レベルのEMI測定方法がますます重要になってきています。このような状況のもと、半導体デバイス単独レベルのEMI測定方法に関して次のような国際規格化の動きが活発になっています。IECの集積回路委員会にEMC専門のワーキンググループ（IEC/SC47A/WG9）が設けられ、「集積回路におけるEMCのテスト手順および測定法（Test procedure and measurement methods for EMC in integrated circuit）」について検討されています。また日本では、JEITAに設置された「半導体EMC測定方法プロジェクトグループ」で規格審議されています。

筆者はこのワーキンググループに日本の委員として参加し、日本提案のエミッション測定法、磁界プローブ法（Magnetic Probe Method）の国際規格（IS）化に至る活動および各国から提案されている各種測定法の審議を行っています。

3. 半導体EMC

表3.2　IEC-61000シリーズへの構成

Part 1	General：全般
Part 2	Environment：環境
Part 3	Limits：制限値
Part 4	Testing and measurement techniques：テストおよび測定技術
Part 5	Installation and mitigation guidelines：取付けガイドライン
Part 9	Miscellaneous：その他

表3.3　IEC-61000-4の構成表

規格番号	規格名
61000-4-1	イミュニティ試験および測定技術
61000-4-2	ESDイミュニティ試験
61000-4-3	放射無線周波電磁界イミュニティ試験
61000-4-4	電気的ファストトランジェントバースト・イミュニティ試験
61000-4-5	サージイミュニティ試験
61000-4-6	無線周波電磁界に誘導される伝導妨害に対するイミュニティ試験
61000-4-7	電力供給システムおよびこれに接続する機器のための高調波および次数間高調波測定および計装の関する指針
61000-4-8	電力周波数磁界イミュニティ試験
61000-4-9	パルス磁界イミュニティ試験
61000-4-10 ～ 61000-4-17	
61000-4-20	TEMセルによる試験法
61000-4-21 ～ 61000-4-31	
61000-4-32	HEMP（高々度電磁パルス）へのイミュニティ-HEMPシミュレータ解説

規格化の動き

　現在IECのワーキンググループでは、半導体デバイス単独レベルのEMI（エミッション）と電磁波による電子機器の誤動作のもととなる半導体デバイス単独のイミュニティ測定法についてそれぞれ審議されています（**表3.4**）。

表3.4　半導体デバイスのイミュニティ測定法

共通事項	IEC 61967-1:General and definition：全般と用語
測定法	IEC 61967-2：Measurement of Radiated Emissions, TEM-Cell Method：TEMセル法 IEC 61967-4：Measurement of Conducted Emissions, 1Ω/150Ω Method：1Ω/150Ω法 IEC 61967-5：Measurement of Conducted Emissions, Workbench Faraday Cage Method：ワークベンチファラディケージ法 IEC 61967-6：Measurement of Conducted Emissions, Magnetic Probe Method：磁界プローブ法 IEC 61967-3（TS: Technical Specification）：Surface Scan method：サーフェイススキャン法

　EMIに関する国際規格は、IEC-61967（ICからのEMI測定法：Integrated Circuits, Measurement of Electromagnetic Emissions, 150 kHz to 1 GHz）、周波数150 kHzから1 GHzの範囲における半導体デバイス単独レベルのEMI測定方法で、共通事項を定義したPart 1と各国から提案された伝導性エミッションまたは放射性エミッションを測定する各種測定法から構成されます。この中でPart 4：1Ω/150Ω法（1Ω/150Ω Method）とPart 6：磁界プローブ法（Magnetic Probe Method）は、それぞれ2002年4月と6月に国際規格（IS）になっています。さらにPart 5は2003年2月に国際規格になり、Part 2は審議中です（2003年9月時点）。

　Part 6（IEC 61967-6）は、日本から提案された測定方法であり、この 磁界プローブ法（Magnetic Probe Method）の概要を説明します。磁界プローブ法は、LSIに流れる電源電流を測定することにより半導体デバイス単独のエミッション特性が評価できることに着目した方法で、高空間分解能を持つ小型磁界プローブを用いて電子機器のEMIノイズ量と関係する半導体デバイスのRF電源電流を高精度に測定する方法です。これにより、半導体デバイス内部のEMI発生源の高精度な解析と半導体各社、電子機器各社で共通な測定法として測定データの共用化が実現できます。

　半導体デバイスを用いた電子機器全体のEMIは、半導体デバイスの固有な特性である「LSIに流れる電流の大きさ」と、半導体デバイスの外部要因である実装基板設計などに依存する「アンテナ」と半導体デバイスとアンテナ間の「結合」によって決まります。したがって半導体デバイス単独のEMI特性を評価するには、「アンテナ」、「結合」のような半導体デバイスの外部要因を取り除いた半導体デバイスの電流を測定する方法が測定法として有効です。 Part

3. 半導体EMC

6：プローブ法（Magnetic Probe Method）と Part 4：1 Ω/150 Ω法（1 Ω/150 Ω Method）はともに、この半導体デバイスのRF電流を測定する方法です。

表3.5は磁界プローブ法の概要をまとめたものです。この測定法は通常使用されるEMI測定器類、プローブ、テストボードを用いて測定することが可能です。テストボードの共通的な仕様についてはPart 1で定められており，Part 6では個別の仕様について定めています。推奨するLSIの動作状態やスペクトラムアナライザの設定条件についてはPart 1に述べられています。

表3.5　磁界プローブ法

項目	仕様
プローブ	磁界プローブ ・多層プリント基板（3層以上） ・検出部の寸法：1.8mm×10mm （市販品あり）
テストボード	IEC標準基板：101.6mm×101.6mm （4層以上）
測定対象	電源線用マイクロストリップラインの高周波電流 （幅1mm、長さ14mm以上）
測定器	スペクトラムアナライザなど
測定周波数	150kHz ～ 1000MHz

図3.4　磁界プローブ法による電流測定

図3.4は実際にテストボードを用いて計測を行っている写真です。この磁界プローブ法の特徴は、専用の磁界プローブを用いて被測定物に対して非接触で測定できるため、大電流を消費するLSIに流れ込む高周波電源電流でも可能であること、さらに1GHzまでの高い周波数成分の測定も実現できることです。まず磁界プローブの先端にあるループ金属部をLSIから引き出した電源配線に近接させると、配線に流れる電流により発生した磁界がこのループを貫くように通過します。その際、磁界プローブに電流が誘起され，これを特性インピーダンスが50Ωの同軸ケーブルを介してスペクトラムアナライザで測定し、配線に流れる高周波電流を求めます。(**図3.5**)

　対象となるLSIは、ICテストボードに塔載して測定します。その周辺には必要に応じてLSIを駆動するために必要な水晶発振器制御回路など周辺回路を実装し接続します。ボード上に幅1.0mm、長さ14.0〜25.0 mmのマイクロストリップ線路の測定配線パターンを設け、配線中を流れるRF電源電流を測定します。LSIのRF電源電流の電流値I_{dB}は次の式で求められます。式では通常使用するμAの単位で表記しています。

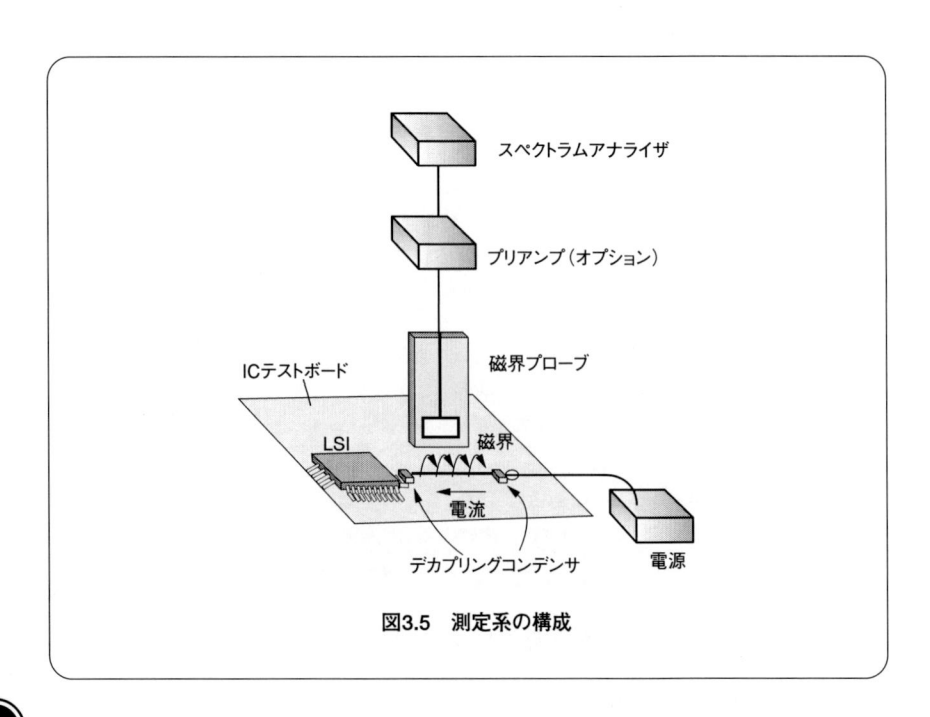

図3.5　測定系の構成

3. 半導体EMC

$$I_{\_dB} = V_{p\_dB} + C_{f\_dB} - C_{h\_dB} \quad [dB\ \mu A] \quad \cdots\cdots\cdots\cdots\cdots\cdots\cdots\cdots\cdots\cdots\cdots\cdots\cdots\cdots (3.1)$$

V_{p_dB}：磁界プローブの出力電圧［dB mV］
C_{f_dB}：プローブの磁界校正係数［dB S/m］
C_{h_dB}：ICテストボードの基板厚などから計算される電流変換係数［dB/m］

一方、半導体デバイス単独レベルのイミュニティ試験法の国際規格は、**表3.6**に示すようにIEC-62132：Integrated Circuits, Measurement of Electromagnetic Immunity, 150kHz to 1 GHzで、共通事項を定義したPart 1とイミュニテイを測定する各種の測定法から構成され、審議が行われています。

現在提案されている3つのイミュニティ試験法（Part 3～Part 5）は、すべて伝導性のCW（Continuous sinusoidal Wave：定常波）のAM（Amplitude

表3.6 IEC-62132

共通事項	IEC 62132-1: General and definition：全般と関係
測定法	IEC 62132-2: TEM Cell（USAより提案予定）：TEMセル法
	IEC 62132-3: Bulk Current Injection (BCI) method, 10kHz to 400MHz：バルクカレント注入法
	IEC 62132-4: Direct RF power injection method：ダイレクトRF電力注入法
	IEC 62132-5: Workbench Faraday cage method：ワークベンチファラディケージ法

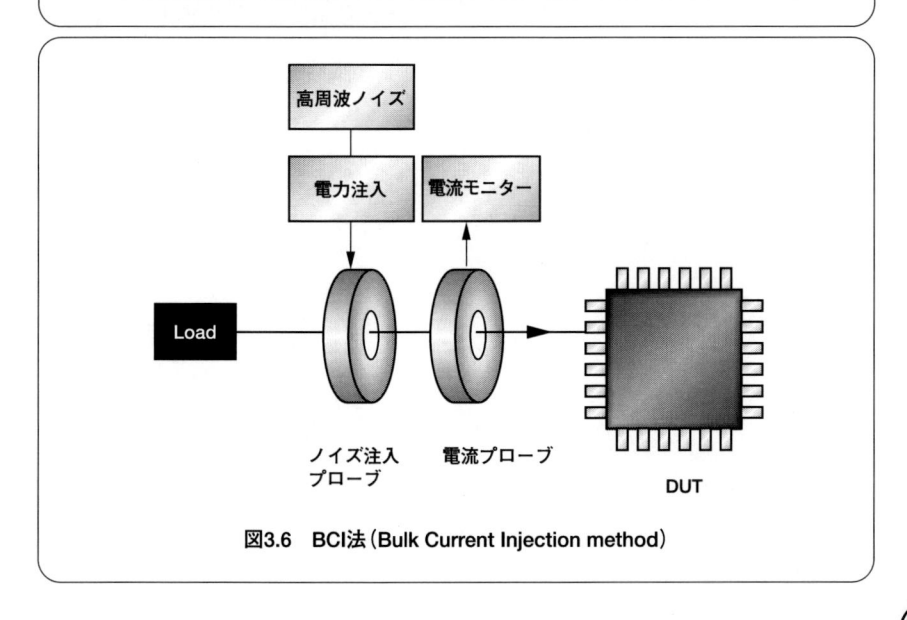

図3.6 BCI法（Bulk Current Injection method）

Modulated）信号ノイズをLSIのピンに印加し、どのくらいまでノイズ量に耐え正常な動作ができるか測定し、半導体デバイスのノイズ耐量を調べるものです。各方法について簡単に説明します。

Part 3：BCI法

図3.6ノイズ注入プローブにより高周波ノイズ発生器からのノイズ電流をLSIのピンに印加する方法です。このノイズ注入プローブの構造から周波数の上限として400MHzまでイミュニティ試験が可能です。なお注入する電流値のモニターとして、電流プローブが用いられます。

Part 4：DPI法

図3.7のようにRFノイズ電力をDCブロックであるコンデンサを介して、ICの各ピンに印加する方法です。評価ボードは、測定するLSI（DUT）とDCブロック、ブロッキングコンデンサ、デカプリングコイルを塔載して構成されます。

Part 5：WBFC法

金属筐体に測定するLSIを塔載した評価ボードを入れ、伝導性ノイズを印加する方法です。その構成図を図3.8に、測定事例を図3.9に示します。なお放射

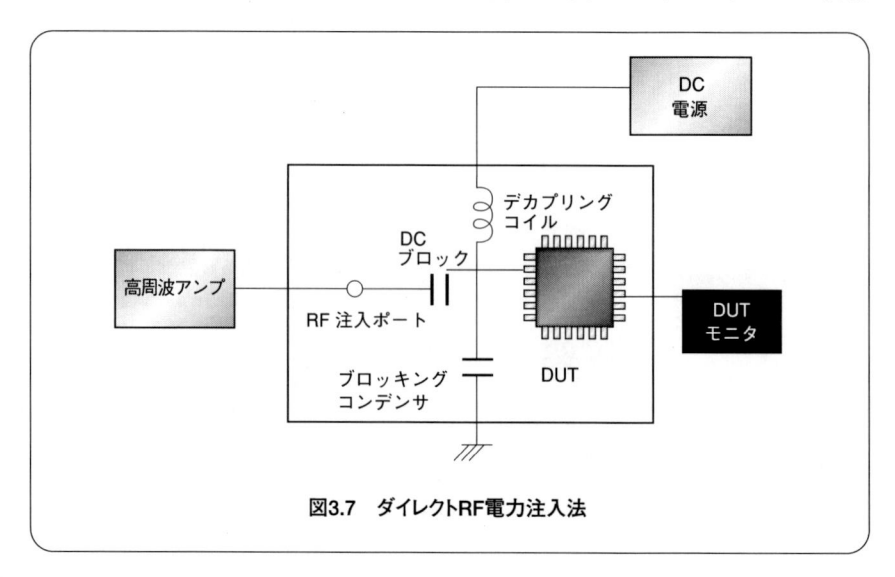

図3.7　ダイレクトRF電力注入法

性の定常波ノイズやESDノイズなどのインパルスノイズの印加法については、これからIECで審議が始まる予定です。

図3.8　ワークベンチファラディケージ法

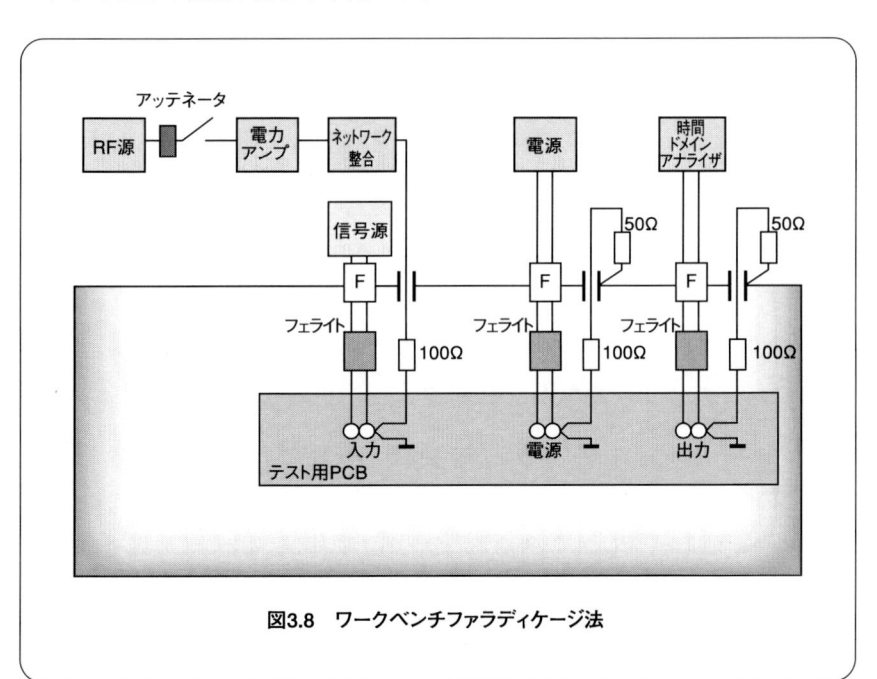

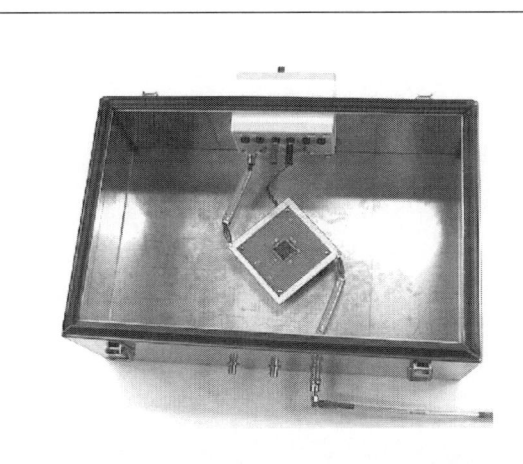

図3.9　ワークベンチファラディケージ法の測定事例

半導体工場における ESD による EMI 障害

　静電気現象は、半導体製造装置にもさまざまな影響を及ぼします。静電気現象の影響は、搬送やハンドリング工程で起こる剥離や摩擦によってウェハが帯電することが原因で、ウェハ表面上に発生する微粒子沈着から、ESD 事象によって発生する EMI が半導体製造装置の動作に支障をきたすことにまで及びます。そしてその装置動作の支障は、半導体工場の歩留まりやスループットに影響するだけでなく、作られる LSI 製品の品質にまで及ぶことがあります。

　たとえば、半導体製造装置の動作停止による工程とばしや検査とばし、さらには異常作業の実施により LSI の品質に異常が生じます。このため半導体装置は、ウェハや装置筐体部が帯電しないような静電気管理と、装置周辺で ESD による EMI ノイズが発生した場合でも誤動作しないように半導体製造装置の十分なイミュニティ耐量の確保が必要です。

　この ESD による EMI ノイズ問題は、帯電した部品や資材や装置との接触、帯電した物体が近づくことによって起こる静電界からの誘導、また ESD 事象の結果として環境内に放出された電磁波の放射と伝播による電磁波干渉（EMI）により発生し、この EMI が装置内の制御用 LSI、メモリ用 LSI の誤動作を引き起こし半導体製造装置の誤動作・停止が生じます。

　たとえば、作業中に帯電した人が半導体製造装置の制御盤と直接接触し、その結果 ESD が発生し装置の動作が中断した事例が挙げられます。解決策としてはつぎの2点があります。

> ① 人体に対する ESD 管理の改善（導電床、導電靴、リストストラップなど）
> ② イミュニティ耐量の大きな半導体製造装置の選定

　ほかにも、半導体工場内のいたるところにある EDP 入力用のコンピュータの CRT 部分が帯電、これに人体が触れることにより EDP データが破壊された事例や、帯電したウェハカセットによりウェハ搬送装置上でロボットアームに電界を誘導し、このロボットアームが、接地されたネジなどとの接触により ESD 事象を発生させた結果、ウェハ搬送装置の制御プログラムのデータ破壊を引き起こし、ロボットアームがウェハの入っているカセットを離し、ウェハカセットを床に落とし大きな損失が生じた事例があります。

　さらにウェハがスピンリンスプロセス中に帯電し、帯電したままウェハ計測装置（特性チェッカーなど）へ搬送されている間に ESD が発生し、近くの半導

体製造装置の動作が停止した事例などが報告されています。

　EMI障害以外にもESDは以下のような問題を発生させます。帯電した人体や筐体がLSIのピンに接触し、急激な放電現象が発生するとLSIの破壊もしくは品質の劣化を招きます。同様に摩擦帯電や誘導帯電により帯電したLSIが接地面に接触して放電を発生させるのです。

4 ESDイミュニティ試験方法

　ESDによるEMIノイズが発生した場合の装置（半導体製造装置）の耐量に相当する試験法として、IEC 61000-4-2「ESDイミュニティ試験」があります。装置を構成する電子部品、半導体デバイスの高性能化および微細化によるESDなどのノイズ耐量の低下にともない、この半導体デバイスを用いる装置レベルのESD問題が最近ますます重要になっています。

　これに対応して、たとえば装置レベルのESD試験としてIEC 61000-4-2（JIS C 1000-4-2：1999）が規格化されています。この試験方法は人間が電子機器を操作しようとした時に人体から発生する静電気が装置を通して放電し、EMIノイズが発生することをシミュレートしたイミュニティ試験法であり、以下にこの規格概要について説明します。なおこの規格は、前述した自然現象および人工的環境に対して耐量を持つかを試験するイミュニティ試験国際規格 IEC 61000-4シリーズのうちのESD試験方法と位置づけられます。

■ IEC 61000-4-2　ESD試験

　まずIEC 61000-4-2（2001.4 Ed1.2）とJIS C 1000-4-2（1999）で規程されているESD現象に耐える必要のある機器のイミュニティ要求と試験方法について述べます。この試験方法は、低い相対湿度、低い導電率の（人工繊維）じゅうたん、ビニールの衣類などを使用している環境や設置条件により生ずるESDにさらされる装置（半導体製造装置を含む）やシステム、サブシステムおよび周辺装置に適用されます。

　静電気放電試験は**表3.7**の4種類に分類されています。**表3.8**にESD試験の耐量レベルの推奨範囲を示します。通常は接触放電法が優先され、気中放電法は

表3.7　ESD試験の種類

① 接触放電法	ESD発生器の電極を印加部位に直接接触させたまま印加し、放電させる試験方法
② 気中放電法	ESD発生器の帯電した電極を印加部位に近付けながら印加し、放電させる試験方法
③ 直接印加放電	試験品に直接放電させ印加する方法
④ 間接印加放電	試験品に接近して配置されている金属性の結合板に放電させて、その放電時に発生する妨害電磁界による影響を調べる試験方法

表3.8　試験レベル

1a—接触放電		1b—気中放電	
レベル	試験電圧(kV)	レベル	試験電圧(kV)
1	2	1	2
2	4	2	4
3	6	3	8
4	8	4	15
X*	特別	X*	特別

注* "X"はオープンレベルである。このレベルは設備仕様書に注記されなければならない。もしここに規定された電圧より高い電圧を指定する場合は特別な試験装置が必要となる。

接触放電が適用できない場合に採用します。これによると接触放電法では、各品質レベルに従って2〜8kVの印加が行われイミュニティ耐量を試験します。

　試験用ESD発生器は、**表3.9**の主要構成部により構成されます。また試験に用いるESD発生器は、**表3.10**に定める各性能を有する必要があります。静電気放電シミュレータの等価回路ダイヤグラムを**図3.10**に示します。まず等価回路ダイヤグラムの左側のスイッチを入れ、充電抵抗R_cを介して充電します。次に前述の左側スイッチを切断し、放電スイッチを入れます。これにより充電した電荷を放電電極、供試装置を介して放電するのです。ESD発生器の出力放電電流波形と波形の特性を**図3.11**、**表3.11**に示します。前述の各試験レベル（1〜4）ごとの波形が規定されています。

4. ESDイミュニティ試験方法

表3.9 ESD発生器の構成

①充電抵抗	R_c
②エネルギー蓄積コンデンサ	C_s
③分布容量	C_d
④放電抵抗	R_d
⑤電圧表示器	
⑥放電スイッチ	
⑦交換可能な放電電極	
⑧放電リターンケーブル	
⑨電源ユニット	

表3.10 ESD発生器の特性

項目	仕様
エネルギー蓄積静電容量 (C_s+C_d)	150pF ± 10%
放電抵抗 (R_d)	330Ω ± 10%
充電抵抗 (R_c)	50 MΩ ～ 100 MΩ
出力電圧[1]	接触放電 最大8 kV
	気中放電 最大 15 kV
電圧表示の精度	± 5%
電圧の極性	正 および 負（切り換え可能）
保持時間	少なくとも5秒
放電,動作モード[2]	単発（放電間隔は少なくとも1秒）
放電電流波形	図3.12参照

1）エネルギー蓄積コンデンサで測定された開回路電圧。
2）試発生器は予備試験の目的に対してだけ、放電繰返し率が少なくとも1秒に20回で放電し得ること。

放電電極

　放電電極の寸法を図3.12に示します。気中放電試験の時と接触放電試験の時とで放電電極を使い分ける必要があります。（先端部の形状）まず気中放電試験の場合には、図3.12（a）に示した先端が丸い丸型放電電極（気中放電用チッ

図3.10　等価回路ダイヤグラム

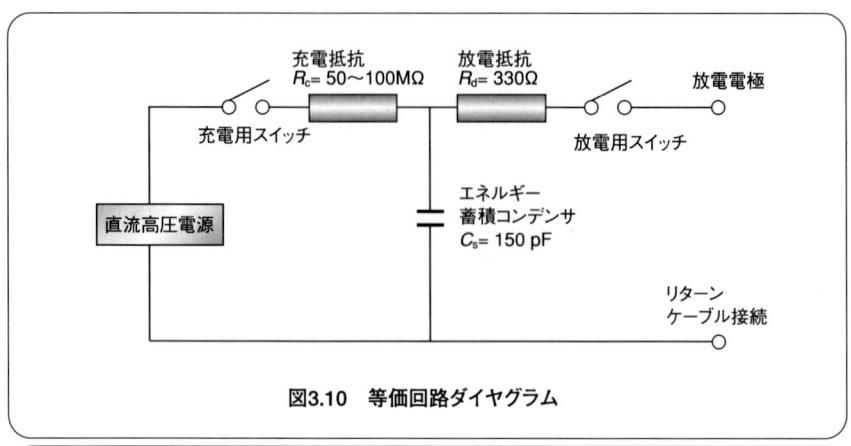

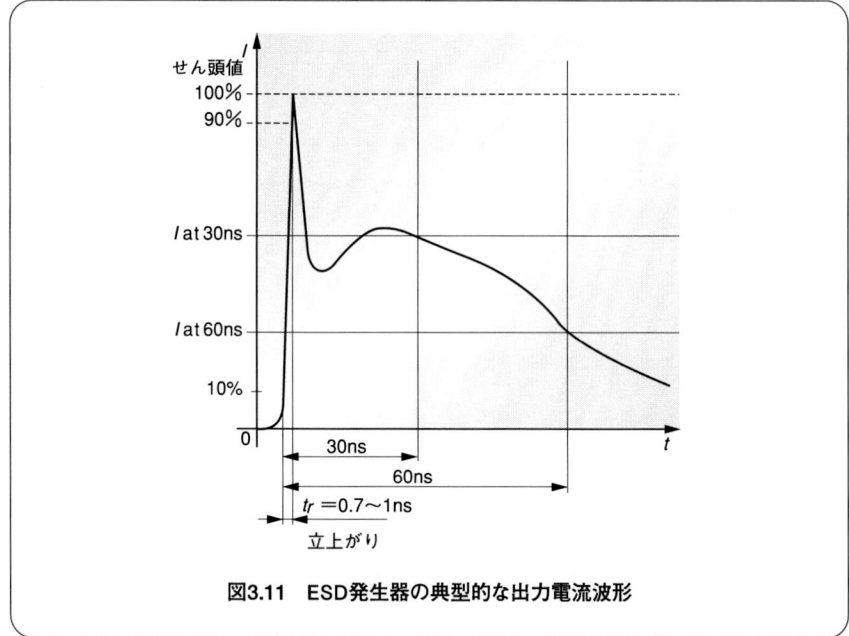

充電抵抗 R_c = 50〜100MΩ
放電抵抗 R_d = 330Ω
エネルギー蓄積コンデンサ C_s = 150 pF
充電用スイッチ
放電用スイッチ
放電電極
直流高圧電源
リターンケーブル接続

図3.11　ESD発生器の典型的な出力電流波形

せん頭値
100%
90%
I at 30ns
I at 60ns
10%
30ns
60ns
t_r = 0.7〜1ns
立上がり

　プ)を用いて試験を行います。また接触放電試験の場合は図3.12(b)に示した先端の尖った円錐形の放電電極(接触放電用チップ)にて試験を行います。
　エネルギー蓄電コンデンサ、放電抵抗、放電スイッチ(たとえば真空リレー)はできるだけ放電電極の近くに取り付けるよう注意する必要があります。

4. ESDイミュニティ試験方法

表3.11 波形の特性

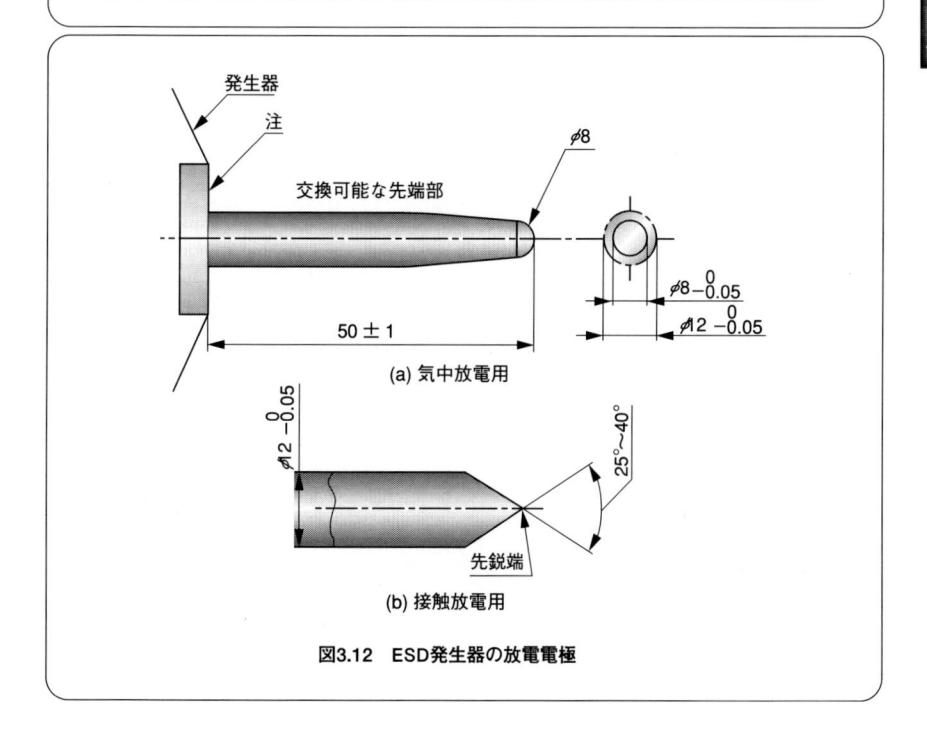

レベル	表示電圧 (kV)	初回放電 ピーク電流 (±10%)	放電スイッチ による立ち上 り時間：t_r	30ns時 の電流値 (±30%)	60ns時 の電流値 (±30%)
1	2	7.5 A	0.7〜1ns	4 A	2 A
2	4	15 A	0.7〜1ns	8 A	4 A
3	6	22.5 A	0.7〜1ns	12 A	6 A
4	8	30 A	0.7〜1ns	8 A	8 A

(a) 気中放電用

(b) 接触放電用

図3.12 ESD発生器の放電電極

ESD発生器の取扱い

ESD発生器は、その放電時に発生する意図しない放射や伝導性のエミッションによって、試験品やその他の補助試験器に不要な影響を与えないように設計されている必要があります。ESD発生器の放電帰路ケーブルの長さや処理は、

表3.12　試験のセットアップ

① 基準グラウンド面	・試験室の床に置く。0.25mm以上の厚さの金属板（銅またはアルミニウム）。他の金属も使用できるが、その場合0.65mm以上の厚さがなければならない。 ・最少寸法が1㎡の基準グランド面が必要。 ・この基準グラウンドプレーンの大きさは、試験品や結合板のすべての側面から少なくとも0.5m以上大きいことが必要。
② 供試装置	・供試装置は、試験室の壁また試験に必要としない他のいかなる金属物体から、1m以上の間隔をあけて配置する。 ・供試装置は、設置仕様に従い基準グラウンド面に接続される。電源、信号ケーブルの配置は、実際の配置での代表例であること。
③ ESD発生器 　の放電リターンケーブル	・ESD発生器の放電リターンケーブルは基準グラウンド面に確実に接続し、ケーブルの長さは一般に2m。 ・また供試装置の他の導電部に0.2m以内に近づけないようにする。
④ 間接印可放電試験 　の結合板	・間接印可放電に用いる結合板は、基準グラウンド面と同一の材質、厚さ。 ・その両端に470kΩの抵抗を持つケーブルを介して、基準グラウンド面に接続。 ・このケーブルのいかなる部分も基準グランドと短絡しないように絶縁被覆されている。

　放電波形および試験結果に影響を与える可能性があるので、放電帰路ケーブルの長さを切断により変化させたり、試験品の近くに配置しないようにする必要があります。また試験を実施している間は、試験に無関係な導電面へ放電電流が流れないように、試験配置および絶縁に注意することが必要です。試験室内で行う試験のセットアップについては**表3.12**にまとめます。

卓上型装置

図3.13に卓上型装置の試験のセットアップ例を示します。

> ・基準グラウンド面上に置かれた高さ0.8mの非導電性の試験机（木製テーブル）を設置。
> ・試験机上に1.6m×0.8mの水平結合板（HCP）を敷く。
> ・さらにその上を0.5mm厚の絶縁物で被う。
> ・この上に供試装置とケーブルを置く

　また供試装置が大き過ぎて、水平結合板の各端面から0.1m以内の範囲に収まらない場合には、その面に水平結合板を追加する必要があります。この追加の水平結合板は0.3m離れた位置に配置して使用します。水平結合板同士は、基

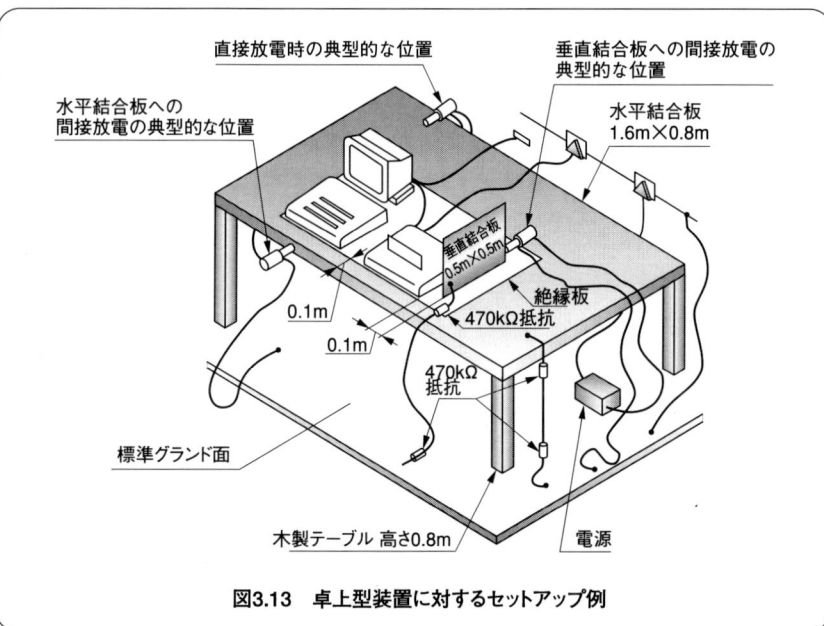

4. ESDイミュニティ試験方法

図3.13 卓上型装置に対するセットアップ例

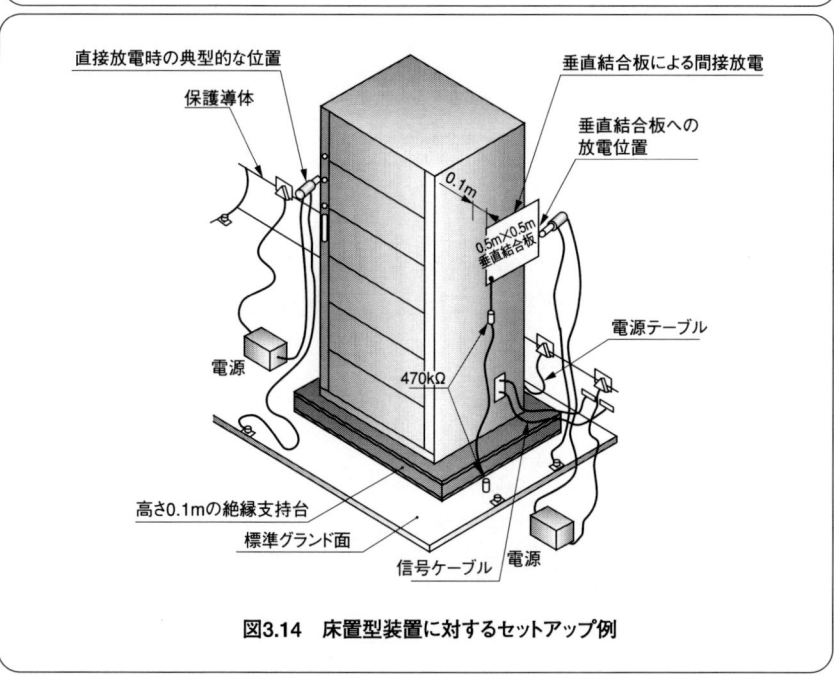

図3.14 床置型装置に対するセットアップ例

準グラウンド面への抵抗ケーブル（両端に470kΩが接続された）だけで結合します。

床置型装置

図3.14に床置型装置の試験のセットアップ例を示します。供試装置と機器に付属するケーブル類は約0.1m厚の絶縁物（絶縁支持台）によって、基準グラウンド面から絶縁することが必要です。

試験手順

試験は表3.13のような気象条件および電磁環境で行います。試験は試験計画に従って実施すること、供試装置に対し直接印加放電と間接印加放電を行うことが定められています。試験計画には次の事項を含めることが明記されています。

① 供試装置の代表的動作条件の設定
② 供試装置は卓上型として試験されるか、床置型として試験されるか
③ 放電が印加させる個所
④ それぞれの個所で、接触放電か気中放電か
⑤ 適用される試験レベル（表3.11参照）
⑥ 適合試験では、それぞれの個所への放電回数
⑦ 設置後試験も行うか

直接印加放電試験の手順

供試装置に直接放電させ印加する方法で、機器の操作者が通常の使用状態のもとで近付き得る（顧客の保守を含む）供試装置上の点や表面に対してだけ実

表3.13　気象条件と電磁環境

① 気象条件	周囲温度：15〜35℃ 相対湿度：30〜60％ 気圧　：86 kPa〜106kPa 注）その他の数値は製品仕様書による。
② 電磁環境	試験室の電磁環境は、試験結果に影響を与えないこと。試験に不要な電磁界があると再現性のよい試験結果にならない。

施するものです。

　供試装置の内部については、使用者が保守を実施すると合意される点あるいは表面だけとします。試験電圧は、装置の誤動作のしきい値を決めるために選ばれた試験レベルに相当する値まで最小値から増加させます。ただし最終試験レベルは、装置を破損しないように製品使用の値を越えてはならないことになっています。

① 試験は単一放電で行う。あらかじめ選択された点に対しては少なくとも10回の単一放電（同じ極性で）行う。
連続的な単一放電の時間間隔は、その初期値として1秒を推奨する。より長い時間間隔はシステム障害が発生したか否かを確認する際に必要となる。
注）ESD試験器の保護と試験の再現性のために、異なる極性での交互試験は避けるべきである。

② ESD発生器の放電電極は放電する装置表面に対して直角に保持し、その放電リターンケーブルは、放電している間、供試装置から少なくとも0.2m離す。

③ 接触放電試験
接触放電の場合は先端の尖った円錐形の放電電極を使用し、放電スイッチが"OFF"の状態で放電電極を供試装置の放電部位に接触させ、その後放電させる。
導電層の表面が塗装されている場合、以下の手順で行う。
装置製造業者によって絶縁塗装がなされているとはっきり明示されていない場合は、点状の先端で塗装材を貫通させ下地の導電層に接触させること。一方明示されている場合は、以下④に述べる気中放電試験のみを実施すること。

④ 気中放電試験
気中放電試験は先端が丸い丸型放電電極を使用し、放電スイッチを"ON"にして放電電極を速やかに供試装置の放電部位に接触するまで近付けて放電させる。放電終了後、ESD発生器（放電電極）は、

供試装置から離すこと。続いて新たな単一放電を行うためにESD発生器を再トリガーする。この手順は、放電回数分が完了するまで繰り返し行う。気中放電の場合、接触放電に使用される放電スイッチは"OFF"とする。

間接印加放電試験の手順

間接印加放電試験は、供試装置に間接的に放電させ印加する方法です。供試装置に設置されている結合板へ接触放電モードでESD発生器の放電を印加することにより、シミュレートします。

① 水平結合板への放電は、水平結合板のエッジに水平に行う。水平結合板に対し少なくとも10回の単一放電を供試装置のすべての面に対し、その面の中央から0.1mの距離にある水平結合板のエッジに直角に電極を当て印加する。

② 垂直結合板の垂直部のエッジ中央部に対し少なくとも10回の単一放電を印加すること。寸法が0.5m×0.5mの垂直結合板は、供試装置から0.1mのところに供試装置に平行に配置する。放電は、供試装置の全4面が完全に照射されるように、位置を変える結合板に印加すること。

5 ESD現象とEMI

ESDが発生した場合、まわりの環境条件に大きく影響されますが、一般にその放電時間は10ナノ秒以下と高速です。この短い時間の放電エネルギーは、広帯域の電磁放射波を発生させます。また同様に半導体にダメージを与える熱も発生します。この電磁放射波は、特に周波数範囲10MHz～2GHzにおいて、半導体製造装置などの電子機器の稼動に影響するEMIです。このようにESD現象によるEMIノイズは、装置の停止、ソフトウェア誤動作などさまざまな装置の

操作上の問題を引き起こします。

　ESD現象によるEMI障害を防止するには、ESD発生時のEMIノイズによって誤動作しにくい装置を装置などのイミュニティ試験を用いて選定するとともに、ESD放電が発生しにくい環境を構築するESD管理技術（静電気が発生しにくくする環境管理と発生した静電気が急速に放電することを防ぐ環境管理を総じてESD管理という）およびESD放電が発生しているかのイベントモニター技術が重要です。特に半導体工場では、製造されたLSIの品質を保証する手段として、半導体工場内でESD現象が発生していなかったことを証明する「EMIロケータによる24時間（終日）モニター体制」が最近注目されています。

　またESD管理の品質を維持するためには、たとえば床や部材（リストストラップ、ウェハキャリアなど）すべての抵抗管理を日常的に実施しなければなりませんが、半導体工場全体の管理工数が大きくすべての項目を毎日漏れなく行うのは困難な状況にあります。この管理工数を減らす手段としても、「EMIロケータによる24時間（終日）モニター体制」が注目されています。

　なおESD管理技術については、IEC-61340-5-1およびIEC-61340-5-2（ESD現象からの電子デバイス保護セクション1-、一般要求、セクション2-ユーザガイド：Protection of electronic devices from electrostatic phenomena - Section 1: General requirements, Section 2：User guide）をご参照下さい。

EMIロケータ

　ESDによるLSIの破損または装置停止問題の疑いがある場合や工場内でESDが発生していないかをモニターする手段として、ESD現象が生成した電磁妨害波（EMI）を検出することが有効です。このEMIロケータは、測定するために周囲装置の動作を通常中断する必要がないため、装置が動作している操業状態を測定できるという利点があります。

　EMIロケータは、数々の異なる形式のものが利用されています。最も単純な方式は、同調をはずしたAMラジオのようなもので構成されESDイベントが発生すると聞こえるポッピングノイズを検出します。

　複雑なものは、ノイズを検出するアンテナ一式と高精度なプローブおよび1GHz以上のデジタルストレージオシロスコープで構成されます。放射妨害の測定は、装置の一部分または電源ラインや電子部品など測定対象に対してプローブを設置して測定をします。図3.15にEMIロケータの外観を示します。EMIロケータは、半導体工場のESD放電が発生すると予想される場所に設置するや

り方と、工場全体をくまなく管理できるように規則正しく等間隔で設置するやり方があり、目的や費用などを考慮して選択します。

　装置が稼動している場所から離れたところでは、ノイズ検出感度も悪く、発生個所とノイズ源の特定がむずかしい場合が多くあります。また装置が稼動している装置内部に設置する場合は、ノイズ検出感度がよくても装置稼動時に装置自身から発生する正常な状態のノイズや周囲環境ノイズと測定したいESDイベント時に発生するEMIノイズとの切り分けが困難です。特にテストハンドラーやウェハ、LSIの搬送機などモータ駆動部を持つ装置では、モータから発生するノイズが大きく、ESDイベントを的確に検出するにはEMIロケータの設置場所や方向、感度などの調整が重要になります。具体的には、感度が高すぎると正常状態でもノイズ検出して常に"ピーピー"アラームが鳴りこのなかに真のノイズが埋もれたり、感度を低くすると微小な真のノイズが検出できないということが起こります。

図3.15　EMIロケータ

第4章
静電気管理入門

1 静電気管理とは

　本章では、今日では、当然のように語られている静電気による損傷が、電子産業界全体に広く関わる問題であることを明確に示し、静電気問題が、天災のように予知できないものではなく、ある程度、予知することができ、抑制、拡散、シールド等により管理できることを簡潔に示します。

　また、静電気を取り扱う場合の大きな問題の一つである、組織内での責任者の問題が、製造企業の全部署に関わる問題であること、静電気問題の複雑性により容易に決定できないこと、管理・監督は、製造、品質保証、包装、設計、エンジニアリング、購買すべての分野の責務となることも記述します。さらに、近年問題となっている、顧客の要求と現場サイドのギャップ、それによる担当者の困惑等についても具体的に把握し、現場での経営者の資金援助不足による静電気問題の深刻化についても触れます。

　静電気管理の計画・履行の責務を担当管理者（現在では、ESDコーディネータと称していることもあります）に与え、計画のモニターとフィードバックの義務が品質保証部に置かれれば、その企業の静電気管理プログラムは、非常に効果的なものになります。この場合の品質保証部の責務は、静電気問題が最終製品の信頼性に影響する一般物性の一つであり、全社的にもESDによる不良率の低下につとめるべきであるという認識を持ち、さまざまな部署におけるESD対策の努力を実らせるために、研究・改良・訓練・指導・フィードバック等を行うことです。

　現在、エレクトロニクス業界で行われている静電気対策は、「静電気に対する敏感性（Electrostatic Discharge Sensitive：ESDS）のより低いデバイスを開発し、その静電気敏感性部品を使用する環境での静電気との平和共存の方法を見出す」ことです。つまり、現在必要とされていることは、信頼性が高く、敏感性の低い、超小型の半導体製品やその応用機器を、大量にかつ低価格で製造することであり、そのために新しい設計や材料、概念が、間断なく開発されています。また、ESDSを安全に取り扱える環境を整備するためのシステムや装置、それを管理するソフトも日々開発されています。

1. 静電気管理とは

図4.1　放電エネルギーによる集積回路の破壊

　しかし、残念なことに、さまざまな技術の進歩に合わせた最適な静電気管理技術を構築するためには、今しばらくの時間が必要です。それは、静電気対策を必要する環境で問題となる静電気放電障害（Electrostatic Discharge：ESD）を解決するために、さらなる研究が必要と考えられるからです。**図4.1**にESDによる電子デバイスの損傷の例を示します。

　そこで現在、我々が行える最も良い解決方法は、既存の技術を使用し、生産現場を再評価して正しく改善することによって、現在ある静電気障害を大幅に低減することです。

　さて、さまざまな静電気障害に関する調査を行うと、ESDSデバイスを使用しているほとんどすべての生産現場において、静電気問題に関するいくつかの共通の指標が現われているのに驚かされます。そして、これらの共通指標は、「ESDS問題と取り組み続けてきた人々の長年の経験の結果得られたガイドライン」を使用すれば、比較的簡単に見出すことができるのです。一般的には、この方法を、生産現場のESD対策評価として行うことにより、ESDS障害率を90％も低減することが可能となります。実際、米国では、過去に多くの大企業が、この方法を使用することによって、きわめて大きな改善を実現しています。

　そこで、本章では、生産現場評価方法の概要、各種設備相互間の関係、および、この方法がエレクトロニクス業界全体に対して持つ潜在的なインパクトについて説明します。

産業分類別の静電気管理上における問題

　静電気に敏感なデバイスを使用するエレクトロニクス応用技術の範囲はきわめて広く、一般的な家庭用電気器具から、最先端の電子機器、医療器具、精密

光学器具などの民生用および産業用製品の他、宇宙開発、軍用機器・システムなど数えきれないほどの用途に及んでいます。このような広汎な領域に共通しているいくつかの指標は、エレクトロニクス業界に広く見受けられる機能レベルを細分化して作った垂直型モデル（図4.2）によって把握することができます。

　この垂直型モデルは、ある部品製造企業は、メーカであると同時にユーザであることも示しています。最終製品の形態は、さまざまに変化するために、単純に比較することができないように思えますが、経験的にはよく似た状態でESDの問題を引き起こしていると考えて良いと思われます。

　しかし、静電気の産業分野別の損傷となると、個々の製造機器や材料の変化等により、実際には微妙に異なった現象となってきます。特に、このような場合の実質的な損失経費は、部品単価の違いから一般に最終ユーザに近くなるほど大きくなってきます。図4.3は、一般的な産業レベルでの個々の静電気障害レベルを非公式に調査した結果です。このデータは、68社の111の部署で調査を行ったものです。

　図から、各レベルで損傷が発生していることがわかります。各レベルでの静電気管理における問題をまとめてみましょう。

部品製造
　静電気による汚染物質の吸着、ゲート酸化膜、接合部の欠損等による完全破

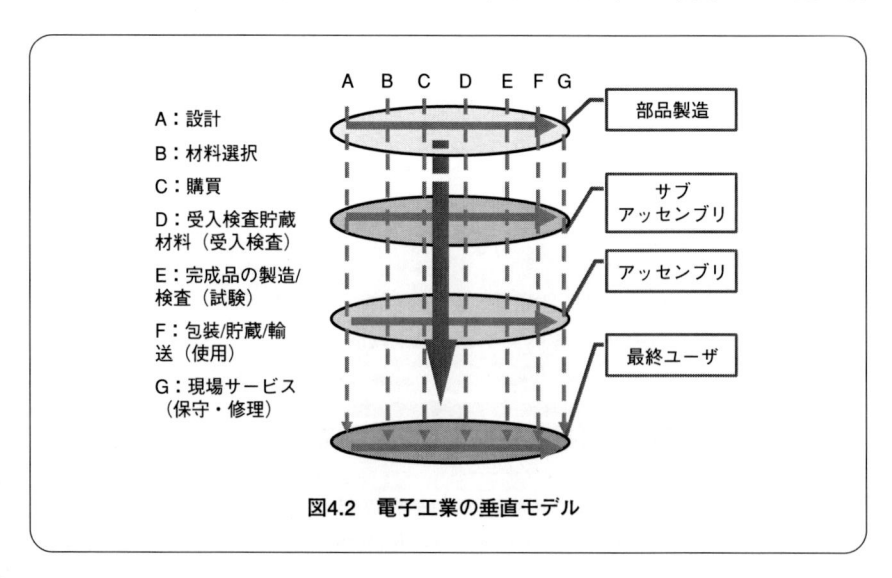

図4.2　電子工業の垂直モデル

A：設計
B：材料選択
C：購買
D：受入検査貯蔵材料（受入検査）
E：完成品の製造/検査（試験）
F：包装/貯蔵/輸送（使用）
G：現場サービス（保守・修理）

部品製造
サブアッセンブリ
アッセンブリ
最終ユーザ

1. 静電気管理とは

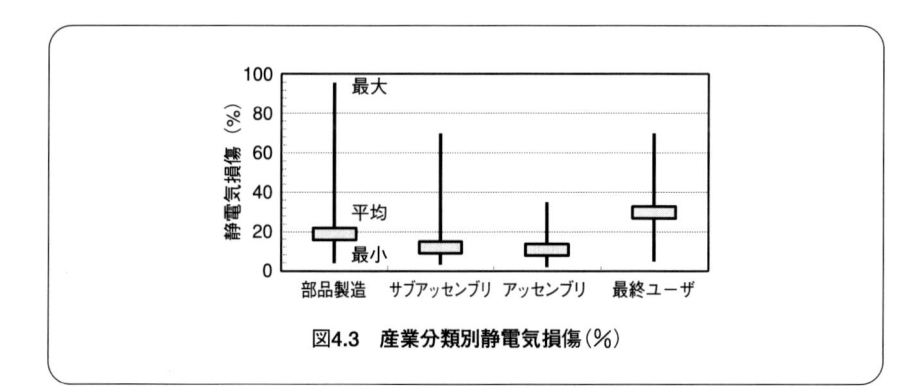

図4.3　産業分類別静電気損傷(%)

壊や、機能不良部品の一つの形態となる潜在的破壊等の製造におけるグロス生産減を損傷として計算し、その結果を表に示し、このような静電気による損傷を初期生産不良として、開発段階で認められる要因として承認するような不良解析の方法には問題があります。なぜなら、生産が本格化するにつれ、初期のさまざまな物理的不良が解決するなかで、静電気による不良が目立つことになり、その場合の信頼性コストが問題となってくるからです。つまり、最終的には、このような不良を製品のコストに組み込むことになるため、製品の単価が上昇してしまいます。また、当然ながら、このような製品の信頼性は問題視され、保守やメンテナンスという現場作業に関わる経費の増加などの問題が出てきます。そこで、この分野での静電気問題の克服が、企業のイメージと採算という面から重要視されるのです。

サブアッセンブリとアッセンブリ

　この場合の損傷形態は、いわゆる基盤レベルと称するものが多く、動作不良が発生した場合、部品製造のように、単純に価格に含めることが、コストの面からできなくなります。というのは、不良の発生した基盤等は、製品として市場に出てしまっているので、それを回収して修理することになるからです。このレベルで特に問題となるのは、部品製造のような生産設備による損傷の他に、作業者のESD管理レベルが重要となってくる点です。部品製造では、生産時の静電気問題と、それ以降の出荷までを管理すればよかったので、作業現場の静電気管理の教育や訓練を行うことが比較的容易で、また、製造作業に携わる人数が少ないことなどから、その効果／効率も高いと言われています。
　それに対して、サブアッセンブリやアッセンブリでは、原料となる電子部品

類の購入から受入／保存、製造、出荷まで、実際に部品を取り扱う作業者の他に、設計や開発の担当者まで、全員に静電気管理技術を徹底する必要があり、その訓練／教育を含めると非常にコストがかかります。しかし、アッセンブリする部品が高価になり、基盤1枚の価値が製品の価値を左右するような場合には、このような静電気管理は特に必要となってきます。

　ここで重要なことは、図4.3から明らかなように、この領域では不良率が比較的高いということです。つまり、この作業領域でも、ESD敏感性部品の搭載された基盤類を、修理／保守する必要があることになります。そのためには、かなり厳密な規格により工程管理を行い、どのような場所で、どのような操作をするとESD損傷が発生するかという現場解析を行わなければならないので、作業場内部を完全に静電気管理する必要がでてきます。現在では、このような管理を行うために、MIL-STD-1686、ANSI/ESD S20.20、EIA 625 や IEC 61340-5-1/5-2、RCJS-5-1のような標準も出されていますので参考にすると良いと思います。

最終ユーザ

　最終ユーザの静電気問題は、使用している装置の故障や機能障害等として経験することが一般的です。この場合のコストは非常に大きなもので、交通機関や緊急機関、医療機関等で発生した場合には、生命の危険すら考慮しなければなりません。また、金融機関、予約システム等での障害発生は、コストの計算すらむずかしい膨大な損害を与えるものとなります。現場サービスで、原因不明とされる故障、不具合の内のいくぶんかは、静電気によるものとされていますが、このような場合の静電気損傷の再現性は非常に小さく、さらに静電気の発生現場と、その障害の発生現場が同一であることもあまりないので、専門家が現場に着いても、事象が終了していた場合には、原因の追及がむずかしい場合も多いようです。

▶ 電子工業界が認識すべき問題

　現場サービスでの基盤交換やその修理にも莫大な経費が必要とされます。基盤自体の費用も大きな問題ですが、その他に、その基盤の故障解析のために、現場サービスの作業者に、静電気管理技術を訓練／教育する必要がでてきます。これは、作業者が、現場で新たな基盤を装着する場合の静電気損傷を防ぐことの他に、損傷を発生した基盤をさらに損傷させないようにすることも意味して

います。

　さて、図4.3から現実のESD損傷の傾向も読み取ることができ、さらには、業界全体として注意を払うべきいくつかの問題点を見出すことができます。

① 静電気管理を行う必要のある企業では、その管理は製造や品質保証に関係するだけではなく、企業全体に関わる基本的な問題である。

　静電気管理とは、いわば「製品の揺りかごから墓場まで」を想定して行うものです。したがって、静電気管理を行うのであれば、当然、設計段階から材料の選択、購買、試験等さまざまな組織を系統的に整理して行う必要があります。実際、非常にむずかしいことのように聞こえるかも知れませんが、米国のコンサルタントは、このような話を20数年も前から、静電気管理を必要とする企業でしてきました。そして、話の核になったのは、20年前では、DOD-STD-1686であり、最近ではEIA-625やESD協会の発刊しているさまざまな資料です。DOD-STD-1686（現在は、MIL-STD-1686になっています）では、静電気管理の計画の組み方が非常に簡略に記述されていて、ハンドブックのMIL-HDBK-263（最初のバージョンは、多少読みずらいので、Aバージョン以降が良いと思います）を使用して静電気管理計画が組めるようになっています。この計画を組む上で、静電気管理が企業全体の問題であることを認識する必要がでてくるのです。

② 電子部品類やESDSの含まれている製造企業あるいはその装置類を使用している企業は、ESDによる損傷から逃れることはできない。

　これは、非常に簡単な問題なのですが、つい見過ごされてしまいがちな点です。たとえば、静電気管理の立場から、包装という概念を考えてみましょう。MIL-HDBK-773などの包装要項では、静電気管理した包装とは、一般包装と同等のレベルで取り扱える包装ということになります。つまり、外部的には、静電気に敏感なデバイス類が内部に包装されているというだけで、それ以外の注意書きがないところまで包装するのが、最も良い包装となります。一番上の包装を取り除いたところで、この包装は、静電気に管理された領域で開封して下さいという注意書きがでてきます。

　実際、この部分の注意書きが、現在では問題になりつつあるのです。それは、静電気管理された領域とは、どのような領域を指すのかということです。これは、EIA-625、IEC-61340-5-1等さまざまな規格書で定める受入領域ということになるのでしょうが、自社の購入しているすべての部品類が、ESD管理手法を

使用して完全に分離されていない限り、一般の部品類とESDに敏感な部品類は、部品の受け入れ口である企業の玄関部で混在してしまうことになります。この場合、一般の部品類の包装には、通常静電気に関する注意が行われていることがあまりないので、非常に危険な状態となります。

　具体的には、一般部品の包装材料も帯電防止のものに変更するか、ESDに敏感な部品類のみ開封する場所を限定し、グリット型のイオナイザー等を設置をすると良いかもしれませんが、あまり現実的ではありません。また、この受け入れ領域の問題が解決したとしても、その後、キッティングルームにおける一般部品とESD敏感性部品が混在するという問題も発生します。

③ **静電気管理では、製造工程や生産過程そのものが、次のステップの工程あるいは次の生産工程を持つ企業への障害に直接関係するものである。**

　静電気障害でよく発生する問題です。特に潜在不良を発生したままの形で部品を組上げてしまったり、大きな帯電を帯びたまま次工程に搬送して事故が発生する等さまざまな事例があります。

④ **静電気管理は、産業界での製品の品質と信頼性を向上させ個々の企業の収益を改善するために最も効果的なものである。**

　この部分については、次の生産分析で詳しく説明します。

② 生産分析

● 静電気障害による損失

　それでは、実際の損傷に係わる経費の計算をしてみましょう。まず、基盤1枚当たりに搭載するESDSの量を、ESDSの敏感性区分で分類しながら数えます。その後、各企業で定めた敏感性の規定値（区分別の値から、計算したもの）を掛けたり、基盤に搭載したESDS区分の最も敏感性の大きなものに合わせて、全体の具体的な危険度を計算します。

　たとえば、1枚の基盤に50個のデバイスが搭載され、その内約30％がESDS

であった場合、1枚当たりのESDへの危険度を個数表示し15とします。別の基盤に100個のデバイスが搭載され、その内約15％がESDSに敏感であれば、個数表示では15となり、先の基盤とESDへの危険度は同じとなります。しかし、実際には、基盤設計やESDSの敏感性細分化により、全く同一にはなりません。ただし、ここで米国では、VZAP Ⅱのようなデバイスの敏感性リストを使用し、汎用的なデバイスの敏感性をこの計算に加味します。いずれにしても、ある特定の値を設定した後、流通レベルでの損傷の可能性を評価することになります。各企業の経験が汎用データに加わるために、具体的な計算はむずかしいとされていましたが、ある程度の計算を行っていたようです。

最後に、製品レベルでの装置基盤やモジュール類、すべてに同じような計算を行えば、その製品の不良確率が計算されます。実際には、このような不良は、デバイス完全破壊を原因とするものは少なく、潜在不良として各部署のファイアウォールを乗り越え、出荷検査の段階では、正常品として流通してしまうことが一般的です。そして、厳しい出荷検査を擦り抜けてくる潜在的破壊によるものであるために、製品の設計寿命が著しく短くなったり、製品の特性値に異常が発生するなどの商品クレームとして、莫大な損害を製造企業に与えることになるのです。各レベルでの静電気損傷による損害をまとめて**表4.1**に示します。

そこで、経営陣が初期不良として原価計算に組み込んでしまう、静電気に代表される再現性に乏しい損失は、その損失を抑制することに成功した場合、大きな経済投資効果が見込まれます。その割合は、最も回収率の低い企業ですら、年間5：1であると言われています。筆者の経験では、静電気管理による単純な経費の削減だけではなく、その企業の信頼性の向上にも貢献するために、その利益は測り知れないものがあると言えます。

表4.1　各レベルでの静電気損傷による障害

レベル	損害内容
部品レベル	部品単体
基板レベル	基板に搭載されている全ての部品
製品レベル	使用部品・加工賃等を含む製品原価
商品レベル	製品レベル＋回収・修理＋信頼性

現在でも現場担当者や品質保証技術者にとって、静電気障害のように再現性に乏しい一過性の現象で、原因の特定がむずかしい問題の重要性とその経済的損失を経営陣に説明することは容易ではありません。ESD管理に成功した企業は、おしなべて正攻法をとっていたと言われています。それは、静電気問題が発生し損傷が発生した場合には、どんな小さな問題でも、素早く、正確に上司に報告をし、経営陣に問題の解決に必要な経済的支援を考えさせるということでした。そして、企業内部での損傷やそれに伴う損失、対策に関わる経費を見積もり、それを経営陣に提出することから静電気管理を始めたと言われています。

生産分析の必要性

さて、静電気のコンサルタントに限らず、経営に関するコンサルタントを行う場合に、現場とのミーティングで指摘されるのが、現在現場で発生してる問題が、いかに重要なものかを経営者に理解させるには、どのようにしたら良いかということのようです。特に静電気の問題は、ほぼ同じ状態、環境と判断される場合でもうまく再現できないことが多いのです。

現場の作業性や機械の信頼性に、直接関係がある生産性／品質管理技術者や工場の管理者は、何度でも、そして多少経費を必要としても、潜在化した静電気の問題を解決しようとしますが、企業収益や生産性のみに重点を置く経営者は、試験に立ち会う時間や、解析に要する時間を惜しんで、その不良率を原価計算に含めてしまうように指示することもあります。実際、機能上、特に大きな問題を発生しない損傷の場合には、不良率の計算に組み込んだ方が、経済的には効率が良い場合もあります。しかし、このような場当たり的な処理の積み重ねにより、大きな問題を発生した例も存在し、静電気問題解決の重要なカギがここにあることが多いのです。

このように、現場の技術者は、かなり切迫した静電気による生産管理上の問題を経営者に説明する必要が出てきます。ここに、米国と我が国との企業の仕組みの違いが出てくるような気がします。

米国では、現場作業者が、自分の作業領域の上司や他の部署の上司へ意見具申することはむずかしいと言われていました。実際、作業者の中には、明らかにマニュアルにミスがあることに気づいても、注意すらせずに作業を行っている場合もありますが、関係した電気関連の企業には、文書による"改善"提案フォームがあり、かなりの作業者がさまざまな提案を行っていました。そして、

2. 生産分析

そこに述べられていた静電気管理の利点は、「短期的な収益の向上と長期的な信頼性の獲得」でした。そうです。これが、静電気管理技術を行う理由なのです。このことを忘れないでください。全社員が認識すれば、企業収益は間違いなく大幅に増加します。

それでは、この収益を増加するための第一段階に入りましょう。生産管理を行うには、そこで、今、何が起きているかを、関係者が把握しなければなりません。それが、生産分析です。生産分析を行うためには、比較的長期間に渡って生産工程や管理部署を検査し、評価する必要があります。その目的は、できるだけ正確に、必要とされる情報を得ることです。実際には、この部分が、初期の一番むずかしく議論や知識が必要な個所となります。また、情報の入手の許可は、大きな企業や工場では非常に煩雑となり作業の妨害になることも多いようです。このためにその権利をある特定の管理者に与えて、特別な監査者を臨時に任命することも多いようです。

さて、どのような状況であれ、どの部品類が静電気に敏感で、どのような損傷を、どの場所で受けているかが判明すれば、どの程度の経費が必要で、どの部署にどのような処置を施せばよいかといった静電気管理プログラムを組むことができるはずです。しかし実は、こうしたことが現実には非常にむずかしく、特に生産ラインが別の工場にまたがっていたり、企業が異なる場合には、非常に困難になります。というのは、分析や評価を行うためには、正確で基本的な事項を適切に提出する必要があるために、初期のミーティングでは、何がどのように故障を発生しているかについても結論が出ないことが多いのです。

また、当然のことながら、企業や事業部が異なれば、どの程度の被害を企業が被っているかを見積もることもできません。そのため、当初の作業は、情報の構築や中間管理職の情報の正常化等から始まることになりますが、この基本項目をしっかり抑えることができれば、経営者が期待する次の段階に入ることができます。

● 生産分析の組み立て方

基本的には、通常の分析のように、静電気に敏感な部品類を選別し、その購入量と使用量の差を調査することから始めます。先ほどの説明と少し重複しますが、ここでは在庫も含めさらに詳しく解説します。

人体帯電（HBM）による破壊試験方法のみがMILで規定されていましたが、現在ではマシンモデル（MM）やデバイス帯電モデル（CDM）についても規定、検討

されています。これらは、ESDSが遭遇する静電気現象による、そのESDSの耐性、つまり強さのようなものを示すために通常何Vと表示されています（図4.4）。

たとえば、HBMの敏感性電圧とMMの敏感性電圧が大幅に違ったり、CDMの電圧も大きく異なったりするのは当然のことなのです。つまり、生産管理は、ESDSの種類によって静電気管理方法を替えて、それぞれの破壊方法による障害を避ける必要があるのです。ちなみに、HBMやMMなどで分類されている100Vとか500Vという電圧は、あくまでその試験の装置により破壊試験を行った結果ですので誤解しないようにしてください。

製品中に含まれるESDSを分類する上で、以上のような問題が存在することがわかりました。では、自社の製品基盤1枚にESDSがいくつ搭載されているかを確認してみましょう。まず、HBMの衝撃にある程度弱いと考えられるHBM…クラス1A以下（分類については、第2章の表2.4、表2.5を参照のこと。とりあえず、ここでは、敏感性によって分類されているとだけ認識していて下さい）のものが全搭載量の6％、MM…クラスM1以下のものが全搭載量の3％、CDM…クラスC1以下のものが全搭載量の12％あったとします。これらのESDSは、それぞれの破壊モードにより静電気管理手順が異なり、基盤搭載までの保護が十分になされていれば、ESDによる損傷は、理論上は0になること

◆人体帯電もしくは帯電体による放電
　人体帯電モデル（HBM：human body model）
　マシンモデル（MM：machine model）

帯電体からデバイスに対して放電し、デバイスにダメージを与える。

◆人体帯電もしくは帯電体による放電
　帯電デバイスモデル（CMD：charged-device model）

◆帯電体の電界による誘導帯電
　誘導電界モデル（FM：field-included model）

デバイス自体が帯電しており、他のものに対して放電すると、急激なストレスがかかりダメージを受ける

図4.4　デバイスのESD破壊要因とESD破壊モデル

になります。

　しかし、実際には、さまざまな理由から損傷が発生することがあるために、生産用の回転在庫の他に保守用の余剰在庫を抱えることになることがあります。部品の購入は、一般的にロット単位で購入するため、この保守用の余剰在庫の量は、ESDS 1種類当たりでは少ないものの、全体では膨大な金額となる場合もあるのです。上記の例では、1つの生産ラインを調査した上で余剰在庫の計算を行い、それを次の生産ラインへと計算することにより、膨大な金額の在庫が存在することが判明しました。しかもこの在庫は、ESDSなので特殊な容器に包装され、定期的な検品を必要とし、それに使用する特殊包装材料の寿命のために、さらに余剰となる副資材の在庫を抱えていることが判明しました。

　実際には、一般的な工場で、1年間に使用するさまざまなESDSを分類し、静電気管理手順にしたがって取り扱っていくことは、非常にむずかしいように思えますが、基本的な在庫量の把握や購入情報、現場サイドへのフィードバックなどというごく一般的な管理手順で生産管理を行うことができるようになります。

① 余剰部品の整理

　まず行うことは、HBM、MM、CDMでのESDSの敏感性により、使用している部品類をソートすることです。この情報を得るためには、自社でESDSを作成している場合には、製造部署に対して、一般物性の1つとして上記の敏感性試験のデータを仕様書に添付することを要求し、各試験の使用規格、使用定格等は、製造部署と品質管理部署で、明確に仕様書の形で取り決めておく必要があります。

　ある外資系の企業では、民間のESDSの分類用ファイルや、RACの作成しているVZAP IIなどの分類表を使用する他、部品分類表の中に静電気分類を加えて、使用用途、単価の他、余剰数量などを計算し、ABC在庫分析ソフトを使用して在庫の管理を行うと共に、なぜその部品の在庫が異常に多いのかという検討から、いくつかの部品では特殊なESD要因でライン上で破壊が生じていたことを発見しました。また、その損傷を解析する段階で、製品基盤設計におけるESD対策が不十分であることも発見し、比較的軽微の内に対策をとることができました。図4.5にFICDMによるデバイス破壊の様子を表しました。

　具体的な数字を挙げると、説明が複雑になってしまうので、ここでは、代表化した数字で、その静電気管理の効果を追ってみることにします。図4.6は、

図4.5　電界誘導モデルFICDM (Field Induced CDM)

図4.6　投資金額と不良率の変化

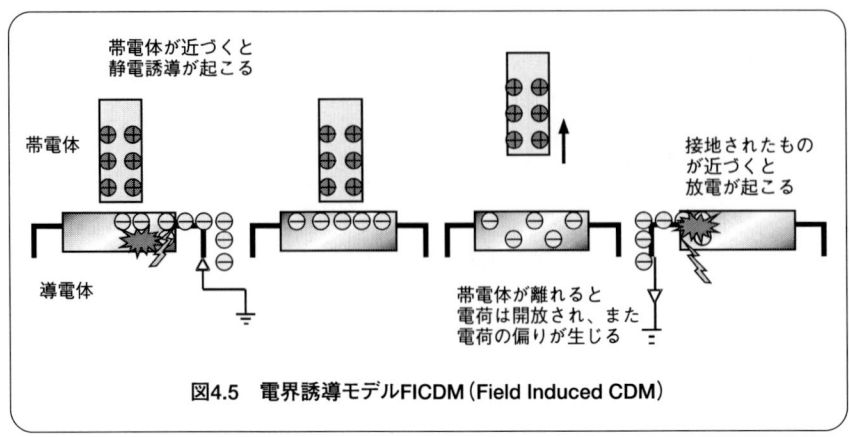

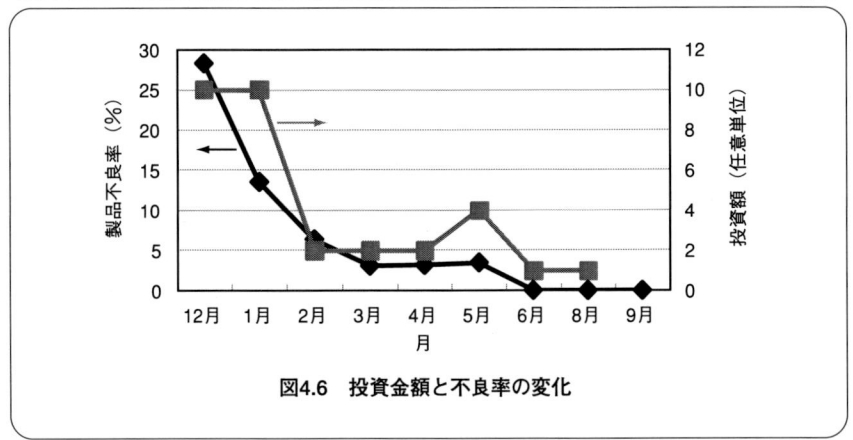

　投資した金額と不良率の変化です。投資額が最終的に0にならないのは、副資材として新しい包装材料を購入したためで、この工場では約1年間でこの製品の不良率を激減させました。この場合に投下した資本は、当然のことながら在庫分析により浮かした経費です。したがって、確かに初年度は、従来と比較して数％の経費の抑制としかなりませんでしたが、次年度からは非常に有効な経費の抑制となったようです。

　静電気管理の生産分析は、各企業でさまざまな形態を取るために、簡単に行えるものではないと考えられてきました。しかし、現在ではコンピュータ等の電子機器やそのソフトツールを使用することにより比較的容易に行えるようになってきたようです。

② 分　析

　生産分析や在庫の分析を通じて、あるいは故障現象の解析を通じて、原因究明とその解決が図られています。これは、もちろん明確な解析プログラムやその調査プログラム、さらに故障解析を通じた問題解決プログラムを作成することによる投資効果の上昇を望むものです。

　しかし、問題の解決や分析にこだわり、見掛けの投資効果や生産効率のみを対象とした改善プログラムを作成することは、次世代に問題を残すことがあります。特に、静電気管理プログラムを作成する場合には、基礎となる学術的な背景や、実学的な背景が不確実である場合もあり、その時には正しいと考えられていても、製造環境の変化や使用素材の変更、仕様、特性の変化等により、直接的、間接的に異常が発生してしまう場合もあります。

　そのために、静電気障害の解決後も損害の正確な見積もり、明確な原因の追及、さらに対処した事象による静電気的な環境の変化等について、定期的にミーティングを行うようにすべきです。実際、このようなアフターケアにより、生産分析の価値はより高まり、特に経営者の問題に対するコスト意識や、投資回収に対する意識は非常に高まることになります。

　静電気管理で特に問題となるのは、初期投資の他、問題解決後に必要となる投資なのです。必要な経費の大部分は、人を育成する費用、つまり教育/訓練に関する費用となります。

さまざまな企業での静電気障害

　さまざまな電子産業が存在する中で、それを統計的に分類して個々に解説を行うという作業は、膨大な時間と経費がかかるために現実的ではありません。そこで、部品の購入という面から産業を分類し、個々の静電気障害について解析してみましょう。

① 設計段階

　過去には、個々の部品類のESDに関するデータベースが不完全であったために、保護設計がうまく機能しなかったり、設計ラインでのESDSの破壊が頻発していたようですが、現在では少なくとも生産ライン上での設計不良によるESDトラブルは減少したといわれています。しかし、同一工場内での加工では、設計段階で、の配慮を徹底することが比較的容易なものの、系列の別のアッセンブリや別会社のサブアッセンブリ等で、設計段階での規定がうまく働かない

ことも多くありました。それは、主に部門間や会社間の連絡の不備によるもので、近年の書類管理システムの徹底（ISO 9000）などにより改善されてきているようです。

② 材料の静電気管理方法

この問題は、使用する規格や標準により近年では比較的容易に行うことができるようになりました。なぜなら、80年代の標準や規格には、ESDSのHBM、CDM等の試験による分類に従った作業手順書が不十分で、どのレベルのESDSをどのように扱うかが不鮮明で資材の購入や設備の更新時に担当者がESDSのレベルにあわせて資材を購入する仕様書を書かざるを得なくなり、結局コンサルタントに依頼したり、資材メーカーに協力を仰いだりすることが多かったのです。しかも、さらに担当者を悩ませたのは、このさまざまな資材、個々についての規格や仕様も不鮮明な場合が多く、結局同じ製品を作成している別の工場で全く異なった静電気管理製品を使用したり、相互に互換性のない装置を同一工場内の別のラインで使用したり、接地等では、配線の問題からESDS対策上好ましくない問題も発生することもありました。

現在では、基本規格や標準、さまざまな解説書、ハンドブック類が発売され、静電気管理の参考となるIEC61340-5-1/5-2がテクニカルレポート（TR）Ⅱの形で発刊されました。テクニカルレポート（TR）Ⅱの形なので、今後さまざまな変化が予想されますが、基本的な標準としては、EIA625とともに材料選択で機能を持ってくると思います。

③ ESDSについて

さまざまな企業で、ESDSを一般的に使用するようになってきていることは前述の通りです。つまり、一般的な企業でも、知らないうちにESDSを自社の製品に組み込んでしまっているのかもしれません。そこで、先のMIL、IECやEIAでは、ESDSに特殊なマークを付けて、静電気に敏感であることを示しています。現在のマークでは、完全に破壊モードによる電圧区分等がわかるわけではありませんが、将来、部品のマークにより、使用する製造ラインの静電気管理レベルも決定できるようになると思います。

しかし、ESDの問題は、廃棄物の問題によく似ているところもあり、マニュピストのような書類が必要となるかもしれません。それは、基盤等の容量の大きな物質に組み込まれたESDSは、安全であるという概念が疑われ始めたから

です。したがって、ESDSの管理は、最後まで完全に行わなければトータルの効果が失われると言われ始めています。

また、ここで、クリーンルームと静電気という重要な問題が、議論され始めています。ESDSは静電気により、破壊を受けやすいデバイスを示します。製造環境の第一ステップは、クリーンルームで、ルームイオナイザーという静電気管理用製品を使用するのが、一般的になってきました。よく議論されるのですが、このイオナイザーは、静電気管理用の資材であるかという問題なのです。実際、当初、導入された大きな理由の一つは、湿度を上昇させる従来の静電気管理では、かびやバクテリア等が繁殖するため、それを防ぐという目的がありましたが、その他に、イオナイザーによる除塵効果も大きく期待されていました。これは、クリーンルーム内の帯電ダストを除電することにより、クリーンルームの効果を上げると考えるもので、その意味では、ルームイオナイザーや、ベンチグリッド型、ガン型のイオナイザーは、静電気管理装置というよりはクリーンルーム関連装置なのかもしれません。このように、業界の境界線がはっきりしないものが静電気用管理製品にはかなり存在するために、せっかく静電気管理の標準が整備されてきても、別の理由で使用できないこともあります。

生産設備／工程管理評価のために

ここまで、生産や製造時のESDによる損傷や破壊についての分析を簡単に述べました。しかし、実際には、ESD対策を行う最終段階に、資材の購入が含まれてきます。比較的見過ごされてしまう資材の購入については、MIL等で戦前より規定や規格が定められていた米国でさえも、ESDに関しては、DOD-STD-1686が作成され軍需製品納入業者を中心に購買仕様についての規定が一般化される1980年の前半までは、さまざまなトラブルが発生していたようです。

資材購入でのトラブルの大半は、購入仕様書や、標準／規格の不明瞭さを原因とする、製造やその他の工場内の製品発注にあると言われていました。また、当時のESDへの認識の低さから発生した包装資材や、その他の素材への購入部品認定などにも問題が多く存在し、90年代に入ると資材の購入窓口の担当者にも、ESD管理教育を徹底するように指示する企業も現れてきています。

したがって、静電気管理プログラムの作成で、その第一のキーとして購入／購買を取り上げることもあるようです。しかし、実際問題として、ESD対策の第一の防御をそこに置くことは不可能に近く、また効率や経済効果から考えてもむずかしいと思われます。

ただし、購入する部品や組立て品あるいは最終製品が、ESDにどの程度の敏感性を持つものであるかが示されている仕様書や、実際の製品の表示を的確に判断する程度の知識を担当者が保持していなければ、静電気管理プログラムの作成がむずかしくなります。また、ESDSの包装材料や包装形態についての知識についても、購入の段階で再検討を行う場合に必要となります。

評価を行うために

多くの静電気問題は、発生した企業に直接的に関係してくる場合が多いために、評価についても、当然、静電気による損傷が発生している領域と、その原因について行うことになってきます。しかし、一般的に、検討を行おうとする工場の生産設備やその工程は、複雑に絡み合った組織の一部の要素として判断すべきで、主たる原因として調査を開始することには多少抵抗があります。

実際、部品や製品組立て工場の受入検査、製品検査で部品損傷を発見したり、その兆しを検出した場合には、静電気損傷の主たる原因が、企業外にあることも考慮しなければならなくなります。このような場合には、通常は、部品の流れを逆に追っていくことになりますが、一般的には、この段階で、問題がある程度特定できたり、その兆候がみられる場合には、部品の購入を一次凍結することになります。

その後、企業内で、受入領域での調査／評価、検査手順の調査を行った後、包装形態／包装の取扱いの検討、さらに、輸送中の損傷の検討と順を追って検査を行いますが、時間的な制約と経済的な問題から、一般的に、納入業者側の出荷検査、出荷領域での包装形態の検査も同時に行うことになります。関連する企業にとっては、いずれの段階で損傷が発生していたかが特定できるまでに過大な損傷を被る場合も多く、そのために、製品の製造から最終製品の製造までの統一化した標準を、要求するユーザも急激に増加してきています。

さて、このような損傷を対策するには、IEC 61340-5-1 や EIA 625 等を使用して、静電気管理の手順や仕様について、納入業者と購入企業側で綿密な仕様の打合せが必要とされてきます。さらに、購入業者が最終製品の製造業者である場合には、最終ユーザで静電気問題が発生しないような対策を行う必要がでてきます。PL法等の制定により、製造企業には以前にも増して、製品の仕様書について詳しい説明が求められるようになってきており、特に以前には原因不明とされていたESD等については、非常に厳しい対応を迫られることも想定されます。

つまり、最終製品の製造企業では、製品に使用しているすべての電子部品類が、"最終製品段階では、静電気に対しては安全である"という保証を得る必要がでてくることになります。これは、非常にむずかしい問題で、ハウジング材料や、その他の電子部品以外の産業を含めた関連企業全体で、静電気の損傷を軽減させる共同作業を行うという問題を生み出します。

ただし、電子産業界では、すでにこの動きはかなり活発になりつつあり、各企業での静電気問題への取り組みは進んできています。問題としては、素材産業への要求と素材産業の作成能力、評価方法の違い（この問題は、筆者の予想を遥かに超える速度で広がりつつあり、抵抗測定一つを例にしても、素材産業の1世代前の測定方法と現在世界のESD産業界で広く行われている方法では、評価時に大きな問題が発生するおそれがあるので、素材業界のESDSに対する製品としての対応が急がれると思われます）、ESDSの敏感度の急激な変化等さまざまなものがあります。

静電気管理プログラムは、「揺りかごから墓場まで」とか、ISO 14000 や廃棄物法のようなものといわれています。つまり、ESDSは作成した瞬間から、それが交換／廃棄されるまで保護する必要があるという考え方です。具体的には、通常の製造の構成要素図と同様の考え方で良いとされています。つまり、設計／計画／評価→生産試験／生産／包装／輸送／貯蔵／販売→現場サービス→再評価／クレームの順で製品が成長していく手順に、静電気管理を当てはめていくのです。ただし一般的なトラブルでも言われていることですが、静電気管理プログラムは、単一のラインのために組むのではなく、作業全体を把握して、自企業のみならずユーザあるいは納入業者に対しても十分に考慮することが必要とされています。

設計／計画／評価（生産準備）

設計や計画時に最も重要視されるのは、もちろんユーザの仕様でしょう。しかし実際には、この段階で、最終製品のESDの敏感性が決まってしまうことも多いのです。そこで、従来は保護設計するなど、ESDS自体の耐性を上げる努力をしていました。現在も、そのように行ってはいるのですが、ESDSの微細化による配線パターンの複雑化等さまざまな問題から、この段階での考慮を重視することは非常にむずかしくなってきています。そこには、ルームイオナイザー等による生産環境の静電気問題の低減化、その他の管理資材の開発などにより、ある程度の耐性を保持する段階までESDSを組み立てることができるよ

うになってきたという事情もあります。

　しかし、このようにして作成されたESDSは、次の組立て工程への移動中や組立て中に静電気問題に遭遇することが多く、その意味では、問題は従来より深刻になっていると考えられます。このようなESDS製造企業は、当然部品の静電気敏感性レベルや、正しい取扱い方法、静電気管理方法等をユーザ側と協力して作成していきます。

　最近の問題としては、世界的な製造分業によるESDSの世界的な移動という点が指摘されてきています。従来、組立て部品に使用するESDS部品は、国内企業で調達することが多かったために、ESDS製造企業の試験、設計の環境およびユーザの静電気管理された作業環境と納入業者の作業環境に、それほど大きな差異が存在していませんでした。また、我が国のESDS製造企業は、おもなユーザである米国の仕様をESDの分野でも比較的早く取り込んでいたために、企業間での差異も大きくなかったようです。

　しかし最近では、国際分業の急速な発展により、ESDSの分野でも静電気管理環境での国際化が問題となる事例も見受けられるようになってきました。組立て部品や、モジュール段階まで加工した後のESDによる損傷は、膨大な損失を企業に与える可能性があります。そこで、この段階で完全に仕様を合わせ、静電気管理方法を共通化することが、以前にもまして重要となってきました。

　購買部門の本来の目的には、生産用の資材を適時に低コストで入手することがあります。これは、ESD関連資材でも同様で、明確な品質特性基準により購入を行うことになっています。しかし、実際には、購買部門はフレキシビリティを保持するために、要求特性を満たせば指定された素材を特に購入しない場合も多く、このような場合、ESD対策でトラブルとなることがあるのです。

① 部品敏感性要因

　購入仕様書には、購入部品のESD敏感性について記述しなければなりません。このESD敏感性については、HBM、MM、CDMなど各破壊モードにより分類され、それぞれに記述が必要な場合と、生産管理上必要な種類の破壊モードの電圧のみ表示する方法があります。現在では、まだHBMのみ記述されたものが多いようですが、自動機器によるセットが予想されるESDSについては、CDMやMMも必要とされている場合も増加してきています。さて、購入者は、納入業者に対して、そのESDSが現行の試験基準や、ESD敏感性に関する仕様に適応していることを証明する書類を提出させるべきです。また、より厳密な試験

証明書を添付してもらう必要があります。

② 素材認定

　袋やコンテナー等の一次包装材料については、帯電防止材料と指定して購入したのにも関わらず、仕様に適合していない場合があります。これを防ぐために、購入時の書類、およびロットごとに納入業者と取り決めた規格による証明書を提出してもらう必要があります。この証明書には、あらかじめ規格や仕様書により取り決めた数値を記述し、実測値も同時に添付してもらうべきであるとしています。

③ 納入ESD製品の包装

　静電気管理されている領域に搬入される素材は、EIA 541、EIA 625、MIL-HDBK 773等により適切に包装されラベルすることになっています。これは、80年代で米国で強制化が強まり、我が国では90年代の後半に汎用化されたようです。一般的には、静電気に敏感な部品類は、まずESDSのレベルに適合した一次包装材料に納められた後、帯電防止の緩衝用フォーム材料やその他の適切な二次包装材料に納められた後、一般包装して搬送されています。このような形状の包装材料を一般受入領域で開封後、静電気敏感性の表示が現れた時点で、静電気管理領域に移動し、開封することが定常化されつつあります。

　このような方法は、米国の軍需関連産業のみならず、我が国でも米国の関連企業から監査を受ける立場にあった企業では、70年代の後半には、多少雑なところはありましたが行われていました。実際、70年代の後半には、このような包装を行うための専門の包装材料が販売され、非常に高価な買い物をしたこともあると思います。この取扱方法の裏には、汚染の考え方の採用が見られ、NASAやMILのクリーンルームの仕様によく似た記述も多く見られました。具体的には、ESDSが一般包装材料内にある場合には、それ自体は、他のESDSに対して汚染物質となるので、その領域に存在する他のものまで損傷を与える可能性を持つことになります。

　購買の重要性については、いまさら言うまでもないことですが、企業内に流入する素材を管理することで、貯蔵、試験、キッティング等のさまざまな領域で静電気管理を有意義に行うための潤滑剤的な働きをすることになります。

生産工程における問題

　静電気損傷の大部分は、生産工程で発生すると考えておられる方もいます。それは決して間違っていません。ただし、生産工程というのは、いくつもある静電気管理項目の重要な1つであると理解して欲しいのです。この個所のみの静電気管理では、ESDSをESDから防御するのには不十分なのです。先程から、製品の流れを生き物にたとえたりしていますが、まさにこの生産という工程は、生き物として捉えるとわかりやすいと思います。つまり、静電気の発生は、空気も含めたその生産環境に存在するすべてのものと、ESDSとの相関関係によるものであると考えることになります。

　したがって、ほぼ同じような製品を生産しているAという工場とBという工場の静電気管理手順や仕様が異なるのは、不思議なことではなく常識的なことなのです。それは、Aという場所とBという場所の地形や、気候環境が異なるような、ちょっとした外部環境の変化によっても、静電気問題が発生することがあります。たとえば、近くに電車が走っている、飛行場が比較的近くにある、川が流れている、海に接近している、周囲が森林であるなど、自然の環境が少し異なっただけで、Aという工場で有効であった静電気管理手順が、Bという場所では全く効果がなかったりすることがあるのです。

　したがって、前述のようなさまざまな静電気管理用の規格／標準／仕様書等にも、非常に漠然とした記述がなされている場合があります。それは、このような静電気管理手順の履行のむずかしさにあります。つまり、静電気管理手順書を作成するに当たっては、そのような"あいまいさ"に対する柔軟性を盛り込んでおく必要がでてきます。ここで、重要となってくるのが、作業者の教育という問題です。というのは、作業者があるレベルに達していれば、現場の状況確認や、その後の対処方法、静電気現象の解析に非常に力を発揮するからです。

　たとえば、摩擦帯電の発生という概念をただ単に、物質同士の摩擦によるものと理解しているだけでは、実際の現象の認識を誤ってしまうことがあります。摩擦帯電の発生とは、"環境内に存在するすべての物質と、作業者を含めた移動物体との相関関係である"という程度の応用的な理解をしていると、摩擦帯電の発生個所と実際の故障個所の特定等が、比較的に楽に行うことができます。このような教育的な問題については、章を改めて説明しましょう。

　さて、生産工程で、現場作業者や生産技術者を困惑させる問題の1つに、管

理区分があります。これは、クリーンルームと同じように、ESDSの敏感性によって生産工程を区分しようとするもので、米国では70年代にはすでに実施されていました。この区分は、簡単に言えば、その特定領域で作業するESDSの敏感性レベルの最も敏感なものに対してレベル設定するというものなので、非常に敏感なESDSのみ取り扱っている作業場や工場では、区分の意味は薄くなります。しかし、さまざまなレベルの部品を異なった領域で組み立てている巨大な工場では、このレベル管理の考えを取り入れるべきかもしれません。その場合には、使用する備品類や接地の環境、ルームイオナイザーの仕様の有無等さまざまなアイテムの相互関係を把握した領域設定を必要とするために、専門のアドバイザーに依頼するのが良いと思われます。実際には、工場内にこのような静電気管理の専門家が常駐していれば、問題が起きることが少ないので、米国などでは各企業、工場、生産ラインごとに担当を決めています。

　この領域決定は、本来は工場や生産ラインの決定時に行うものなのですが、実際に生産活動を始めてから非常に敏感なESDSを取り扱うことになるケースも多く、その場合には多大なコストが必要となってきます。また、本来、事務棟であった場所を新たに生産ラインに変更したり、キッティングルームの場所の移動、生産設備の変更／移動など、領域を変更する必要もあるので注意が必要です。

　それでは、先に述べた環境、作業者、物質について、少し詳しく説明してみることにしましょう。

3 業界の問題と生産現場評価

■ 生産段階での問題

　それでは、表4.1に戻って、各業界についてESD損傷について検討してみましょう。この表から明らかに、どの業種も性質の共通したESD損傷を抱えていることがわかります。そして、各業種とも生産段階に入る前に、次の3つの主要な過程を通っています。

①製品設計

② 材料の選定
③ 選定した材料の購買

これら3つの機能は、EOS/ESD損傷に対して大きな影響を持っています。そこで、各機能分野での静電気障害について、概要を説明します。

① **製品設計の段階**
- 設計基準が、環境条件上で、エンドユーザが期待する機能と合致していない。
- 保護設計が、回路レベル、貯蔵・包装レベルで製品のESD敏感性と合致していない。
- 技術上の理由で、ESDに対する設計配慮に不十分な点がある。

② **材料選定の段階**
次のようなものに対する帯電防止特性が十分に認識されていない。
- 工具および治具、フィルム、コンベヤー、ラック、ホルダー等。
- キャビネット類、レンズ、ICレール、その他の関連部品。
- クッション用、隔壁保護用、支持用の包装材料。
- セットになった電子部品・組立て品。

③ **購買の段階**
材料の標準・規格の明示および仕様の明確化に関して、納入業者への使用法や商品管理が不十分である。これには部品/組立て品の静電気敏感性に関する情報の提供や、材料の静電気減衰性能の実際値の明示・文書化等を含む。

そこで、生産現場の帯電防止計画に対して、購買業務が及ぼす影響については、次のような理由から十分な注意を払う必要がでてくるのです。

1) 個々の部品、組立て品、あるいは、完成品の静電気敏感性が不明のままでは、具体的数値の欠けた計画を実施することになり、防止効果が期待できない。
2) 外部から持ち込まれてくる未処理の包装材料が、静電気管理区域に入れても、問題のないように仕様指定がされていなかったとしたら、静電気敏感性の高い受入・保管・検査・組立て・製造の区域に、静電気汚染の危険を持ち込むことになる。
3) 完成品の製造に使用する工具や材料が、帯電防止の必要性、あるいは、静

電気敏感性の高い品目に対する保護措置を講じていないものであったとしたら、帯電防止計画の全体効果を大幅に低下させてしまうことになる。

物流段階での問題

製品の物流段階でも、問題を共有しています。
① ESD関連材料の受入管理が不十分。
② 完成品の製造・検査期間における管理手順の設計が不十分で、環境静電気管理の考慮が不足している。
③ 保管・輸送のための完成品包装が不適当。
④ 現場サービス部門で、顧客に対するESD問題についての支援・助言のための知識が不足。

これらの問題の多くは、それが発生する生産現場と直接に関連しており、静電気障害の領域と理由の両方を把握するために、生産現場の静電気対策の評価が重要な意味を持ってくるわけです。しかし、そうはいっても、生産設備は、複雑なサイクルの中の一要因でしかないことも忘れてはなりません。たとえば、組立て工場の受入・検査の区域で、静電気による部品障害が発見されたとすると、それには、次のようないくつかの問題原因がかかわっている可能性があります。

・納入業者の生産現場での検査手順の不良。
・納入業者の包装不良による出荷前の部品故障。
・輸送中の故障。
・納入業者側での包装・出荷は正しく行われたが、自社内に入ってからの受入・個数確認・検査の過程で発生した故障。

つまり、このような障害を最小にくいとめるための、万全な帯電防止・管理手続きを確立する上で、納入業者とその顧客との間に、関連性があることを見落してはなりません。納入業者が、その仕事の過程のどこかで帯電防止の手抜きをすると、現場サービスのレベル、あるいは、損害を織り込むための価格設定のレベルで、その代価を払わなければならなくなります。いずれにしても、帯電防止で手抜きをすると顧客の不満を誘発します。あらゆるエレクトロニクス装置が、最初から静電気の安全が保証されているような時代に達するまでは、業界全体として、静電気障害を最小にくいとめるための協同作業を行う必要があるのです。そして、業界のEOS/ESD損傷撲滅の第一歩として、各社が取り組むべきことが生産現場評価ということになります。

生産現場の諸段階

静電気管理計画（プログラム）は、「揺りかごから墓場まで」の概念、つまりESDS部品が作り出された瞬間から、それが古くなって新しい部品にとりかえられるときまで、その部品をESD障害から守るという考え方で進められるのが普通です。生産現場評価は、この考え方に立って、ESDSアイテムに対する影響が最も大きい諸要素を探し出すことを任務とするものです。

さて、正しい評価方法とは、個別の部門や生産工程での障害を対象にしたプログラムを組むのでなく、オペレーション全体を広く把握して、顧客側の問題だけでなく、納入業者の活動領域も十分考慮に入れて評価を進めることです。そこで、複雑なオペレーションでの全体活動を体系づけて効果的な評価を行うためには、クリティカルパスの分析技法を採用する必要が生ずることも多くなります。組織の複雑さのいかんにかかわらず、たいていの場合にあてはまるものとして、**図4.7**に示す4つの要素が最もクリティカルな評価領域を構成しています。

① 計画の段階
  ・技術・設計
  ・材料選定
  ・材料購買
② 生産の段階
  ・静電気管理領域の分類
  ・環境表面と機器の管理
  ・生産作業者の問題
  ・材料管理

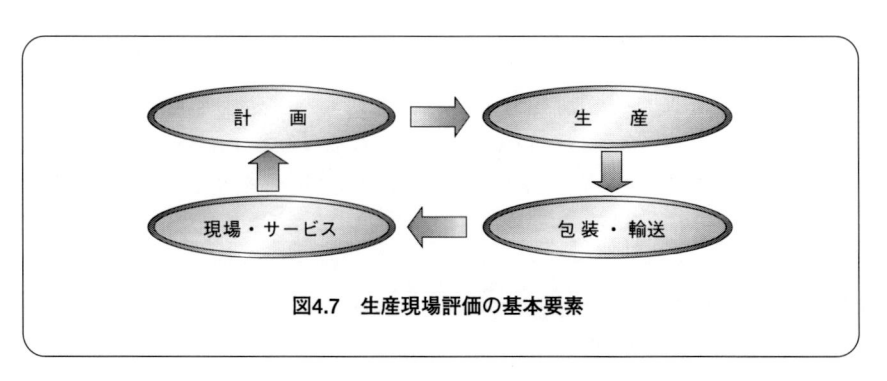

図4.7　生産現場評価の基本要素

③ 包装・輸送の段階
　・完成品の最終検査
　・輸送のための完成品包装とクッション
④ 現場・サービスの段階
　・コミュニケーションとフィードバック
　・現場での修理・予防保守・改造の手続き
　・顧客への助言サービス

　生産現場の段階が違っても、各種の共通要素に対して評価の一般原則を適用することは可能なので、以下、上記の4つの主要分野評価方法のあらましと、静電気障害に大きな影響を及ぼす諸要因について説明します。

計画、設計段階の生産現場評価

　製品設計の段階で、その製品に期待されている使用方法や環境を念頭に置くことで、ESD諸問題の発生を最小限に抑制することができます。たとえば、静電気敏感性の非常に高い装置や組立て品は、静電気管理の施されているクリーンルームや実験室では安全であっても、管理の施されていない環境で使用した場合には故障することがあります。したがって、故障や修理の度合いが極端に高い製品については、その製品が通常使用される環境で、その設計を再検討する必要があります。

　高価な部品や装置が、それを使用したり、組立てる工場・工程で故障するというのが今日のESD問題の典型的な例です。このような場合、MOSやそれを使った装置の設計が、顧客の段階におけるESD防止までは考慮されていなかった、ということになります。装置や部品のメーカーにとっては、その静電気に対する安全限界や正しい取扱い、使用法、保護方法を顧客に認識してもらうことが、装置や部品を完全に使用できる状態で納入することと同じ程度に重要になるのです。一方、敏感性の高い端末装置やパソコンなどは、静電気管理の配慮がほとんどなされていない普通の事務室で使用されることが多いので、保守サービスの段階で巨額の損失が発生することがあります。このような点から、新製品設計、あるいは、既製品の改良に際して、次のような注意を払うことが必要となっています（**図4.8**）。

① 部品選定
　現在入手できる部品のなかで、最もESD敏感性の低いものを選定するこ

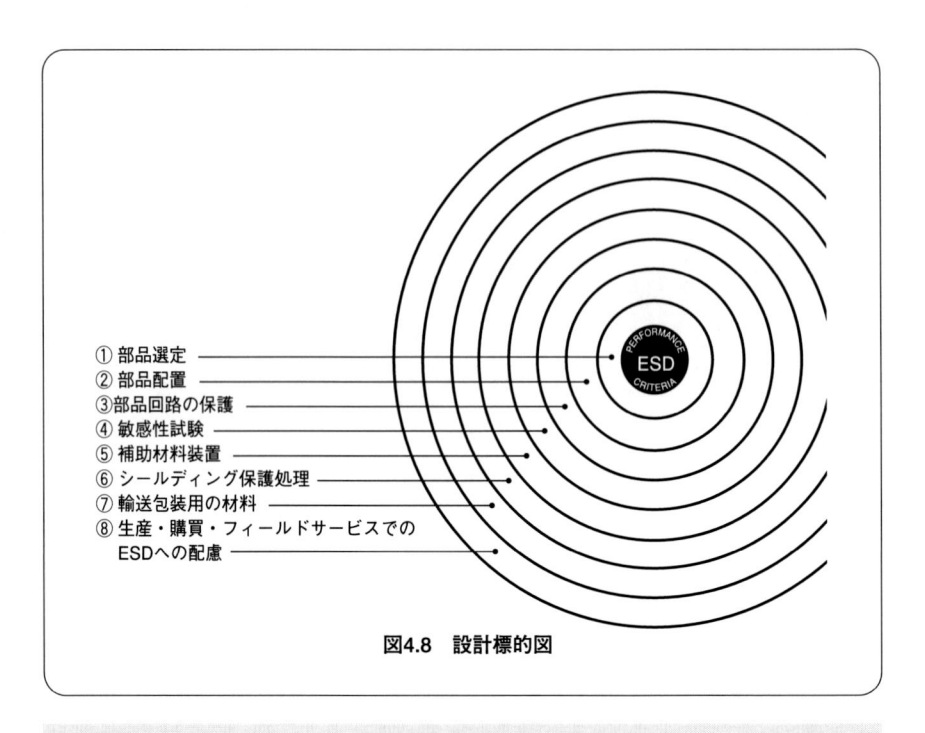

① 部品選定
② 部品配置
③ 部品回路の保護
④ 敏感性試験
⑤ 補助材料装置
⑥ シールディング保護処理
⑦ 輸送包装用の材料
⑧ 生産・購買・フィールドサービスでの
　 ESDへの配慮

図4.8　設計標的図

と（静電気に最も強いものを選定すること）。

② 部品配置

電荷は材料表面の縁部や先端部に集中する傾向があるので、ESDS装置は、基盤パラメータからできるだけ離れたところに配置すること。

③ 部品回路の保護

できる限り耐ESD性の装置を使用すること。

④ 敏感性試験

プロトタイプの基盤が完成したら、これにESDS装置と同様のESD敏感性試験を適用すること。

（注意：取扱い、および、包装面での最適静電気管理手続きを規制するのは、使用されている装置のなかで最も敏感性の高い部品です。したがって、施設の静電気管理計画（プログラム）を最も効果的かつ経済的に行うためには、各装置あるいは組立品の静電気敏感性を正しく把握することが重要となります）

⑤ 補助材料装置

次の場合のように、材料が静電気敏感性の高い部品組立て品の近くで使用される装置は、静電気対策が施されているか、あるいはそのための改良

が行われている材料を使用すること。
  a：シールディングフォーム
  b：レンズ
  c：ICチューブ
  d：チャンネル、サポート類
⑥ シールディング保護処理を最大にすること
　プラスチック製のハウジングを使用する場合には、キャビネットやハウジングの材料を、帯電防止計画（プログラム）の一部として利用します。つまり、これらの材料をそのままの形で使用したのでは、静電気の潜在的危険度を高めることになるので、帯電防止レベルが向上するような処置を施したり、改造したりすることが必要となります。最適のキャビネット材料を選定するためには、組立て品自身の敏感性と、それを需要家側の環境内で使用した場合の静電気危険度の両方を把握していることが必要です。
⑦ 輸送包装用の材料
　保護用のフォーム、フィルム、段ボールその他の材料が、完成品に対する帯電防止効果を高め、かつ顧客側の受入業務の段階でのESD汚染を低減できるように配慮します。つまり、帯電防止効果のない、あるいは逆にその面で有害な材料でなく、製品に対する帯電防止を、もう一段階高めることのできるような材料を選ぶようにします。従来、帯電防止に役立つような包装材料は価格が高くて、その目的に利用できないことが多かったのですが、現在では、非常に競争力のある価格で手に入るものが多くあります。現在、一次材料メーカーは、できるだけ多くのアイテムに帯電防止の処置を施すのが一般になってきており、帯電防止効果を上げるための包装設計に採用できる方法の種類も豊富になってきています。
⑧ 購買の役割
　購買部門は、生産用の材料を適時にコスト効率の高い方法で入手することを任務としています。そこで、ESD関連の材料や部品の入手に際して、購買部門は、明確な品質・性能基準を持って、最大限フレキシブルに対処することが重要です。このため、購買部門にとって必要な事柄を説明します。

購買部門の機能

① 部品の敏感性についての把握

　購入部品に対する技術仕様書/要求書には、静電気に対する敏感性についての明確な指定を含めることが必要です。購買側は、納入業者に対して、その製品が、現行の試験規準や人体モデルを使用した静電気放電シミュレーションによるESD敏感性仕様に合致した性能を有する旨の証明書の提出を求めるべきです。包装規準は、米国には政府系のものとして以下に示したMIL試験方法MIL-STD-3010があり、仕様書としてはMIL-PRF-81705があります。また、包装手順書としては、MIL-HDBK-773があります。民間の規格は、さまざまな業界に独自の規定がありますが、電子関係ではEIA-541（最新版は、ANSI/ESD S541）があります。国際規格としては、IEC 61340-5-3があります。クリティカルな用途に使用する部品の場合には、納入業者の製品のバッチ試験証明書がぜひ必要です。

② 材料の基準の認識確認

　カラー（色）コード付き（ESD管理された包装材料は、かつてMIL-B-81705で、赤色の系統の色に着色することが規定されていたため、一般的には、ピンク系の色となっていました。特に、MILで指定されたリッチモンド社のポリエチレン製袋が、透明で清潔感のあるピンク色をしていたために、一般的に帯電防止した処理を施した包装材料を、色に無関係にピンクポリと呼んでいたこともあります）の静電気管理材料を購入したにもかかわらず、それが現行のどの基準も満足していないことが後からわかって迷惑することがよくあります。"静電気管理(static controlled)"と表示された材料には、MIL-STD-3010、4046を使用した納入業者の性能証明書がついていなければなりません。また、あらかじめ定められ、現実にも合っている性能仕様（特定の周囲条件のもとでの所要期間における静電気減衰度（減衰測定の項目を参照してください。文献が、記述されていた当時は、低湿度環境での試験は、この測定が中心でした）は、材料の予定使用目的に適したものである必要があり、どんな場合にも、各製品バッチごとの静電気減衰試験成績書が需要家に提出されることが必要です。

③ 搬入されたESD品目の包装状態の確認

　静電気管理区域に搬入される原材料は、すべて正しく包装されラベルが貼布

3. 業界の問題と生産現場評価

```
[購入部品    [材料基準の   [ESDSアイテム
敏感性の確認] → 認識確認] → の包装状態の
                          確認]

① 搬入先での静電気管理計画に満足した静電気対策処理
② 識別容易なラベルの貼布
```

図4.9　購買部門の機能

されていなければなりません。ESDSデバイスは、多くの場合、まず適当な一次容器に収納されたあと、通常のクッション用フォーム材料の入った段ボールの二次箱に入れられます。このような形で搬入された装置は、受入れの段階では正常であっても、この包装を静電気管理区域内で開けたときに、フォーム類から静電気汚染を受けるおそれがあり、さらには、この区域内にある他の部品にまで障害が及ぶこともありえます。このようなデバイスを、その保護包装から取り出して、フォームの近くに置いた場合には、そのデバイス自身に静電気障害を起こすことがあります。そこで、購入品を静電気管理の行われている施設内に搬入する際に、その包装に対して適用すべき基本原則は、次の2つがあります。

1) 出荷される材料すべてが、その搬入先の施設で実施している静電気管理計画（プログラム）によって定められている安全限界を満足するように、静電気対策を施されていること。
2) 静電気管理の行われている区域内で開かれることが予想されている容器すべてに識別容易なラベルが貼布されていること。

4 生き物としての工場の評価

静電気管理区域の区分

　ここでは、工場を"生き物"として考えてみます。これは、工場を構成する各要素が、有機的に結合して生産作業を行っていると考えるもので、静電気問題を生産設備や環境相互間の問題と考える方法です。ですから、この考え方では、摩擦静電気の発生は、"環境内の人間と物体との流れ"と定義します。

　さて、ある生産現場に適用すべき静電気管理の程度を定めるには、その現場で行われる作業に使用される装置や、組立て品の中で最も敏感性の高いものを基準にしなければなりません。よく間違われるのですが、この分類は、クリーンルームなみの仕様を設ける必要があるというのではなく、一定の区域内で最も敏感性の高い製品を、その区域に適用する静電気管理の基準にしなければならないということです。隣接の区域が、これより"敏感性の低い"ところであれば、そこにまで前の区域と同じレベルの静電気管理を行う必要はありません。

　静電気管理を行う区域が少ないほど、管理はうまく行きます。したがって、現場内で最も多数を占める敏感度の区域に合うものを、一般基準として設定し、敏感性が著しく高い区域に対しては、これより厳しい管理を実施します。そこで、各区域の敏感性を表示するには、次のような分類に従うとよいでしょう（図4.10）。

●Aクラス静電気管理区域

　敏感性最高の区域であって、測定可能なレベルの静電気の存在は一切許されない。

●Bクラス静電気管理区域

　敏感性が中程度の区域であって、静電気測定可能レベルが100Vを越えないこと。

●Cクラス静電気管理区域

　敏感性の低い区域であって、静電気測定可能レベルが500Vを越えないこと。ESDS部品の敏感性区分（DOD-HDBK-263）で示されているものと、静電気

4. 生き物としての工場の評価

	区分	静電気の管理レベル
	Aクラス	敏感性最高区域、測定可能な静電気無きこと
	Bクラス	100V以下
	Cクラス	500V以下

図 4.10　静電気敏感区域指定

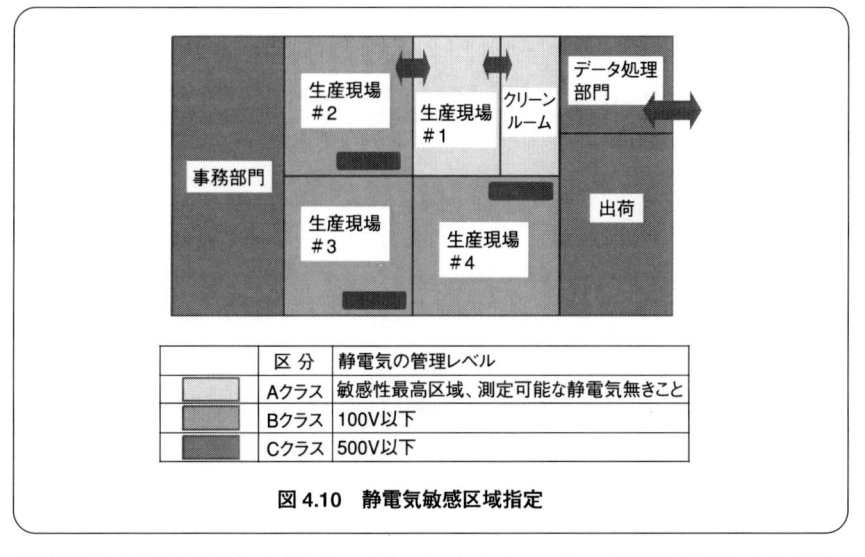

　管理区域の電圧表示とを混同してはいけません。500Vで障害を発生するESDS部品を取扱う区域では、これよりずっと低い電圧値で管理される必要があります。敏感性区分とはESDSをHBM（人体帯電体モデル）電圧で区分したものです。

　具体的には、被試験デバイスに規定の電圧を印加した場合、被試験デバイスが破壊される最も低い電圧を言います。一般的には、ステップストレス試験方法ですが、放電されるピンの組み合わせでは、1ショットの放電しか行われないこともあります。この文献の発表時では、試験放電回路および破壊モデルは、人体放電を模したHBMしかありませんでしたが、すぐに、ハンドラー内部の放電を模したMM（マシンモデル）や自動機内の誘導破壊現象を模したCDM（帯電デバイスモデル）、電界内部での誘導による現象を示すFIM（誘導モデル）などが登場しました。

　現在では、HBM破壊電圧、MM破壊電圧のように示されています。DOD-HDBK-263は、次のバージョンからMIL-HDBKとなりました。これは、ESD管理を行うための標準書DOD-STD-1686（これも、次のバージョンからMIL-STDとなっています）のハンドブックです。現在では、1686の民間仕様のANSI/ESD S20.20が使用されることも多くなってきました。デバイスの破壊電圧と管理区域の電圧を混同することが多いのですが、100Vの敏感性デバイスは、100Vの環境に置かれたからと言って、破壊されるわけではありません。100V

の破壊電圧とは、あくまでデバイスに直接電圧が印加された場合です。

　具体的に、ESDS製品を取り扱う生産現場においては、事務部門すべてとデータ処理部門、生産部門のうちクリティカルでない区域と保管区域にはCクラスを適用します。上記以外のクリティカルな区域の約80％にBクラスを、そしてクリーンルームとベア部品を試験する区域には、Aクラスを適用します。現場によって、CクラスとBクラスとを適用するだけですむところもありますが、この分類、あるいは電圧表示のいかんにかかわらず、個々の現場にとっての必要条件を明確に定めることが最も重要です。

　静電気敏感区域を指定する際に、最も頻繁に犯される誤ちは、クリティカルな区域につながる途中の通路や、バッファゾーンに十分な注意を払わないことです。これは、とても困ったことで、たとえば、ワードプロセッサを扱う施設で、十分な静電気管理を実施しても、そこに通じている廊下に何の処置も施していなかったとしたら、高度な帯電状態にある人間が入ってきたとき、静電気放電に敏感な区域が、その人体電荷によって大きな障害を蒙ることになってしまいます。

　どのクラスに区分されている区域であっても、静電気管理の要素は全域にほぼ共通しており、各要素について必要とされる管理の程度によって現場内の全体的な静電気レベルが決まってきます。このような意味から、評価要素は次の3つの基本的なグループに分けることができます。

- ・環境要因
- ・人間要因
- ・物体要因

　このうち、環境要因はESD管理を行う上で、非常に大きなウエイトを占めることになります。以下、備品や設備について説明していきます。湿度、温度、気圧などの環境については、湿度の比重が非常に重いのですが、それは、空気中の水分が電荷拡散に重要な働きをするからです。そのため、各種の静電気関連の試験は、低湿度で行うことが一般的です。

　この3つのグループに焦点を合わせて、現場評価の努力を推進することによって、いくつかの会社は目覚ましい経済的成果を収めており、それらの会社でのESDロスの低減は70〜97％に達しているのです。

環境の評価

作業現場とは、各区域、または工場を構成している主要な装置、機器、器具類という形で把握し、定義することができます。以下、床、壁、天井、取付器具類、什器備品類、作業場所の表面などの各要素が静電気管理に及ぼす影響、一般的な評価手順、正しい改善の方法について説明します。

① 床

床材料には以下のものがあります。

1) エポキシ製床材料

別名パウドフロアとも言われ、ペイントとの大きな違いは材質以外では層の厚みです。エポキシコーティングは、一般的には比較的厚みをもって行います。この材料の特性は化学的、物理的耐久性にあり、特に電気・電子産業で問題となるはんだにも高い耐久性を持つと言われています。その他にもシームレスで保守も容易であるなどの利点も多いのですが、フリーアクセスに利用できないなどの現場で加工するための問題点もあります。

2) カーペット

一般的には電気・電子産業の製造現場で使用することはありません。それは、繊維による汚染の問題や抵抗値の問題などのためですが、美観や消音性、快適性など他の床材料にはない特性を持つために、管理室や事務室の床などに使用されています。

3) ゴム/ビニール製床材料

恒久的床材料として最も一般的なものです。形状は、ゴム/ビニールともタイルあるいはシート状で、材料の抵抗値により、導電性、静電気拡散性のものがあります。エポキシのように表面に均一性を出すことは形状的にむずかしいのですが、張り合わせた溝にシームレス加工を行うことにより、クリーンルームに対応したものも作成できます。ただし、構成材料に導電性カーボンを使用している場合には、脱落に注意が必要で導電性粒子の汚染を引き起こす可能性もあると言われています。また、ビニール製材料については、近年、環境汚染の問題から仕様が厳しく要求されることもあります。

4) 高圧ラミネート製

作業台表面にも多く使用されるもので、アクセスフロアや床マットとして使用されます。ただし、ラミネート材料に化学的耐久性に問題があるものがあり、

水や化学物質に触れる可能性がある場所での使用には問題があります。

5) 床仕上げ剤

既存の床やESD管理された床などさまざまなタイプの床を静電気の発生を抑制する表面にする能力があります。非常に自由度が高く、使用しやすい反面、ある種のものは床表面が滑りやすくなってしまったり、水で簡単に落ちてしまうなどの欠点があります。そのような欠点を改良した硬化被膜を形成するタイプも開発されています。この材料は、1回表面処理を行うと簡単な保守剤を定期的に処理することで、比較的長い間効果を持続すると言われています。この有効期間の判断は、処理後モニターをして行うことになります。帯電防止剤をこの分類に含めないことも多いのですが、処理方法、効果、抵抗値などについては、大きく異なります。

6) ペイント製の床

非常に安価で比較的安定した特性を持ちますが、物理的な耐久性に問題があることがあります。このような場合には、剥離や脱落が発生し汚染の問題となることがあります。したがって、再処理の期間については、塗布型帯電防止と同じようにモニターする必要がでてきます。

床マットは、材質的には軟質から硬質までさまざまなものがあり、生産現場から保守現場まで幅広い領域で使用されています。大きさや物性を容易に変更できることから、携帯性、自由度の大きさなど利便性が大きいことで最も汎用的な床材料とも考えられます。しかし、他の資材に比較して価格に特に優位性があるわけではないので、大きな場所や工場全体で使用する場合には、他のタイプを使用したほうが良いかもしれません。

床は、その表面を移動する人間や機器、材料に静電気を発生させるという点で、静電気管理の対象としては、最も大きな位置を占めるものですが、通常は、正しい保守を実施することによって、ほとんど無害にすることが可能です。効果の評価には、床が発生する静電気のレベルを把握する基本的な試験を行います。過去、床の電荷拡散を調べる方法は、抵抗指標を使用した導電性測定が唯一の方法でしたが、その後、この方法では発生電荷量が予想できず、電荷の拡散速度とその速さをある程度予想することしかできないことがわかりました。このような導電性測定によって、直ちに静電気拡散性能を測ることができないということは、多くのEDSマネジャーが経験していることです。床材料の静電気発生を評価するために行うことができる試験方法としては、次の2つがあり、いずれも比較的簡単に実施できるものです。

（1）シャッフル（すり足）テスト

　同じような試験方法としては、JIS L 1021 や AATCC 134 などがあります。測定者1名と現場の従業員1名とで行うことができ、測定には、携帯型静電界測定器やチャージプレートモニターを用います。従業員は床の上に立ち、測定者に向かって一方のてのひらを差し出し、その静電気値が測れるようにします。この状態で、一方の足をすばやくかつしっかりと床に沿って後にすべらせ、その足が自然に床から離れるようにします。この動作を何回もくりかえし、その間、測定者がその人の手に発生する電荷の値を読み取ります。

（2）人体に帯電させて、その電荷放出時間を測定する

　この方法は、資格を持った人が正しい注意を払って実施しなければなりません。人体の帯電状態を、充電の開始から、最高値が読み取れるまで携帯型静電界測定器や帯電プレートモニターで測定し、最高値に達した時点からの電荷放出時間を、ストップウォッチで測定します。

　シャッフルテストで不合格の床では、静電気管理区域で使用できる履物を含め、ほとんどどんな履物を使用していても、かなりの人体電荷が発生します。また、非導電性の履物場合は、明らかに電荷放出テストの結果に及ぼす影響が大きく、導電性の履物の場合よりも発生電荷の値は大きく、電荷の放出時間は長くなります。もし、上記の2つの試験方法のどちらかによって、床の性能が不適当、つまりシャッフルテストで電荷が発生する、あるいは、人体電荷の放出時間が長い、とわかった場合には、まずこの床に対して適切な処置をとらなければなりません。

・コンクリート
・木
・ワックス・タイルばり
・カーペット敷き、あるいは汚れた導電性材料の床

　これらはすべてテストする必要があり、改善処置を施したあとも定期的にテストして、最適保守頻度を決める必要があります。特に交通量が多い区域では、このことが大切です。

② 壁、天井、照明器具および通風格子（通風孔）

　これらは、ほこりの管理と空気の流れが問題になる区域において、特に検討を要する重要個所です。この2つの要因は、空気の移動が静電気を発生して、環境表面にほこりの付着を招くという点で、相互に関連性を持っています。た

とえば、クリーンルーム内の速い空気の流れは、環境表面に低レベルの静電荷を発生し、こまかな粒子の付着とその堆積（一見しただけではよくわからない程度のことが多い）を引き起こします。この微粒子の堆積が大きくなり、それを支えていた電荷の力を上回ると、粒子が表面を離れて落下し、クリティカルな生産工程に汚染を引き起こすことがあります（図4.11）。

　そこで、このような微粒子を表面から離れさせ、空気濾過システムによって、区域外に排出されるようにする必要があるのです。この分野での評価作業は、主として、微粒子の堆積を目視によって検査することです。というのは、この問題の原因となるような低レベルの静電荷を測定できるほど高感度の装置を備えている会社はほとんどなく、その結果、ほこりの管理が必要な施設では、白手袋による検査で十分とせざるを得ないところが大部分となっているのです。

　改善処置としては、個々の特定区域で必要に則した塗布型帯電防止剤を使ってクリーニング保守を行う方法もあります。加湿による環境の静電気管理を行っている場合には、微生物の繁殖が問題となる場合もあり、そのような場合には、納入業者や独立の研究所による制菌性能の証明つきの帯電防止剤を使用する必要があります。塗布型の帯電防止剤は、労働環境や環境汚染の問題から、毒性試験や廃棄問題には敏感で、EPA（環境保護局）やFDA（食品薬品局）の検査、試験を義務づけているケースも良く見られました。高温高湿の作業区域

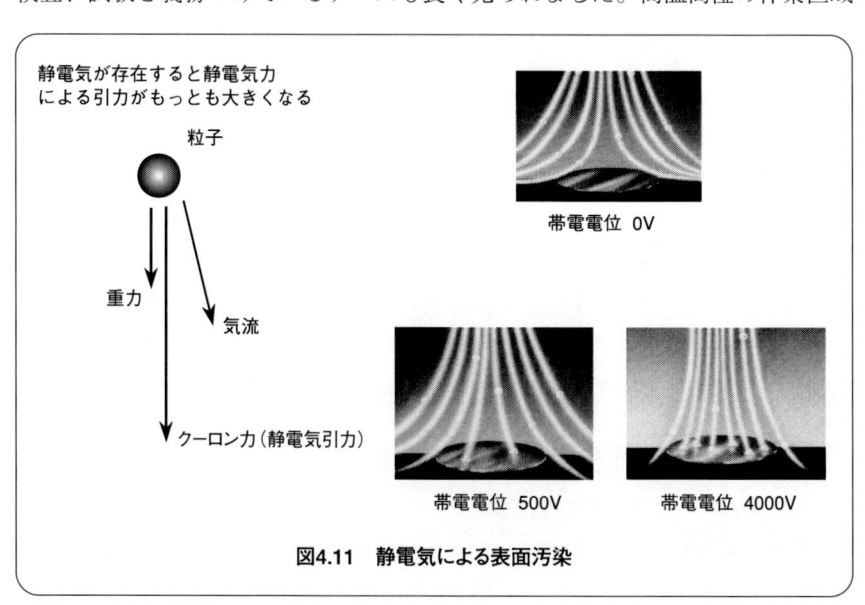

図4.11　静電気による表面汚染

で制菌性のない帯電防止剤を使用すると、かび類が繁殖して、上に述べたものとは別の種類の汚染を引き起こすことがあります。

③ 作業表面

　静電気管理を施した作業場所や表面材料に関する文献は多く、大多数の科学者が、特定の環境条件のもとで、最大電荷拡散時間（対接地）0.2秒位の表面材料の使用を推奨しています。それは、この程度の電荷拡散速度が、急激な放電に適当なほど低い値であり、一方、危険なレベルまでの帯電電荷を効率的に防止するのに適当なほど早く、さらに、電荷の発生を十分に中和できるというものです。最大電荷拡散時間の考え方は、米国の静電気管理の仕様書では、古くから取り入れられているもので、包装資材の減衰測定の規定値（2.00秒）なども、一般作業時間での電荷拡散を考慮して規定したものと言われています。

　表面材料には、いろいろな形のものがありますが、機械的な特性（クッション性、物理的耐性、化学的耐性など）と静電気特性の両面から、適当なものを選ばなければなりません。これは、プリント配線板の修理に適当なものでも、シャシーの組立てには不適当ということがあるからです。そこで、実際には、各作業場で仕様に合った作業表面を購入するほか、いくつかの工場で採用している方法として、作業表面材料を物理的性質によって選択し、それからその使用場所の必要基準に合うように、塗布型帯電防止剤による処理を施すというやり方があります。

　作業表面の性能分析の方法については、納入業者が持っている大量の資料や、政府資金で行われた試験の結果を利用することができますが、既存の作業表面を検査するときには、次のような点に注意を払う必要があります。

① 接　地

　接地作業表面は、正しく接地されていなければなりません。特に、隣り合った作業表面を直列につないで接地（つまり、これらの表面を全部1つの接地点に接続すること）してはならないという点に注意する必要があります。このようにすると、接続した表面の抵抗が合さってしまって、作業表面の静電気的な設計性能を守ることができなくなるからです。したがって、それぞれの表面を独立に接地して、定期的に検査することが必要となるのです。

②保　守

掃除（クリーニング）フラックスなどの汚れを表面から除くのに使われる溶剤は、静電気管理のために使われている材料（導電材料や帯電防止剤を含む）に対して有害であることが普通なので、溶剤を使って掃除をしたあと、その表面に正しい塗布型帯電防止剤による処理を施して、定められた静電気性能を維持できるようにしておかなければなりません。

③検　査

一般的には、接地間の漏洩抵抗や表面抵抗を測定します。このような値は、静電気管理システム設計で必要となる項目なので、最近の標準類では規定されています。ここで行う検査は、いわば現場での簡易検査と考えるべきです。静電気の発生と拡散作業表面の静電気性能を定期的に検査することが必要です。たとえば、つぎのような例があります。

A. 作業表面を、一般プラスチックなどの静電気発生材料で擦り（このとき、ESDS製品を近くに置いておかないように注意すること）、もし電荷が発生していたらその大きさを測り、発生電荷が表面から接地に拡散されるのに要する時間を調べます。

B. 充電プローブを使って表面に電荷を印加し、その大きさを測り、充電プローブを離してから電荷拡散完了までの時間を測定します。

上記Aの方法の場合、電荷がほとんど発生しないことが多いのですが、発生した場合は、その接地への電荷拡散時間が2.0秒以内、なるべくなら0.2秒以内でなければなりません。MIL-PRF-81705にある規定値ですが、本来包装材料用のもので、バルク材料にそのまま適用するのは問題がある場合もあります。

Bの方法の場合には、接地不十分な導電性材料、あるいは不適当な材料表面に著しい電荷が発生します。接地が正しくなされているのに、印加した電荷が瞬間的に拡散しない場合には、材料を交換したり、表面を帯電防止もしくは導電性にします。

ESDの調査を行う作業者は、作業区域内にあるさまざまな容器、材料、従業員の私物などが静電気発生の原因になっていて、これらに対する静電気管理が必要なことに気づくはずです。

主要生産機器

主要な機械はすべて、接地を正しく施す必要があることは常識になっていま

すが、いくつかの点について、より綿密な評価を行わなければなりません。たとえば、機械的な構造上、ベアリングを使用している機器については、そのベアリング周辺に特別の注意を払う必要があります。標準的なベアリング潤滑油は絶縁材料であり、ベアリング（二次側）の上に乗っている装置は、接地から切り離された状態になります。したがって、コンベヤや組立て機械などが、このように静電気的に危険な状態になっていないかどうかを検査して、導電性のある潤滑油や接地ブラシ、スリップ、リングを使って改良することが必要となります（図4.12）。

　コンベヤベルトは、バンデ・グラーフ発電機の巨大なものと考えられます。つまり、製品に対して有害となるような大きな電荷も発生するので、注意して検査する必要があります。その対策方法として、イオン化装置、塗布型帯電防止剤、ブラシ接地等がありますが、コンベヤの材料や周辺、環境条件によって使い分けることになります。作業台、プラスチックのハウジングや、シールドなどの非導電性の機械表面や二次的な装置も、静電気測定器を使って検査することになります。

　ラック、手押し車、棚、仕切り板、丸椅子、作業椅子、くず籠やダスト用の缶、ゴミ用のライナー、監視机の表面、恒温加湿槽、プラスチック製のぞき窓などは、その他の環境内物体とともに、電荷発生・放出の危険度について、評価の対象とする必要があります。著名なESD技術者が行った詳細な研究によると、静電気対策が正しく施されていない椅子に、座ったり立上がったりした時に発生する電荷は非常に大きくなります。敏感度の高い区域内に置いてある普

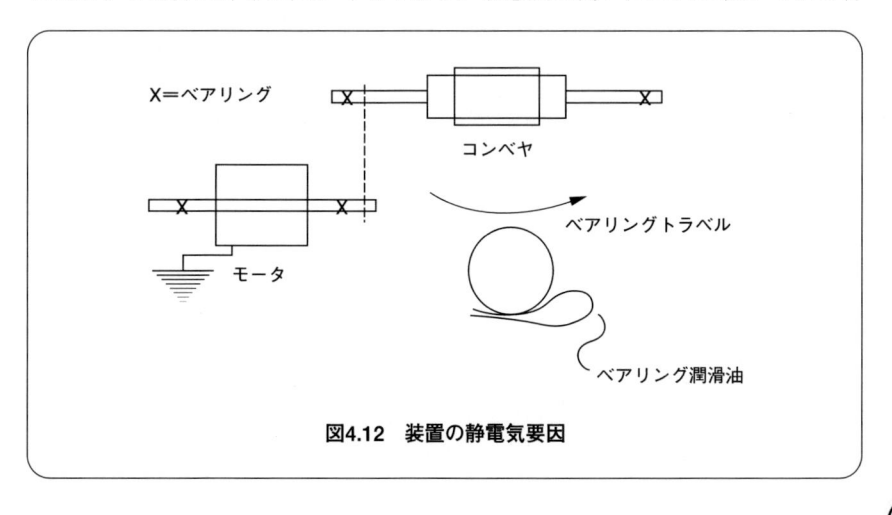

図4.12　装置の静電気要因

通の物体を、当たり前のように放置していてはいけません（区域内では、すべての物体が評価の対象とすることになります）。

⑤ 人間の要因評価

　企業の管理者が、静電気管理計画について、正しい解釈を持ち、それを正しく実施することによって、ESD損傷ロスに対する人間要因のインパクトの80％以上を抑えることができます。さて、施設の静電気管理計画に対する人間要因のインパクトを評価するに際しては、次の3つの点を考慮することが必要となります。

① 人体の電荷発生とその対策
② 衣服の電荷発生とその対策
③ 対策の実施手順

人体が発生する電荷

　人間が、普通のコンクリート、木、タイル、あるいは、カーペット、汚れた導電性材料マットやタイル等でできた床を歩くと、大きな電荷が発生します。このような人体電荷は、シャッフル（すり足）テストの項で説明したように、電荷を発生した後に、手のひらで電圧を測定します。人体電荷によって破壊される恐れのあるESDS装置は非常に多いので、これを拡散させるために開発されたものとして、接地を施したリストストラップ（手首バンド）があり、これを完全な状態で、従業員が正しく使用した場合の効果は非常に大きなものです。

　ESDS製品を取扱う作業者では、ESD障害に対しては、これが第一線の防御対策となるので、多くの静電気管理計画において、リストストラップの果たす役割は大きなものとなるのです。しかし、一部の管理者が抱いている考え、つまり、「従業員の不注意（忘れっぽさ）は、ESDS部品損傷の原因であるだけでなく、会社の静電気管理計画の効果を損う大きな原因である」という態度は間違っており、進歩的なESD関係者には受入れられないものです。というのは、

リストストラップは、静電気発生の現象に対処するものであって、その原因を根本から取り除くものではないからです。

リストストラップは、作業者の帯電を手首に装着した接地器具から、安全のための抵抗を通じて接地へ拡散するものです。つまり、装着しても人体の摩擦帯電の発生が抑制されるわけではありません。また、極端な話をすると、リストストラップは、装着した部分より容量の小さい側、つまり手先側の電荷を拡散することは保証していますが、その他の人体の部分が完全に電荷を拡散させているかどうかも保証しているものではありません。

実際には、ここで問題としている静電気障害の原因に取組む責任があるのは管理者であって、作業員ではありません。管理者は、床の構造、材料、その保守方法を決める力を持っており、計画の履行に対して責任を持つのです。そして、管理者が定める簡単な床の保守を実施することによって、人体の電荷発生を抑えられる場合も多いのです。

こういったからといって、リストストラップは止めてしまって良いというわけではなく、リストストラップは、人体電荷によるESD損傷に対する唯一の防御方法ではないといっているにすぎません。正しい環境静電気管理を実施することによって、リストストラップを二次的な防御方法とすることができ、それによって、静電気管理の効果を最大にするための、二重の安全を講ずることができるのです。

静電気管理計画において、履き物の占める位置も大きいのですが、従業員がどんな靴を買い、履くかまでを指示をすることは、米国ではむずかしい問題です。我が国では、子供の頃から、学校や家で室内に入る場合に、靴を脱いで履き替えるという習慣があったために、工場の入り口で靴を履き替えるのが、作業者の問題となることは少ないのですが、米国では、なぜ靴を履き替える必要があるのか、またなぜ工場で支給される同じ形式の靴でなければならないか、などの疑問に丁寧に答える必要があります。また、国内でもクリーンルーム以外で、靴をESD管理用のものに履き替えるのは、むずかしい場合もあります。どんな履き物が使用されていようと、効果的に床の対策が行われていれば、人体電荷の発生を最小に抑えることはできます。ただ、静電気対策用の履き物には、大きな帯電防止効果があることは忘れてはなりません。

前にも述べたように、人体電荷は、椅子によっても発生するので、椅子を使用する場所では、導電性のカバーを使ったり塗布型帯電防止剤を使用したりして、接地することが効果的です。

衣服が発生する電荷

　衣服の帯電は、人体の帯電とは別のものという認識に立った処置を講ずることが必要です。衣服の電荷は、携帯用電圧測定器を使用すれば、比較的簡単に測定することができます。衣服の折り目やヘリ、袖口、その他、生地の縁の部分では、静電気の発生の度合いが高く、特に合成繊維の層が何重にもなっているものを着用している場合には、最も高い値を示します。これは、インナーのお話です。最近の研究では、インナーについても十分に考慮する必要があることがわかっています。

　衣服の電荷を抑えるために、昔は、長手袋、エプロン、その他あまり快くないものを着用することが奨められていました。この方法は最近では時代遅れとなっており、これに代わる方法が用いられています。たとえば、精製、あるいは製練業界では、従業員に帯電防止剤を支給して、それを自宅で洗濯時に使用させ、従業員の着衣が静電気障害を起こすことのないよう配慮しています。その他、関連する業界のいくつかでは、次の点に考慮を払っています。

① 塗布型帯電防止剤

　作業場に塗布型帯電防止剤を置いて、それを従業員の通勤着の静電気処理用にも使用します。これは、安価で簡単に静電気処理を行うのに良い方法ですが、通勤着用に帯電防止剤を使用する場合には、外部に帯電防止剤が持ち出されることになるので、人体および環境的に安全なものだけを選んで使用することが大切です。

② 作業ユニフォーム

　業者に依頼して、特殊な帯電防止生地で作成された衣類を、洗浄時にさらに帯電防止処理をし、制服として支給している会社もあります。この方法は、効果的ですが、高くつくことも事実で、日本の電気・電子産業では、広く採用されていますが、米国ではクリーンルームなどに限定して採用されています。

③ スモック（上張り）

　正しい処理を施したスモックを通勤着の上にはおることによって、衣服の電荷の大きさを著しく低減させることができます。特殊な帯電防止生地で作成した性能保証済みのスモックの着用は、ESD計画には有効な方法です。ただし、

注意しなければならないのは、所要の性能に対して正しい材料を選択するための基準が厳しいことで、また、クリーニングに出すたびに必ず再処理を施すようにする必要があります。

高導電性スモックの効果を長期にわたって維持するためには、クリーニングと再処理を正しく実施することが重要です。

対策の実施手順

人間要因評価のための手順は、3つの要素から成っており、基本的には次のように分類することができます。

① 訓練とオリエンテーション
② ジョブ・エンジニアリング
③ フィードバック

① 訓練とオリエンテーション

訓練とは、従業員が、その業務を正しく行うために必要とされる達成基準を確立することであり、一方、オリエンテーションとは、その基準を達成できるようにするための詳細な知識を受けることです。

現在の訓練・オリエンテーションの評価は、その対策が実際に効界を挙げたかどうか、そして、その計画が、現時点での会社の必要に適確であるかに基づいて行われなければなりません。そのためには、会社を構成している3つの要素である管理職、監督者、一般労働者の各層は、ESDへの認識と知識、ESD対策の目的を達成するための正しい手順を十分に身につけている必要があります。

さて、実際に生産現場評価を行ってみると、訓練・オリエンテーションにおける大きな問題は、会社を構成している3つの層が、次の点でちぐはぐな状態にあるときに起こるということがわかりました。

・静電気関連の問題の内容とその厳しさ
・ESD対策計画の目標
・帯電防止/管理のための手順

さらに、一つの生産現場の中にある各部門で、他の部門でも同じ経験をしていることを知らないままで似たような問題を取り上げ、定義しているというこ

とも問題であり、そのために無駄な分析時間を費し、多種類の材料を各部門で重複して購入していることの不経済性、つまり、部門間の調整（コーディネーション）の欠如は驚くほど大きなものです。これらは、明らかにコミュニケーションの問題であり、その施設の訓練・適応指導計画に直接関連しているものです。

② ジョブ・エンジニアリング

　ジョブ・エンジニアリングとは、従業員にその業務を正しく遂行できるような武器を与えることです。ジョブ・エンジニアリングを行うことにより、一定の区域で使用されている多くの材料を評価し、その中に静電気障害の原因となるものがあることを見つけだすことが可能となります。そこで、我々は次の2つのうち、どちらをとるべきかの選択を迫られることになります。すなわち、

1. 従業員に対して、静電気的に危険な材料を、"A"の仕事に使ってはいけないが、"B"の仕事には使ってよいと知らせる方法。
2. そのような材料に、何らかの方法でESD対策を施す。

　このような選択を従業員にまかせるのが普通という会社もありますが、それは大きなリスクを伴うやり方といわなければなりません。つまり、優れたジョブ・エンジニアリング手順を用いることによって、問題の材料を他のものに取替えるか、他の用途に転用することの利点を最初に評価することができるのです。

　具体的には、まず管理者が、特定の業務に対する標準と手順を定め、使用すべき材料や道具を明確に定めさえすれば、後はジョブ・エンジニアリングによって、これらの要素を一つにまとめて実行に移すことができるのです。この目的は、作業者の毎日の仕事から、静電気障害の可能性を持つ物をすっかり取り除くことであり、作業面積や作業の流れを設計することもここに含まれます。そして、疑問の残る問題があったら、その問題を専門家の手（ESDコーディネータやESD担当者）に委ねるようにします。

③ フィードバック

　フィードバックとは、情報の流れの連続性を確保することであり、これによって、次のデータを入手（ESDコーディネータやESD担当者）できるようになります。

・ESD損傷が発生する可能性の高い領域
・ESD防止方法をとったことの効果

　各部門での評価を行うための資料として最も望ましいのは、毎日の作業や品質管理をシートに表わしたものです。これは、一般の作業手順書でも作業日報でも良いのですが、できるだけ日々の事象が詳しく記述されたものが良いようです。これは、ESD損傷が、偶発的、突発的なもので、全く無関係のような事象がESD損傷の原因となることも多いからです。そのため、記録された情報なしでESD管理を行うのは容易なことではありません。

　障害の原因を手繰り出せるかどうかは、さまざまな手順や作業を、ESD障害が発見された時点まで、逆に追って行く能力によって左右されます。そのため、実際の現場での事象に関わる情報が欠けている場合には、障害の真の原因を探し出すのが非常にむずかしくなります。このような場合、たまたま行われた調査やモニタリングのデータが役に立つことはありますが、それだけではとても十分とはいえません。実際には、先ほどの日報程度の報告でも十分な場合が多いのですが、より正確に対策を行うためには、現場からの報告に対して管理者の確認、検討、検査などの手順を含んだ情報の流れが必要となることも多いのです。

　また、フィードバックは、ESD対策として実施された作業上の変更点を従業員がよく理解しているか、実施の効果が上がったかを確めるためのメカニズムでもあるので、それなしではESD対策チームの活動は孤立してしまい、十分な効果を上げることができなくなることもあります。

　上級管理者にESD対策計画の技術的サポートを求めてもその約80％が実りのない結果に終っており、その原因は、フィードバックの欠如にあるといわれています。管理者は、ESD損傷、ESD防止対策の価値、個々の対策計画、提案について、要を得た情報を受け取っていないことがあり、このような情報が入ってくるまでは、管理者が静電気障害の問題解決に重点を置いてくれることは全く期待できません。

6 材料評価

　ESC（環境静電気管理）の基本概念として、一定の施設内での静電気の発生は、"環境内での人間ともの（材料・物体）との流れ"によるものであることは前にも説明した通りで、ここまでは、その三要因（環境・人間・材料）について、施設管理という観点から、環境と人間について議論を進めてきました。ここでは、材料に関して説明します。さて、材料の評価目的の中で、最も重要なことは、"各工程で使用されているすべての材料のESD敏感性を個別に識別し、必要に応じてそれを改良すること"です。

　工程の最初から最後まで、ある材料を他の材料と置き替える可能性は限りなく存在しますが、それを正しいものだけにしぼることによって、環境管理に確固たる一歩を進め、個人の主観による決定がもたらす悪い結果を、最小限にくいとめることができます。材料評価の要因には、いろいろなものがありますが、よく理解しなければならないことは、装置や組立て品との相互関係における材料の機能とその材料が曝される環境についてです。その上で、その材料の機能に適した、摩擦帯電防止、EMI（電磁妨害）シールド、EMP（電磁パルス）シールドを考慮し材料を選定します。材料評価に際しては、次に述べるさまざまな特性の一つ、あるいは、そのいくつかが組み合わさったものを考慮の対象にする必要があります。ESDによる放電波障害の例を図4.13に示します。

導電性

　材料表面の抵抗測定方法の一つとして、導電性は、その材料の電荷拡散能力を間接的に示すものですが、それは、摩擦帯電性、EMIシールド特性といった静電気対策性能そのものを測定する方法ではありません。材料の導電性が、静電気拡散性能と直線的（リニアー）な関係にあることを示す図表がいくつかありますが、この仮説を打消すような実験例も多く報告されています（この当時の導電性とは、MIL-HDBK-263などで分類されているもので、10^6 Ω以下の材料を示しています。一般的な導電体に比較すると抵抗値が大きいので、静電気と断るべきであるという議論もありました）。絶縁体と導電体の性質を図4.14に

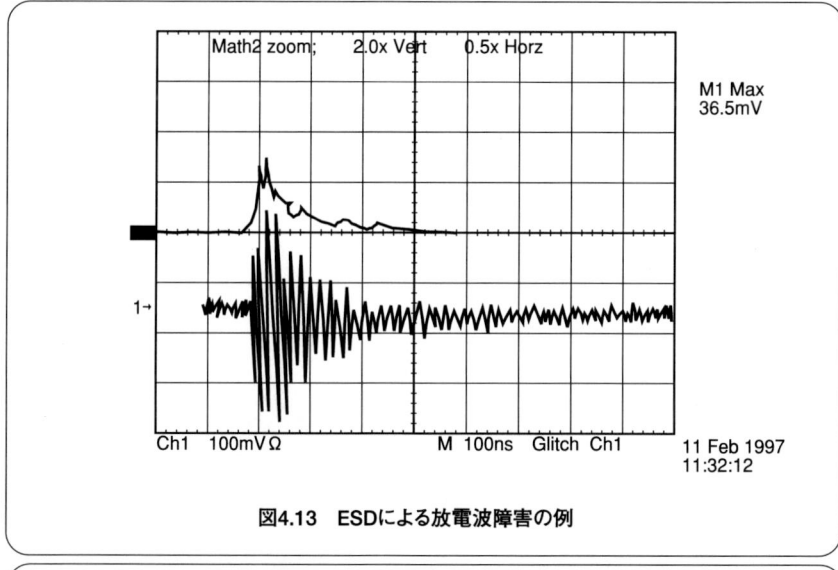

図4.13　ESDによる放電波障害の例

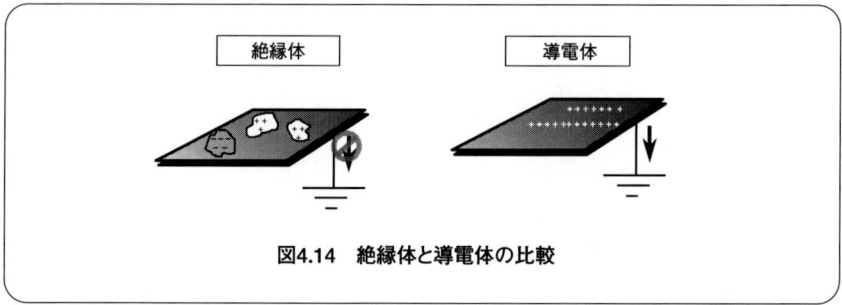

図4.14　絶縁体と導電体の比較

示します。

①　被覆を施された多薄層材料の表面は、一定の表面抵抗を示しますが、さまざまな材料が組み合わさっているため、複合キャパシタンス（静電容量）が発生して、その材料の電荷放出能力は大幅に低下することがあります。すなわち、表面抵抗が低いという面では高度の性能を示しますが、キャパシタンスが高いことによって、その材料の電圧変化が抑えられることになるのです。

②　これとは逆に、絶縁物質と考えられている表面抵抗の高い（$10^{14}\,\Omega$以上の）材料に帯電防止剤を被膜することによって、その材料の表面特性を大きく変え

ることができます。この被膜は、微粒・単分子層の帯電防止剤を使用し、材料表面上にある程度の導電層を形成したものです。この表面部分は、材料の表面抵抗を$10^6 \sim 10^{12}\,\Omega$の範囲にまで低減します。電気・電子工業会で一般的に使用されている帯電防止剤を、標準的な測定技術で表面の導電性を測定すると、このような材料の改善された表面抵抗は$10^8\,\Omega$程度で、これは一般に"静電気拡散性"と考えられているレベルです。

FTMS101B、Method4046（現在は、MIL-STD-3010、4046になっています。この帯電防止剤のデータについての特別な記述はありませんが、先の特定の帯電防止剤を指していると考えられます。しかし、先の導電性と静電気減衰値の関係の記述のように、この当時では不明確な点も多く、多少記述があいまいになっています。ただし、FTMSの試験方法および、その試験に一般的に使用される試験装置の測定限界は0.01秒なので、その値以下では測定上すべて同じものと考えてしまうこともあります。現在では、このFTMSの方法は、静電気導電性の材料ではすべて0.01秒以下の表示となるために、ほとんど意味がないと考えられています）に示されている電荷減衰性能試験では、この材料は$10^6\,\Omega$以下の表面抵抗を持っているのと等価な性能を有することがわかります。このような性能がなぜ実現されるかというと、被膜の抵抗が材料基盤に平行して、この複合材料の総実効抵抗値を被膜の抵抗値と等しいか、それ以下の大きさにするためと考えられます。このことは次の式で表わすことができます。

$$\frac{R_\mathrm{m} \times R_\mathrm{c}}{R_\mathrm{m} + R_\mathrm{c}} = R_\mathrm{t}$$

（ただし：R_m＝材料の抵抗値、R_c＝被膜の抵抗値、R_t＝総実効抵抗値）

たとえば、$R_\mathrm{m}= 14\,\Omega$、$R_\mathrm{c} = 9\,\Omega$であれば、$14 \times 9 \div (14 + 9) = 5.5\,\Omega$（総実効抵抗値）となります。

導電性に関して、もう一つ広く知られていることは、材料のEMIシールド性能は、その材料全体の物理的特性ではなく、表面の導電性によるということです。したがって、練り込み型または塗布型帯電防止剤を使用して導電性を改善した樹脂は、金属を練り込んで導電性を上げている樹脂や金属被膜を形成させた樹脂のEMIシールド特性には遥かに及びません。導電性は、材料の帯電防止能を示す優れた指標であり、その材料の使用目的との関係で無視してはならないものですが、それはあくまで指標であって帯電防止能を正しく示すものではないことを忘れてはなりません。

静電気減衰特性

材料がその電荷を拡散する能力を測定する主な方法は、静電気減衰性を測定することです。現在、静電気減衰測定を定めているのは、MIL-STD-3010、Method4046です。この方法によって、接地状態にある材料の電荷の拡散性能を正しく測ることができるので、これは材料評価の方法として非常に有用なものです。静電気減衰性を使用して、材料適用性を評価する場合には、この測定方法が材料が接地状態にある場合の電荷減衰に基づいたものなので、材料を接地状態で使用しない場合には、この測定基準があてはまらないということです。このような場合には、非接地状態の材料に適用される試験手順に従う必要があります。

この現象を非常によく説明できるものとして、PCB保管の容器の実例があります。この容器は、導電性の溝つきストリップ（鉄板）が容器の段ボール壁に非導電性の接着剤で接着されているという構造で、段ボールを接地した状態でこの導電性ストリップに帯電させたところ、全電荷がきわめて長時間、この導電性ストリップ部に滞留する結果となりました。接着剤は非導電性のもので、乾燥した環境条件のもとでは、電荷が接地に拡散されることは不可能だったわけです。

しかし、このストリップ材料について、導電性試験や静電気減衰性分析を行えば、この場合の使用目的に対する現行の基準を十分満足する結果が得られることになります。静電気減衰分析は、静電気性能を正確に測定できる方法で、現在、次のような試験目的に適用されています。

① 研究開発（R&D）レベルでの材料設計および選定。
② 政府の仕様関連機関である研究所での材料性能評価。
③ 一次材料メーカーでの最終品質管理試験。
④ エレクトロニクス・メーカーの工場での材料使用に先立つ受入原材料品質管理試験。

電磁誘導または起電妨害

敏感性の高い装置が、電界に曝される可能性のある工程においては、電界の影響を弱めたり排除するため、材料の能力を評価することが重要となります。このような生産環境においては、EMI障害の原因となるものとして、次の2つが考えられます。

① 電力ケーブル、モータ/発電機、無線機やレーダなどによって作りだされ

る電界。

② 摩擦静電気が生じ、人体や材料が過剰電荷を放電する場合（**図4.15**）。

大多数の生産現場において、上記①に入る直接のEMI発電機類は、シールドされているのがふつうなので、EMI障害といえるものを発生することはきわめて少なく、摩擦電気の発生・放電が生産現場内でのEMI発生の最大原因となっています。しかし、環境的に静電気管理が行われている区域から外に出て行く装置部品については大きな問題があります。静電気に対する敏感性の高い組立て品が、一旦"実世界"に入ったとき、EMIの問題が重大な関心事となるわけです。EMIシールディングやこれに関連した試験方法については、軍の刊行物に説明されていたり、一般の納入業者が、製品に関するEMI試験結果を提供しています。

電磁パルス

電磁パルス（EMP：Electromagnetic Pulse）は一種中間的な領域ですが、問題の重要性は高まりつつあります。EMPの具体例は、金属製の高導電性容器に人体放電があった場合です。この場合、放電によって発生したEMIは、容器の金属壁でシールドされますが、この放電の二次的な結果として、短時間に容器全体から接地に向かってエネルギー移動が起こります。この放電が起こった場合に、敏感性の高い部品を、"パルス"から守らなければならないのですが、その"パルス"とは、この放電現象の諸要素のうち、どれであるのかという点

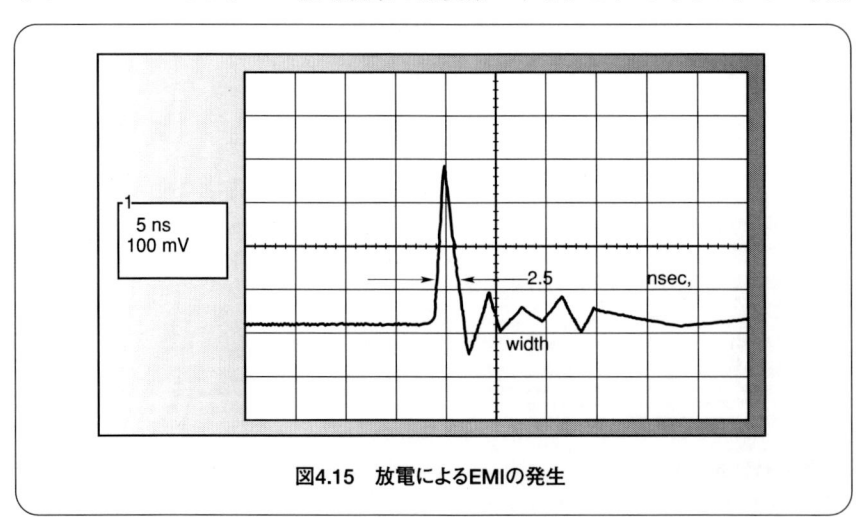

図4.15　放電によるEMIの発生

について論議が分かれています。ある場合には、この容器がEMIシールドされているかどうかに関連して定義されますが、別の場合には、電荷を受け入れそれを接地に送るとき、この容器は伝送路の役割を果します。つまり、小さな電流が流れたとき、導電性の表面全体にわたって、短時間、磁界が発生すると考えられます（**図4.16**）。このような電界から容器を切り離す必要があるわけですが、この場合、次の2点が問題となります。

① この二次電界が、特定の装置や組立て品に対して有害となるのは、その電圧の大きさがどれくらいのときか？
② あるESDS装置部品が、この電界に曝されても、障害を生じない最大安全時間はどれくらいか？

この問題に関心のある人や会社が、EMPに関連するパラメータやその影響について研究を始めていますが、一部のESD分析者にとってはまだ未解決の領域となっています。

腐食性と二次汚染

この2つの問題は、あまり表面に出てきていませんが、過去において重大な事態を招いたこともある長期的な問題です。腐食性の方は、装置のリード線に障害をもたらす化学製品（たとえば硫黄など）との関連が多く、また汚染は、真空室での化学的ガス放出や包装材料からの物理的脱落が原因で発生するもの

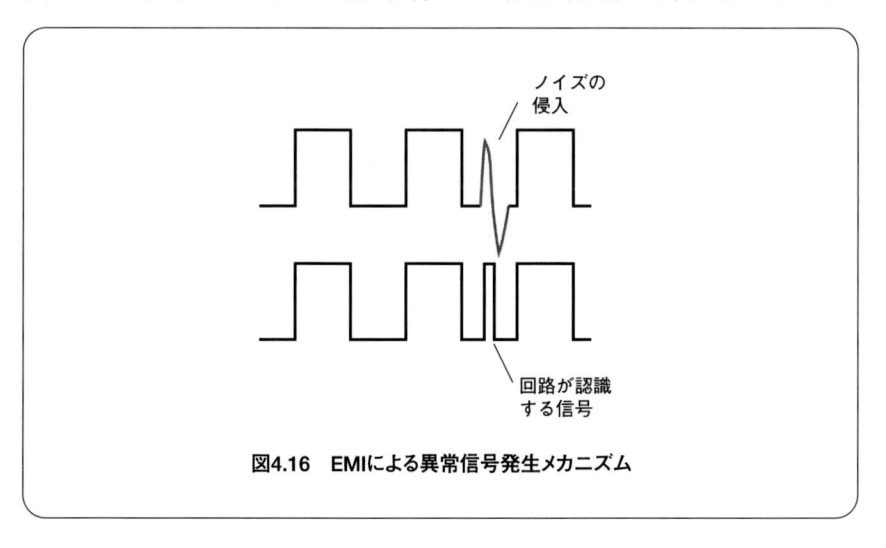

図4.16　EMIによる異常信号発生メカニズム

が問題になっています。また、ある種の工程において、素性の知れない塗料や被膜のためにはんだ付けがうまくいかないなど、品質に関連した問題が生じています。これらの問題は、基礎的な試験を行うこと、納入業者から正確なデータを入手することによって防止できます。

材料の分類

材料評価は生産現場内で使用されるすべての材料について、その用途や必要に合致した合理的な方法で行う必要があります。考慮すべき材料には、次のようなものがあります。

① 原材料
完成品を構成しているもの（キャビネット、レンズ、ボード、テーブルホルダー、シールド、ノブ、メーター面、内装物等）。

② 包装材料
完成品の輸送・保管の際に使われるクッション・保護用のもの（袋、フォーム（発泡材料）、チップ、フィルム、段ボールなど）。

③ 生産用材料
完成品生産の過程で補助材料として使用されるものコンベヤベルト、部品箱、手工具、ラック、リストストラップなど）。

7 包装・輸送の段階

包装・輸送の仕事の評価は、完成品最終試験、保護用包装・クッション・容器材料、ラベルや外箱取扱指示表示の3つの基本要素から成っています。

① 最終検査
納入業者と顧客との間のESD問題は、完成品の最終検査の時点での取扱いが原因であるのが普通です。これは、キャビネットや工場内輸送用のコンテナの状態から、静電気敏感性の高い装置や組立て品の保護は、正しく行われているという印象を受け、その結果、取扱いの過程で、知らず知らずの間に必要な管理条件や管理手順に違反してしまい、最終の品質保証試験は通っていても、包

装以前の段階で製品に静電気障害が発生してしまっていることがしばしばあるのです。検査の過程全体を通じて、正しいESC（環境静電気管理）基準が維持される必要があり、製品試験のときに定められた、その製品の静電気敏感性に合致したレベルでの作業場静電気管理と取扱方法が守られなければなりません。

② 包装とクッション材

静電気敏感性の高い製品が、移動の途中で静電気障害を起こしているということが、業界全体を通じた大きな問題と考えられています。障害発生の事例の大部分に採用されていた包装方法からみて、障害は包装物が納入業者の生産現場を出る前に発生していることが多く、静電気に対する保護が十分でなかった組立て品が、次のような高帯電性の材料と接触していた場合が珍しくありません。

1) 一般プラスチック材
2) 発泡スチロール材（モールドされたもの）
3) フォーム・チップスやピーナツ型緩衝材（すき間埋め材料）
4) 高帯電性の発砲ポリエチレン・フィルム包装（大きな静電気電荷を発生する）

これらの材料が静電気に敏感な部品の近くにあったことによって、静電気障害を起こして、カートンボックスがまだ閉じられていない時点で、ESD障害がすでに発生してしまっているので、輸送条件が問題になることはありません。

包装・クッション用材料を検討するに当たっては、次の点が評価目標となります。

1) 当該組立て品の静電気敏感性限度内に収まるように、材料の静電気管理を行うこと。
2) 包装材料は、製品保護の度合いを高めるものであること。
3) すべての材料について、顧客側の静電気管理された受入区域での物品授受に支障がないように静電気安全策が講じられていること。

③ ラベリング

静電気敏感性の高い製品が入っている梱包に、正しくラベル（**図4.17**）を貼っておくことについては、すでに十分な注意が払われてきているので、ラベリ

ング評価では、次の点がもれていないことが確認されれば十分です。

1) 梱包の識別が正しく行われるように、公認の"静電気警告シンボル（static warning symbols）"をつけ、その梱包は静電気管理の施されている区域で開梱されるべき旨の指示を入れること。
2) 梱包に入っている組立て品の静電気敏感性レベルを、識別容易なように明記すること。
3) その他、特別な注意が必要な場合には、その旨の取扱指示を明記すること。

　注文した高敏感性部品の出荷を待っていた顧客は、物品を受取ると、ラベルの指示に従って、静電気管理を施した区域で梱包を開くことになるわけですから、そのときの顧客の気持を十分に考慮しなくては、この部門での生産現場評価が完成したことにはなりません。もし、梱包を開けたとたん、静電気管理を施してある作業場に、帯電しやすい発泡スチロール材のチップスがとび出して、近くにある別のESDSデバイスにまで静電気障害を起こすようなことになったとしたら、その時の顧客の驚きと怒りは、どのようなものでしょうか。もちろん、梱包内のデバイスも障害を起こしていることがあります。納入業者のこの種の不注意が、ほとんどの業界でたびたび起こっているのです。

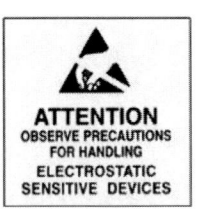

ATTENTION
OBSERVE PRECAUTIONS
FOR HANDLING
ELECTROSTATIC
SENSITIVE DEVICES

図4.17　ラベリング

8 保守・修理の段階

　機器、システムの故障、不具合、誤動作が原因で、顧客から出張修理の要求があった場合にかかるコストは、一般的に非常に大きいものです。また、製品へのESDS部品の使用頻度の増加と、顧客サイドでの製品のカスタマイズなど、顧客が製品を使用する段階で、ESD問題の発生が急増している現状を考慮すると、保守・修理についての評価を行うことの重要性は、きわめて高いものとなります。
　この分野での評価は、次の3つの点が基本要素となります。

① コミュニケーションとフィードバック
② 保守で守るべき手順
③ 顧客への助言サービス

　保守・修理を担当する要員は、自分が取扱うESDS製品について熟知していなければなりません。なぜならば、保守・修理のサービス要員は、現場で問題を起こした製品を調査し、保守や修理が不可能な場合には製品や部品類を工場に返送する必要があるからです。この作業は、一見通常の部品交換や保守作業と同じように見えるかもしれませんが、ESDS部品が、それ以上、ESDやその他の原因で損傷を受けないように、また、どの部分、どの装置が損傷を受けているかを識別しやすいように包装しなければなりません。また、開梱時の注意書きをラベルに記述する必要がでることもあります。このような手順や処理は、製造企業の設計や生産管理、品質保証部へ有効な情報をフィードバックするという意味で非常に重要です。つまり、保守要員に対する訓練、適応指導、装備が正しく行われていれば、保守業務の損傷を最小限にとどめることができるのです。そのための評価要因として、次の点を考慮する必要があります。

① ESD欠陥/問題について、現在発生しているものと、今後発生する可能性のあるものとを正しく識別すること。
② ESDS製品を正しく取扱うこと。

③ 保守作業現場の静電気管理区域を正しく設定すること。
④ ESD問題が発生した顧客側の施設・環境を正しく把握すること。
⑤ 問題発生通知を正しく規定通りに行うこと。

多くのメーカーは、発生したESD問題と自社の機器とのかかわりあいを認めることを避けようとするものです。このような態度をとる気持は十分理解できますが、それは顧客にとっては何の役にも立たず、また保守サービスの損害を低減するものでありません。保守サービスにおいて、問題解決のための最も適切な方法は、顧客に対して正しい静電気管理の実施の仕方について助言することです。納入業者の指導をほとんど受けないまま、顧客側であれやこれや解決方法を試みていることがよくあります。その結果、静電気管理の方法について十分な知識を持っていない顧客は、無駄な時間と金を費すだけで、一向に解決方法を見出すことができないということになるのです。

以下に述べるのは、あるメーカーが、静電気に関連した保守サービス上の問題をなくすために、顧客に対して行っている方法の実例です。

① 第一段階（初期措置）

納入したシステムは、その使用環境の静電気管理が正しく行われていれば、支障なく動くものであるから、

- 実施可能な環境管理方法について顧客に助言する。
- 現場試験の結果に基づいて、帯電防止性能が立証されている製品や材料の使用を奨める。

② 第2段階（中間措置）

第1段階の措置によって時間をかせぎ、その間に静電気管理が実施されていない環境に関連して、現在発生している製品障害を分析する。この第2段階で、納入業者がとるべきアクションは、

- 最終的な解決策が、確立されるまでの間、システムの静電気敏感性を最小に保てるようにするための付加改造方法を設計すること。
- 事態が悪化した場合、採用すべき長期的設計の試験を行うこと。

③ 第3段階（長期的解決策）

改良設計案と前段階で行った試験の結果とを組み合わせることにより、

- 最終的に決定した付加改造方法に従って、現場のシステムに合った付加改

造を実施すること。
- 現在製造中、および新システム開発中のものに対して、上記の最終設計結果による改良を実施すること。

以上の説明は、実際の事例を大幅に単純化して示したものですが、この3段階の方法によって、そのメーカーは大きな効果を上げたのです。この事例は、メーカーが、その製品に予定した性能と、ユーザー側の環境の静電気管理状態との間に大きな食い違いがあった場合のものです。

実施主体者

どのプロジェクトにもあてはまることですが、生産現場評価計画を発足させる前に、それを実施する主体の責任範囲を明確にしておくことが必要です。この計画の実施主体はESD対策チームですが、計画の目標を明確にし、必要な改善措置を正しく実施できるようにするために、このチームは、施設の利益責任を負う管理者を構成メンバーとし、必要な決定を行う権限を与えておくことが必要です。また、この計画が、効果的な結果を得られるようにするためには、トップマネジメントの完全な支持が与えられることが不可欠で、必然的に社内の全部門が関連してくるので、この計画に対する正しい認識と支持が、全社的に維持される必要があります。対策チームの構成については、各管理者それぞれに意見があるでしょうが、活動の効果を上げ、最良の結果を得るためには、次の各部門が参画していることが必要です（**図4.18**）。

現業	全部門
保守	施設および機器担当部門
品質保証	原材料、仕掛品、完成品の各担当部門
購買	MRO、原材料
技術	設計および包装担当部門
製造技術部門	
財務	原価分析およびROI担当部門
現場サービス部門	
販売・マーケティング部門	

最も効果的なESD対策チーム構成として考えられるのは、トップマネジメント1名をリーダーとし、会社の各主要部門での経験を積んだメンバーを最大7名入れて、その各人が自分の所属部門から十分なデータと支持を得られるよう

```
        現業   現場
              サービス
    保守            販売
                    財務
     品質保証         技術
         購買   製造
```

トップマネージメント主体による全部門による解決チーム

図 4.18　ESD 対策チーム

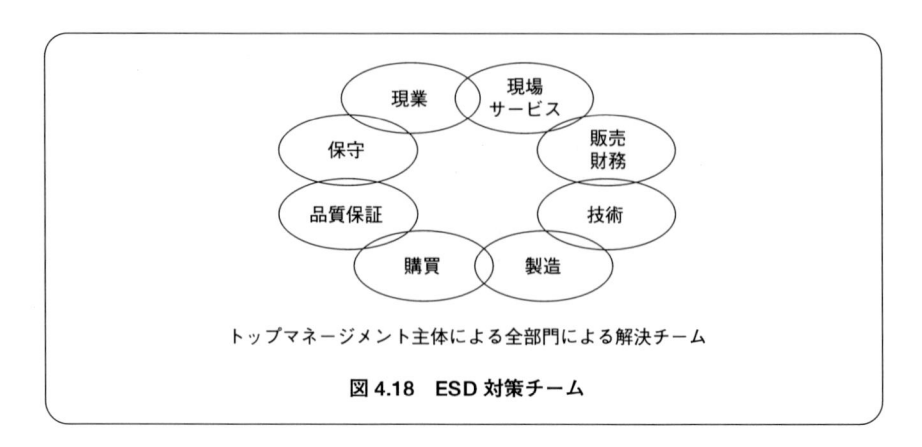

な仕組みにすることです。ESD管理の責任を品質保証部門や技術部門だけに負わせるという態度は、今日の進歩的企業においては、完全に時代遅れといわなければなりません。静電気管理は会社全体の問題であり、強力で効果的な問題解決チームを組織するために、トップマネジメントが全部門から適材を集めることが要請される重要課題なのです。

（本章は、"生産現場・環境の静電気対策"、スティーブ・ハルペリン、1980、EOS/ESDSYMPOSIUM.を筆者の了解を得て、翻訳、加筆、修正したものです）

第5章
生産環境要因の評価

さまざまな製品の製造工程は、有機的に結合した工程それぞれが、人間の身体のように機能しあって、初めて、全体が適切に機能するものです。したがって、製品の生産に際しては、工程の設計段階から静電気放電（ESD）に関しての諸注意が必要となってきます。米国では1970年代後半よりDODやMILが中心となり、その中核となる標準を定め民間の納入機関にその履行を求めたために、80年代には、現在使用している標準や仕様の原型が作成されていました。また、英国をはじめとした欧州でも80年代の前半には、ESDに関係する標準が用意されていました。

　このようなESD標準は、主に軍需用と考えられていましたが、NASAをはじめとする宇宙工学の分野でのデバイス類の長期保管の問題も軽視することはできません。また、欧州では古くから静電気の研究が学問的に行われていたことや、静電気の有効利用、たとえば、コピー等の転写技術についての考え方は、米国とは多少異なったものとなっています。さらに、建物に対する静電気の別の危険性、着火、発火、爆発等の考え方にも歴史的な問題も含めて多少異なった考えがあるようです。我が国は、残念ながらESDSのこのような標準は、現在もなお存在していません。ただし、IECで2007年に世界標準がIEC61340-5-1(IS)/5-2(TR)の形で作成され、2010年に日本ではRCJS-5-1の形で発刊されました。

1　生産環境を構成するもの

　生産環境を構成しているものとは、一般的に工場や企業で使用している器具や工具等の生産装置の他、事務室のテーブル上の書類挟みや、作業者の着用している服や靴、ネームプレート、コンピュータ等現場に存在するすべてのものがその対象となります。また、存在しているという意味では、生産工程内に存在している空気までもが、対象となることもあります。また、当然のことながら、建物やその周辺物も対象として考える必要が出てきます。

　つまり、本格的な静電気管理生産環境を構築するのであれば、工場の立ち上げから、さまざまな部署の静電気管理技術者（ESDコーディネータ）の協力を得る必要が出てきますが、最近まで、実際にそのようなことは、技術者間の静

電気管理に対する知見の相違や態度の違いなどから非常にむずかしく、現実的でありませんでした。しかし、IECやJIS化により、公認の静電気管理技術者が、各企業の必要部署に配置されるようになってきたために、徐々にそのような状態は改善されてきています。

さて、実際に生産環境に静電気管理を行う場合には、具体的な数値をユーザ側から、あるいは標準の規定により行うことになります。ただし、静電気管理は、完成されたものというよりは、現在もなお修正中という状態なので、指定値や規定値ではなく、推奨値となっていることが多いようです。もっとも、推奨値でも、ユーザによる推奨値は、製造業者や納入業者にとっては、規定値と捉えてしまうことも多く、欧米との商習慣の違いや、ESDに対する認識の違いが、管理や監査などで問題を発生させていることも多いようです。

たとえば、IEC61340-5-1はISで5-2はTRです。5-2はTR（テクニカルレポート）の形で推奨されたものであり、IECの標準ではありません。したがって、5-2に示されている内容は、自社やユーザとの契約や、仕様書を作成する段階で参考にする程度のもので、一般に使用されている電気的な物性や必要特性とはかなり趣きが異なります。ただし、中には、IECではなくEIAやMIL等で一般物性として取り扱い始めた、静電気の破壊モード別の分類や、その試験方法等、仕様書や契約書に記述が必要となってきているものもでてきています。

しかし、ESDに関する規定値の多くは、現在なお研究中のものも多く、また、その試験方法も各国で検討中、あるいは、IECで検討中となっているものが多く、自社の管理文書の作成をむずかしくしています。従来は、米国主導のMILやEIA等を検討すれば、ほぼ監査などに対して問題を発生しなかったものが、最近では、IECやENによる静電気管理文書の発行で、より複雑になったと考えている研究者も多いと思います。

2 ESD保護区域

それでは、ESD管理を行うための保護区域を構成するさまざまな対策資材を説明するために、保護作業区域とは何かについて説明しましょう。

EPA（Electrostatic Discharge Protected Area：EPA）とは、JIS TRの用語集

（2001年発行）では、「静電気敏感性デバイス、または、機器を取り扱うための条件としての、静電気による損傷リスクを最小限に、作業者が危険にさらされないようにした区域」と定義しています。つまり、静電気敏感なデバイス、または、機器を取り扱うために、なんらかの方法により、静電気による損傷リスクを最小限にするよう工夫された区域、空間、部屋をEPAとしたわけです。

静電気管理の中でのEPAの位置づけ

ところで、米国ESD協会が発行している"静電気敏感性デバイス、および、機器の静電気放電による影響を低減することを目的に作成されたハンドブック"では、ESD管理のために5つの基本規則を設けています（**図**5.1）。

① 静電気保護領域の決定
② 静電気敏感性デバイスの敏感性の決定
③ 不必要な静電気管理されていない物質で領域を汚染しない。つまり、EPAに静電気対策措置のされていない物質の進入を制限する
④ 静電気管理計画の作成
⑤ 静電気管理計画の実施と監査

この基本規則に基づくESD管理の実行においては、EPAの決定が基本となるのは、言うまでもありません。また、この静電気管理の基本原理を、電子デバイス・機器の生産工程に照らし合わせて考えれば、静電気管理計画とは、静電気敏感性デバイスが製造出荷されてから、その製品寿命が終わるまでの期間の

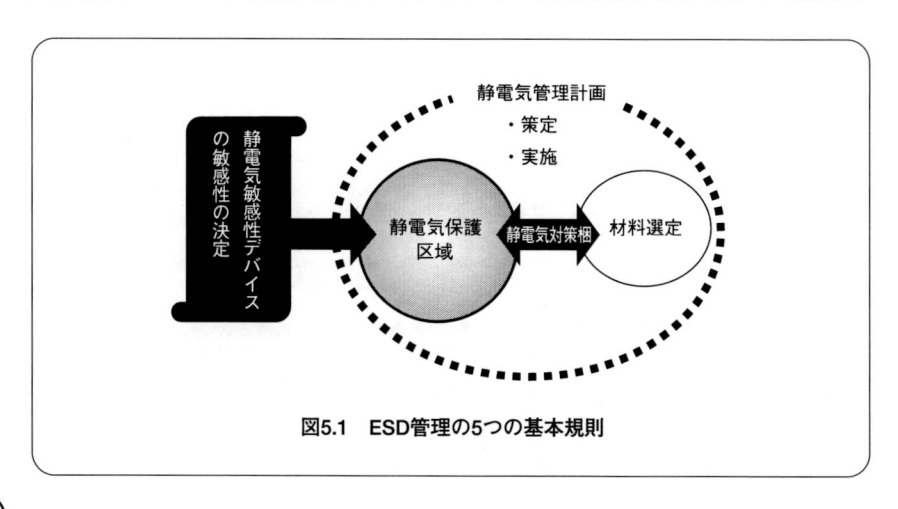

図5.1　ESD管理の5つの基本規則

2. ESD 保護区域

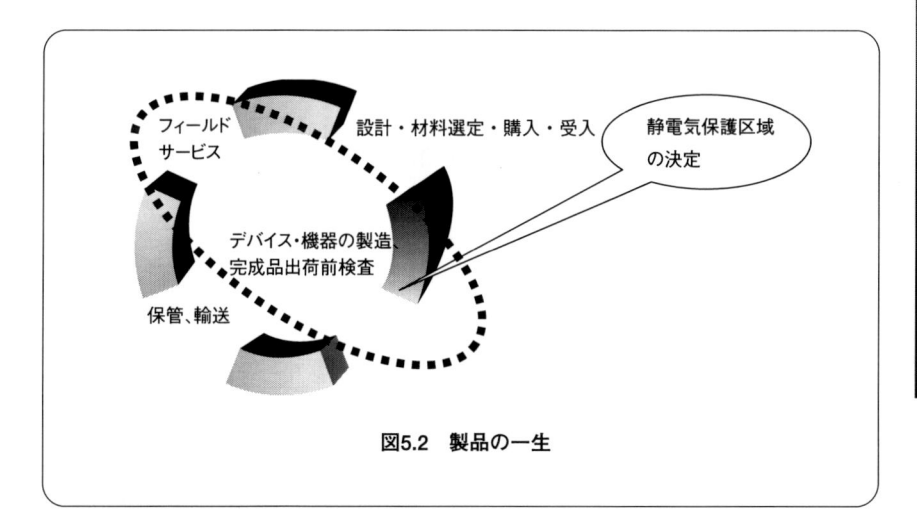

図5.2　製品の一生

すべてを対象とするものとなります。第4章で示したように、製品の一生をいくつかの段階に分類しています（**図5.2**）。

① 製品の設計、および製品を構成かつ製造工程で使用する材料の選定・購入・受入
② 製造、完成品出荷前検査
③ 保管、輸送
④ フィールドサービス

また、静電気対策は、設備、人、物体という要因に分類でき、特に、人の要因では、作業手順も重要となるので、これらの「製品の設計、および製品を構成かつ製造工程で使用する材料の選定・購入・受入」、「製造、完成品出荷前検査」、「保管、輸送」、「フィールドサービス」という各段階個別の設備、作業といった条件に則した静電気管理計画（方法）の構築が重要となります。

EPAの管理レベル

さて、実際にEPAを構築して静電気管理を行うためには、取り扱うデバイス、部品、機器が、どの程度のESDレベルで損傷を被るのかを明確にしなければなりません。それは、もし、この値が不明確なままでは、具体的な数値での管理ができず、対策方法とその効果判定が曖昧なものとなるからです。敏感性試験については、第2章で詳しく説明していますが、そのような試験で得られた結果により、EPAの静電気管理レベルを決定します。

ここで重要なことは、当然その静電気管理レベルが、その区域で取り扱われるデバイス類の中で、最も静電気敏感性の高いものによって、決定されなければならないということです。たとえば、A、B、Cという機器があり、それぞれの静電気敏感性が、200V、100V、500Vであった場合は、その区域での静電気管理レベルは、Bを対象とした100Vとしなくてはなりません（ここでは、静電気敏感性を単に100Vと表示しましたが、実際には、人の帯電、装置の帯電、デバイス・機器自身の帯電というように、分類しなくてはなりません。これは、同じ100Vでも100Vに帯電した人のESDと100Vに帯電した装置のESDと100Vに帯電したデバイス・機器のESDとでは、エネルギーが異なることがあるためです）。

　静電気管理規格であるIEC61340-5-1では、「100V以上に帯電した人体からのESDから、デバイス・機器を守る」ことを管理の基本としていますが、取り扱うデバイス・機器の静電気敏感性が、それよりも高い場合は、もっと低い静電気レベルのEPAの構築が必要となると記述しています。

　このように取り扱うデバイス・機器の静電気敏感性レベルを決定し、それよりEPAの管理レベルが導かれるのですが、ここで注意することは、「静電気敏感性レベル＝EPAの管理レベル」ではないということです。管理としては当然のことですが、EPAの管理レベルは、取り扱うデバイス・機器の静電気敏感性レベルよりも低い電位でなくてはなりません。これは、河川の氾濫から家や土地を守るための堤防の高さは、予想最高水位よりも高くなくてはいけないのと同様です。

　このような概念でEPAを構築決定しますが、より具体的には、その静電気対策は、設備要因、人の要因、物体の要因に分類でき、それらの要因に対して静

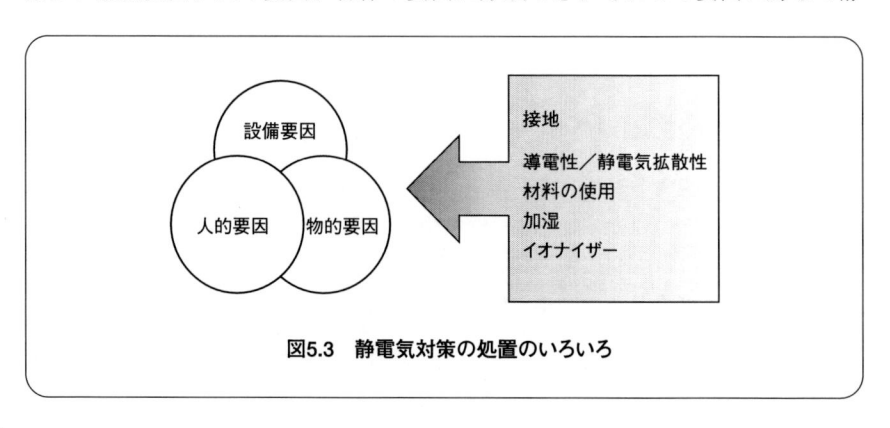

図5.3　静電気対策の処置のいろいろ

電気対策を施すことになります。さて、静電気対策を行うためには、"どのような動作で静電気が発生してしまうのか"という静電気発生のしくみと、物質の電気的特性をよく理解した上で、適切な対策を施さなくてはなりません。静電気が、発生する動作がわかっていれば、その動作を抑制すれば、静電気の発生も抑制することができます。一方、物質の具体的な静電気対策処置は、接地、導電性／静電気拡散材料の使用、加湿、イオナイザーがあり、一般には、それらの静電気対策方法を組み合わせて、適切な措置を施します（**図5.3**）。

▶ EPAの決定、構築

では、EPAの大きさについて考えてみましょう。さまざまな管理標準類では、EPAについて特に大きさを規定しているものはありません。生産工場全体をEPAと考えることもできれば、作業者個人のワークステーションをEPAとすることもできます。また、保守作業で、ESDを取り扱う作業表面は、臨時のEPAを構成することになります。

ところで、いざEPAを構築しようとする場合、EPAを構築することを前提に、工場を建築したのでない限り、作業現場全体をEPAとすることは比較的に容易に行えると思いますが、既存の工場では、一般的に、工程内の特定の場所を静電気保護区域とするような方法が経済的で、より現実的な方法でしょう。ただし、このように一つ一つのEPAが独立したようなEPAでは、一つのEPAから他のEPAに静電気敏感性デバイス・機器を搬送するときには、適切な静電気保護梱包をして搬送することになります。一方、非常に厳しいレベルのEPAは、できるだけ小さくした方が管理しやすいという考え方もあります。

では、具体的にEPA内では、どのような方法で静電気対策を行うのでしょうか？　一般には、接地、導電性／静電気拡散性材料の採用、加湿、イオナイザー等さまざまな方法を組み合わせて行います。静電気を抑制するには、EPA内を構成するものを金属のような非常に抵抗が低いものにすれば、接地に接続することによって瞬間的に発生した静電気を漏洩、中和することができますが、抵抗を単に低くするのではなく、ある程度の抵抗を持たせ、ゆっくりと発生した静電気を拡散、中和するようにします。これは静電気敏感性デバイス・機器が、金属のような非常に低抵抗なものに接触した場合、急峻に電荷の移動が発生し、ESDが起きてしまうためです。冬に金属ドアノブに触った時に、指先に電撃を感じますが、これは、金属ドアノブの抵抗が非常に低く、人体の電荷が急激に金属ドアノブに移動するためです。これと同様な現象がデバイス・機器

でも発生し、大きなESDを受けたデバイス類は破壊されてしまうのです。金属ドアノブをある程度の抵抗を持ったシートで覆えば、帯電した人がドアノブに触っても瞬間的な電荷の移動が発生しにくくなるために、電撃は発生しにくくなるわけです。

① 設備・構成品

製造ラインを構成する設備、備品等を思い浮かべてください。EPAは、製造ラインには違いないので同様の設備、備品がEPAにもあると思います。ただし、一見同じ設備、備品でもEPAにあるものは、静電気が発生しにくいか、発生してもすぐ接地に漏洩するような仕組みになっています。静電気対策を行う上で、接地は非常に有効で基本的な方法です。ただし、接地によって物質に発生した静電気を漏洩させるには、接地に接続する物質が電荷を流せる物質でなければなりません。つまり、絶縁体ではだめということです。これは、設備・構成品に、電荷を流す材料を使用して、それを適切に接地に接続するということです。

一方、作業者や静電気敏感性デバイス・機器に接触する可能性があるものは、ある程度の電気抵抗を持ったものを使用します。これは、人や静電気敏感性デバイス・機器が接触したときに、急激な電荷の流入流出による障害を防ぐためです。代表的な設備・構成品は以下のものです。

- ・床
- ・壁
- ・天井
- ・取り付け器具
- ・作業台等の作業表面
- ・椅子
- ・棚

これらを導電性、静電気拡散性材料のものにして適切に接地に接続します。

② 物 品

現場作業で使用する備品、入れ物、文房具、書類なども、材質を導電性／静電気拡散性にすることで、摩擦などによって発生した静電気を、速やかに拡散、接地に漏洩させ、静電気敏感性デバイス・機器をESDから保護します。代表的なものは以下のものです。

- ・紙
- ・包装材

・ファイル　　・用具入れ
・トレー　　　・ごみ箱
・製品保管ボックス

③ 人

　人は、多少、皮膚の抵抗はありますが、導電体ですので、接地によって静電気対策を行うことが可能です。具体的には、リストストラップを使用します。ただし、人は必ず衣服を着ますし、靴も履きます。さらに、清浄度を要求される製造工程（クリーンルーム等）では、手袋も着用します。衣服、靴、手袋が絶縁体であれば、どんなに現場作業者がリストストラップを着用して人体の静電気を接地に逃がしても、それによって、衣服、靴、手袋に発生した静電気は、拡散、漏洩されません。そのため、作業者の着用するものの材質も考慮しなくてはなりません。代表的なものは以下のものです。

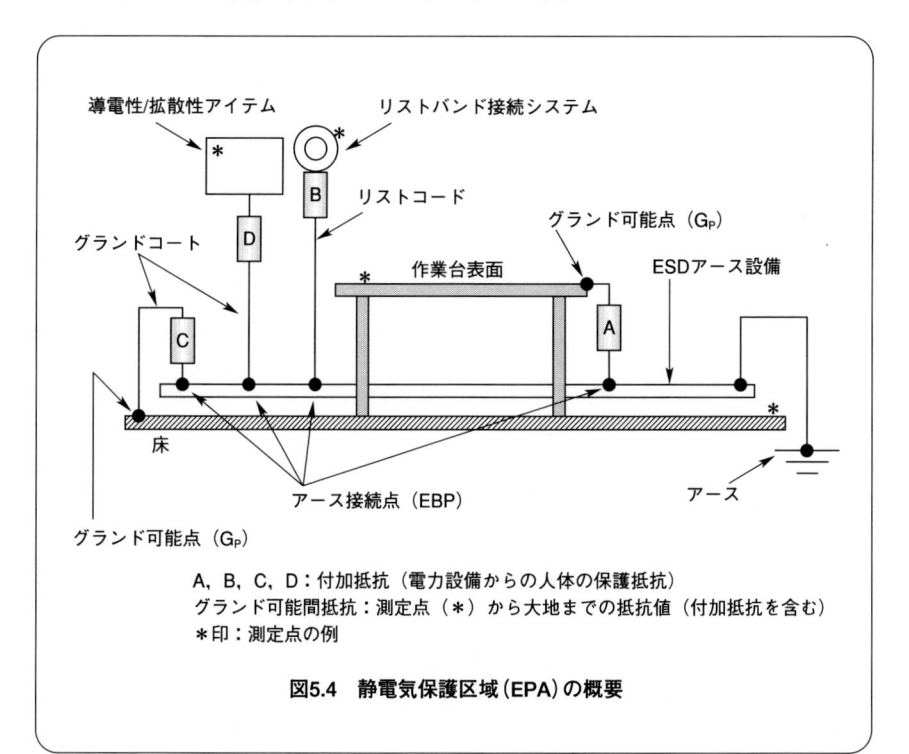

A，B，C，D：付加抵抗（電力設備からの人体の保護抵抗）
グランド可能間抵抗：測定点（＊）から大地までの抵抗値（付加抵抗を含む）
＊印：測定点の例

図5.4　静電気保護区域（EPA）の概要

・衣服　　・手袋
・靴　　　・帽子

　また、人的要因を考えた場合には、人そのものの静電気だけではなく、EPA内で、いかに静電気管理計画に則った手順で作業を行うか、という運用面も重要となります。どんなに環境を整えても、作業者がまったく意識を持たず、EPAの中に静電気対策措置の施されていない汚染物質を持ち込んでは、静電気管理計画の効果は大幅に損なわれてしまいます。そのためにも、静電気に注意するような環境をつくる必要があります。残念ながら、静電気は目に見えませんし、静電気敏感性デバイス・機器、静電気対策措置の施された材料、EPAも普通は区別がつきません。そこで、目印（マーキング）が重要になります。EPAにもそうでない区域との境界線を明確に表示しなくてなりません。このようにしてEPAというものが決定・構築・運用されます。EPAの例を図5.4に示します。EPAの説明で最も重要なものは、電荷を拡散するためのESD接地の概念です。次項では、このESD接地について説明します。

3　接地

　静電気管理では、接地、アース、グランドとよく似た言葉が、ごく一般的に使用されています。これは、接地という言葉を使用する場合に、参考にした標準が異なり、建築関連や電気関連のJISで規定された場合に、特別に議論が行われなかったためかもしれません。さて、これら一般の商業用の低周波電源に限っては、主に人体の安全性や着火、発火、爆発等に関しての研究や記述が多いのに対して、最近のESD管理のように、高周波を取り扱う研究、特にデバイスの破壊等のような、いわゆるESDSに関連したESDに敏感なデバイス類を取り扱うための"電位の基準点"としての接地の概念は、古くて新しい概念ということになります。

　ところで、静電気管理で使用する接地には、必ず10^6Ω程度の抵抗が使用されていると誤解されることがありますが、これは、"電位の基準点"、"静電気管理上の標準点"、あるいは、"人体接地規準点"として等電位結合する点を示

し、人体安全上、$10^6 \Omega$ 程度を使用しているだけで、一般的な接地とは、言葉の上でも意味が異なっています。実際、静電気管理でも通常の接地を使用することもあります。また、この概念には、"EMIの発生源の一つとして、ESDを考えるべきである"ことも当然含まれます。ただし、雷のような大きなESDを同じ概念で捉えるのには、かなり無理があると考える研究者も多く専門家の間でも議論の分かれるところです。

　さて、接地はESD管理を行う上で非常に重要で、静電気管理計画を組む場合に必ず中心とすべきものです。接地を的確に行うことで、さまざまな物質の帯電の可能性やESDの発生、抑制を効果的に行うことができるようになります。接地とは、"無限の電荷の供給源であり、無限の電荷の吸収源である"という概念なのですが、その他に、"常時、同じ電位を保持するもの"と考える場合もあります。この考えを、広い意味で等電位結合と呼ぶこともあります。これは、ESDSを取り扱うようになった1970年代には、すでに頻繁に使用されていた技術ですので、BSの系統を継ぐIEC61340シリーズでは、図5.4のように、ESD保護領域（EPA）や、ESD接地設備（EBP）を、図解解説を付けて説明しています。このような接地環境の図解説明については、EIA625でも行われています。

　現場の保護領域を、ステーションとして構築する必要のある場合には、今後、このような具体的なスケマテックの重要性は高まっていくでしょう。ただ、ESDに関する標準類は、今後も修正が多く重ねられることが予想されますので、標準や仕様書に規定されている数値には、特に注意を払う必要はないと考えることもできます。また、測定方法や評価方法も、基本的な部分に変化は見られませんが、この20年で大きな変化を遂げたものも多く存在します。しかし、実際の作業現場では、規定数値のあいまいさや任意性等の問題は、ユーザとの契約時や監査請求時に大きな問題となる要素であるために、非常に重要視されているのが現状のようです。

　ところで、ESDS（電界や静電気放電などにより特性損傷のおそれのある）デバイスの破壊モードや破壊電圧については、第2章で簡単に説明を行いました。たとえば、ある種のデバイスが、"HBM（人体帯電モデル）の破壊試験を行った場合、100V以下で破壊される"というような記述があったのを記憶されていると思います。この100Vという数値を、一時、EPAの標準値として、考えていた時代がありました。それは、本来"HBMの破壊が発生するような取扱いを行った場合に"、という表示がついていたのですが、いつのまにか100Vと

いう数値だけが一人歩きをして各企業が苦労した話を思い出します。もっとも、現在でも作業表面の最大許容電圧が、単純に100Vであるように説明している場合もあるようです。これは、試験条件や試験環境などの諸条件を無視したために発生する単純な誤解です。

　接地については、財団法人日本電子部品信頼性センターの平成8年度"静電気放電ESD対策に関する調査研究成果報告書"、平成9年3月、および平成9年度"ESD（静電気放電）に敏感なデバイス・システムの障害防止対策に関する調査研究報告書"に詳しいのでぜひ参照してください。なお、この解説は引き続き調査研究されたIEC61340シリーズの解説にもなっているので、関連している企業の方はぜひ読まれることを勧めます。

　ではつぎに、接地を取るための器具や、接地経路を構成するアイテムについて説明しましょう。

4 リストストラップ

　さて、EPAを構成する静電気管理製品の最も重要で、古くから使用されているものにリストストラップがあります（図5.5）。なぜ、ESDSを取り扱う作業者を接地しなければならないかということは、火薬を人類が使用し始めた時代にすでに経験的にわかっていたようで、以後さまざまな接地方法で人体を接地

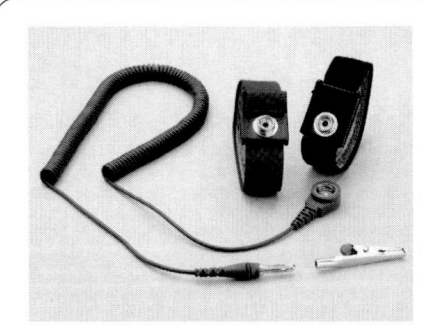

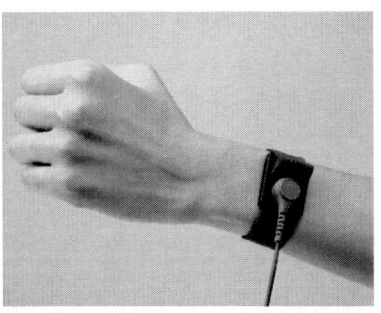

図5.5　リストストラップ

4. リストストラップ

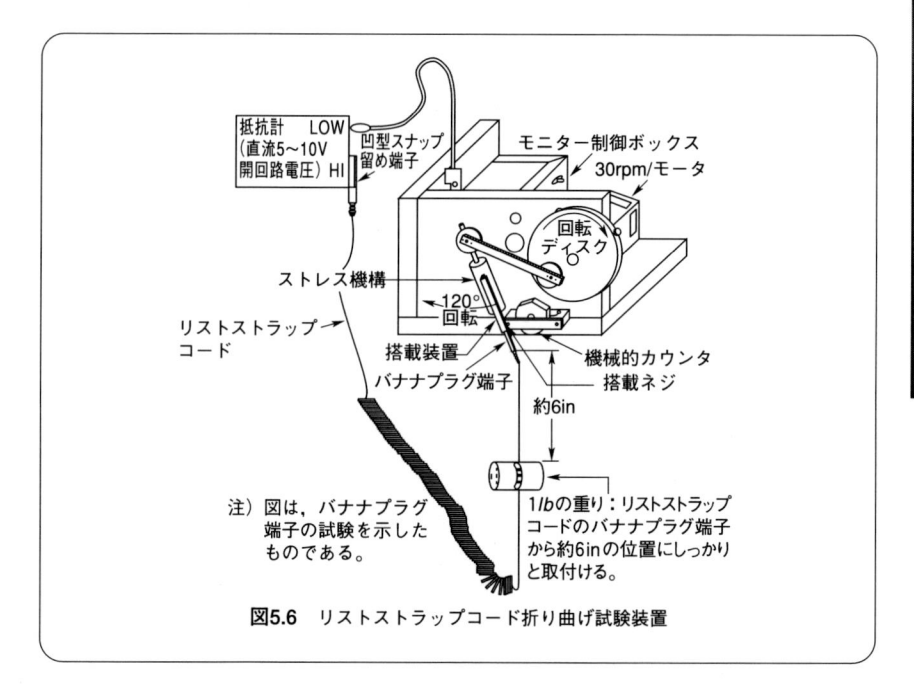

図5.6 リストストラップコード折り曲げ試験装置

しています。大航海時代に帆船の火薬庫で走りまわっていたいわゆるパウダーモンキーたちは、海水で湿ったフェルト製の靴を履いていたそうです。また、火薬の運搬車にはドラグチェーンが取り付けられていたという記録もあるそうです。このようにESD管理に使用されている材料には、非常に古い歴史を持つものも多く開発の歴史を詳しく調べるのもおもしろいかもしれません。ESDS用に使用されているリストストラップは、作業者の使いやすさなどを重視し一昔前の物とは比較にならないほど立派なものになっています。また、**図5.6**のような試験装置を使用した、リストストラップの耐久性に重点をおいたMILの厳しい仕様書なども開発されてきています。しかし、基本的な機能に変化があるわけではなく、作業中の人体の帯電を初期に設定された値に他の環境に影響することなく逃がすことにあるといえます。この点を試験するための試験法も、IEC61340で**図5.7**のように設定されています。

　また、現在のリストストラップには、電気という文明の利器がなかった頃には、想像ができなかったと思われる人体の保護抵抗が組み込まれています。さらに、過大な電流が流れたり他の機械的な危険があった場合に瞬時に人体よりリストストラップを取り外すことができるような装着点における着脱力の規定

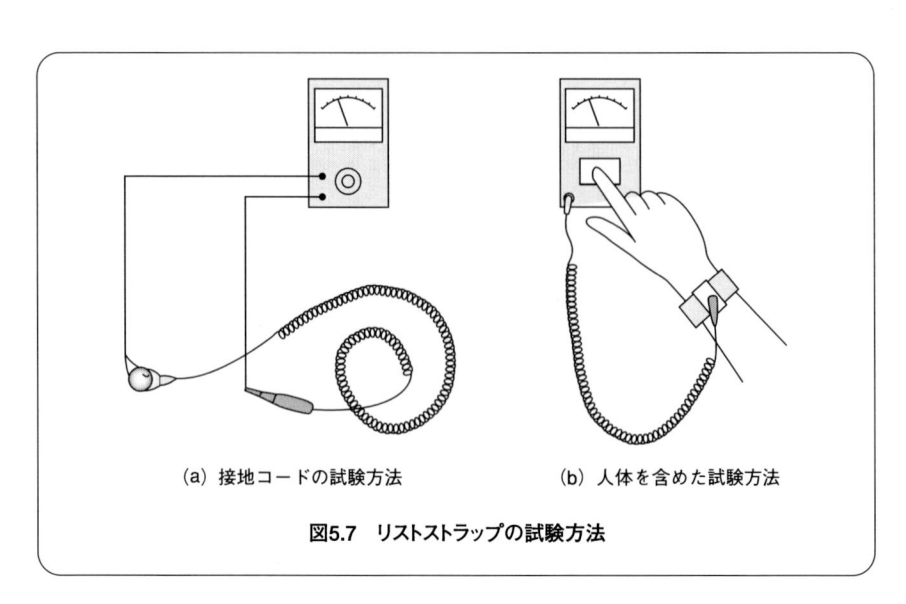

(a) 接地コードの試験方法　　(b) 人体を含めた試験方法

図5.7　リストストラップの試験方法

　値も定められてきています。人体が動作をすることで作業している指先やそのほかの部分の電位が変化することは、むずかしい理屈が理解できなくともわかると思いますが（$Q = CV$）、ESD管理を初めて行う場合や仕様書や標準書に注意が向いてしまっていたりすると、つい忘れてしまうこともあります。

　ところで、このリストストラップの厄介な所は、上記のように比較的信頼性を要求されている割に壊れやすいこと、つまり寿命が短いという点です。したがって、ユーザ側から要求される監査手順書にも毎日の検査や定期的な接続不良、コードの劣化検査、カフ部と皮膚との接触の安定性など非常に手間のかかる製品となってしまいました。市場にはこのような検査を行うための測定機器が販売され便宜が図られるようになってきています。

　いずれにしても、このようなリストストラップの検査頻度は、規定書で定められる場合も多いのでユーザは特に注意が必要でしょう。第4章で、工場別の歩留まりについて同じような標準を使用しても変化が見られることを示しましたが、実はリストストラップでも同様なことが発生してしまうことがあります。ごくまれな事例としてある研究者が、社内報告として10数年前に発表していました。人体皮膚の表面の抵抗や容量は微妙に異なりますが、中には抵抗値が平均の100倍以上であったり、容量が非常に大きな作業者が存在しリストストラップを個人的に調節したというものでした。これなどは、非常に極端な例ですが、生活習慣による作業者の就業姿勢により社内標準を書き換える必要がでて

くることもあるので注意が必要です。
　リストストラップは、他の接地器具とあわせて使用することが多いのが一般的です。机に着座した作業と立ったままで行う作業、着座での場合の椅子の種類、作業机に取り付けるフットレストの位置、合成抵抗の計算等、作業表面の接地まで現場でステーションを組み上げる場合に考慮が必要となります。
　リストストラップは、作業者と取り扱っているESDSアイテムを同じ電位に維持するための装置です。一般的には、作業者とESDSアイテムを接地に接続しますが、そのようにできない場合には、単に作業者とESDSアイテムを接続するだけのこともあります。これは、現場サービス操作などで作業者が接地されていない状態で、回路基盤を外す必要があるような場合に、リストストラップを組立て品のシャーシに接続して等電位接合を得るものです。

リストストラップの構造

　リストストラップの基本構造は、図5.5に示したように手首に取り付けるカフ部とその接続部、リード線、接地接続部のように便宜的に名称を付けて説明することが多いのですが、基本的にはその英語の直訳のように、手首の紐で接地にある程度の抵抗値を持って接続する器具であると理解できていれば良いと思います。

① カフ部分

　カフ部分に最も必要とされる特性としては、人体の皮膚とカフ部分との間で良好な電気的接触が得られることです。これは、リストストラップを着用して対策を施しているとしても、人体とリストストラップが電気的に接続されていなければ、対策していないのと同様であるからです。また、安全管理の関係から、避難など緊急時に接地コード部分とカフ部分が、簡単に取り外せる機構を持たせることも必要な特性です。ANSI ESDでは、その取り外し力は、13N以上36N以下と規定しています。
　一般的に、リストストラップは、皮膚との接触を確実にするために、バックルやスナップヘッドの下にステンレスのような金属を使用しています。ただし、この金属部分は、接地コードを引っ張った場合、金属板が持ち上がることがあり、接触の問題や金属板が皮膚に食い込むなどの問題があるので、全体の内、接続を保証するために接続部分の真下などのごく一部に使用しています。もっとも、金属では長時間の作業でかぶれにくい素材、汗に強い素材が必要である

といわれています。

　MIL-PRF-87893では、リストストラップカフの、凸型スナッププレート外側表面上、あるいは、使用者の手首に接触する非酸化性スナッププレート上に、MIL-STD-130の表1に規定された彫り込み、電気アークペンシル、電気化学エッチング、モールド方法を使用して表示を行います。

　接地接続器具とリストストラップを接続するのには、通常、衣服や皮製品で使用する金属製のスナップ留め具を使います。スナップ留め具には、4mm（1/8"）と7mm（1/4"）の2つの大きさがあります。一般的に、4mm留め具は、凸留め具がカフ側にあり、凹留め具がコード側になります。しかし、7mm留め具には、そのような場所による規定はありません。実は、我が国では、この留め具の大きさの規定がありませんでした。そのため、プログラムを作成したり、再調整し、リストストラップを選択する場合、留め具の大きさと位置を規定するようにして、新しく購入したものと既存のものとの適合性が良くなるようにします。

　カフ部分の素材は、用途により、導電性繊維を織り込んだもの、時計のベルトのように伸縮性のある金属製のもの、導電性粘着パッチ付きのものなど、通常の作業で使用するものの他、ここ20年で目覚ましい進歩を遂げたパソコンへのユーザ対応用ディスポーザブルタイプのものまでさまざまなものがあります（表5.1）。ただし、ユーザ対応用ディスポーザブルタイプユーザのものは、着用方法や着用の必要性等の記述で多少問題のある場合もあるようで、今後ユーザ仕様がますます進歩し、ユーザがコンピュータやその他のESDSに直接接触する危険性が増加するにつれて、記述の標準化などの問題が出てくるかもしれ

表5.1　リストストラップのカフタイプ

内側表面上に導電性繊維を編み込んだ伸縮性繊維
内側表面上に導電性繊維を編み込んだ伸縮性ニット布
内側表面上が導電性を持つ非伸縮性織物
外部が絶縁性レジンの伸縮性金属ブレスレット
内側表面がステンレスの金属ストリップ製プラスチックレジン腕時計バンド
外部表面が絶縁性レジンのシート金属加工ブレスレット
金属製ビーズチェーン
導電性粘着剤がついた電極パッチ

ません。

② 接地コード部分

　接地コード部分は、接地接続のために、一方の端がカフ部へ、もう一方の端が端子部へ取り付けられるような接続端子部のある、直線、伸縮性コイル状のワイヤ（多層よりあわせライナー、あるいは螺旋巻きの金糸線で、絶縁層は、2層ポリマー、丈夫な合成ゴム、あるいはビニールのもの）により構成されています。コードの接地可能端は、ほとんどの場合、バナナプラグかそれに装着できるようになったスナップ端子やワニ口プラグです。しかし、特に規定がなければ、接地に取り付けるいかなる電気的接続点も、機械的に耐久性がある限り使用することができます。また、両端に同じ接続留め具を使用している接地コードは、一般的に、両端に電流制限抵抗が入っています（なお、最近の標準などで、ワニ口クリップの使用を制限しているのは、クリップでの接続により合成抵抗値が規格値を越えてしまうからです）。

　ここで最も重要なことは、カフ部分側の接続部には、作業者の安全性のためにカフ部分への接続口に、1MΩの抵抗が組み込まれているということです。これは、作業者が誤って高圧電源に接触してしまった場合に、一方の手が、抵抗の入っていないリストストラップに繋がれていると、電撃死してしまうことがあるためです（**表5.2**）。ここで、使用しているほとんどの抵抗は、1MΩです。つまり、実行電圧250Vで1/4Wです。リストストラップの安全抵抗については、一般に750kΩ～10MΩに定められていますが、この値の変化に伴って

表5.2　人体に流れる電流による電撃の程度

交流電流値(60Hz)[mA]	直流電流値[mA]	人体への影響
0～1	0～4	痛みを感じるほどではない
1～4	4～15	痛みを感じて驚く
4～21	15～80	電撃ショックにより手足の反射作用が生じる
21～40	80～160	筋肉硬直して動けなくなる
40～100	160～300	呼吸困難
100	300	致命傷

(MIL-STD-454)

変動する作業者の動作時の発生電圧は、測定方法により多少ばらつきがあり、20数年前から議論されていたところです。しかし、1MΩ以下の場合については、おおむね安定しているためと、人体保護のための電流限界回路でのピーク電流をUL1950で0.7mA以下の電流値と定めているので、250V電源の場合を考慮すると妥当な値なのでしょう。

また、接地コードに求められる仕様としては、引っ張り、折り曲げに対する強度が挙げられます。そもそも、人体を紐でつなぐこと自体が、作業者にとっては心理的な負担となり、静電気対策製品であるリストストラップを着用したがらないということも考える必要があります。そのため、作業者に、紐で繋がれていることを意識させないためにも、伸縮性のあるカールコードを用いるという考え方もあります。MIL-PRF-87893では、リストストラップコード（5フィートと10フィート）と標準接地システムには、MIL-STD-130の表1に規定された彫り込み、電気アークペンシル、電気化学エッチング、モールド方法をマーキング方法として、リストストラップコードやCPGS（Common Point Ground System：MILで使用する標準接地システム）に表示します。CPGSのマーキング位置は、凸型接地スナップ周囲のモールドされたハウジング上のどこでも良く、リストストラップコードのマーキング位置は、リストストラップコード端子上でモールドされたハウジング上に行います。

リストストラップの選択

リストストラップの種類は、構造、使用目的によってさまざまに分類しています。構造による分類については、表5.1にカフの構造による分類を紹介しました。使用目的による分類では、一般仕様のものと、リストストラップモニター着用のためのものがあります。

リストストラップを効果的に使用するためには、カフ部の皮膚接触が最も重要なので、しっかり手首にフィットし、完全に皮膚と接触するように使用しますが、作業者に不快感を与えるような装着を避けるようにします。また、使用時の安全性を保持するために、規定の接続点に装着するようにします。

カフ部分と接地コード部分から成るリストストラップは、一見単純な組立て品に見えますが、選択時には、人体安全性、作業性、品質管理などの観点を考慮する必要があります。主に選定時の内容としては下記のことを検討する必要があります。

A) 耐汗・溶剤特性
B) 耐久性
C) コンタミ（汚染）への考慮
D) 留め具の構造（着脱性）
E) 接地ワイヤ線（強度、長さ等）
F) ライフ
G) 電流限界抵抗
H) 使い心地
I) 保全
J) アース関係（接地端子接続）
K) 信頼性

　リストストラップの主要目的は、人体の静電気を逃がすことですが、リストストラップを着用することで、作業性を落としたり、汚染を発生させたりすることがなく、しかも、長時間着用しても作業者に負担がかからないように設計されたものを選択するようにします。また、抵抗を介して接続していますが、接地へ接続しているために、人体の安全性については十分に考慮する必要があります。

システム試験

　リストストラップは消耗品で、各構成部分は経時変化するものです。そのため、使用に際しては、定期的に各部品を検査する必要があります（たとえば、皮膚接触の損傷とコード損傷、接続損傷などについて、定期的にデータをとります。通常、このようなデータは、信頼性検査などでも使用します）。この検査方法は、一般には、各構成部分の電気特性の検査（部品検査）で行ってきましたが、最近の研究では、リストストラップの評価を人体接地経路システムの一部として評価（システム検査）を行うべきだとされてきています。つまり、各構成部分の評価の他に、実際にリストストラップを装着した状態で、システムを評価します。これは、リストストラップを接地経路として使用する場合、経路上には人体の皮膚があるため、個人差が出やすいためです。もちろん、不適切な使用や洗浄の不備などによる影響も同時に評価できるという利点もあります。

　部品検査の標準ANSI EOS/ESD S1.1-1998ではリストストラップの試験方法に

関して、①評価試験、②承認試験、③機能試験というかたちで**表5.3**のように述べられています。

システム試験を行うために、リストストラップチェッカーという検査装置が販売されています（**図5.8**）。その中には、ワイヤ単体でも試験できる能力を持つものもあります。このチェッカーは、手首バンド、接地コード、手首バンドと着用者間接続の電気的接続などのリストストラップ特性を評価するために、

表5.3 リストストラップの試験方法

①評価試験

電気的試験	
リストストラップ抵抗	1MΩ±20%、もしくはユーザ規定値
カフ抵抗　内部 　　　　　外部	≦100kΩもしくはユーザ規定値 ≧10MΩ
機械的試験	
カフ寸法	手よりも広がり、手首にぴったりフィットするよう縮むこと
取り外し力	＞1 lb、＜5 lb（ポンド）
コネクタとコードの全体性	＞5 lbs　＞コードの強さの66%
接地線増量性	製造者の決めた長さ
屈曲寿命	≧16000回転
マーク	
製造者の識別番号	商標もしくは名前
抵抗値の非標準の識別	赤く数値がついていること

②承認試験

電気的試験	
リストストラップ抵抗	1MΩ±20%もしくはユーザ規定値
マーク	
製造者の識別番号	商標もしくは名前
抵抗値の非標準の識別	赤く数値がついていること

③機能試験（ユーザ試験）

電気的試験	
リストストラップ抵抗	パスもしくは10MΩ、もしくはユーザ規定値

4. リストストラップ

図5.8　リストストラップチェッカー

比較的古くから使用されていたものです。

　このチェッカーは、正しく使用すれば、試験時に、リストストラップの接続、あるいはシステム部品の欠損を発見することができますが、作業者が、試験中に人為的に腕まで手首バンドを持ち上げたり、手首バンドを強くひっぱったりすると、誤った結果を表示してしまいます。つまり、リストストラップを検査している間は、ワイヤなどにもストレスを加えずに作業環境で行います。また、リストストラップシステムが、このような定期検査の間に壊れていた場合には、未接地、あるいは不適切に接地した作業者による、製品への人体帯電暴露を発生する可能性があります。

　ところで、チェッカーを使用する理由は、実はこれだけではないのです。チェッカーは、システムとしてのリストストラップを検査します。つまり、この検査は、リストストラップの完全性だけではなく、接地接続の完全性も同時に検査することになるのです。実際、リストストラップシステムの問題で、接地接続の断線や不具合は、比較的多く発生しています。これは、リストストラップの検査は定期的に行うのに対して、接地の検査は、それほど多くの頻度で行わないために、新しい設備などを導入した場合、誤って接続を切断したりバイパスしても、比較的長い間、気がつかないことが多いからです。

　では、このような検査は、どのくらいの頻度で行うべきなのでしょうか？さまざまな標準で、この検査の頻度を規定していますが、一般的には、リストストラップの検査は、毎日行います。しかし、中には、毎日でも不十分な場合があります。このような場合には、モニターシステムを使用する必要が出てきます。

図5.9　人体の接地システムの検査

　ところで、リストストラップチェッカーを選択する場合には、ユーザ要求とチェッカーの上限/下限抵抗が一致しているかを確認するために、使用書を調査する必要があります。チェッカーは、システム抵抗が低いか高いか、許容範囲に入っているかを示すものや、システムの抵抗が許容範囲か、それ以外かを示すことしかできないものがあります。この試験は、試験電圧が安全である限り、一般の抵抗計を使用しても行うことができます。抵抗計を使用する場合には、図5.9のように、手に金属電極を持ち、その電極に金属リードの片方を取り付けます。抵抗計を使用すると、実際のシステムの全抵抗が表示されますが、人体の抵抗は、作業者間で差があるために、実際には、測定をよく理解した技術者が評価すべきでしょう。

リストストラップモニター

　リストストラップモニターは、軍事あるいは医療機器などの高付加価値、ハイリスク作業でのリストストラップと着用者の電気的な特性を、常時評価する方法として開発されたものです。機構的には3種類のタイプがあります（図5.10）。

① コードが単一のもの（キャパシタンス・インピーダンス）

　外見上は、通常のリストストラップと変わりません。このタイプのものは、電気的な連続性を、人体のインピーダンス、あるいは、キャパシタンス測定で

4. リストストラップ

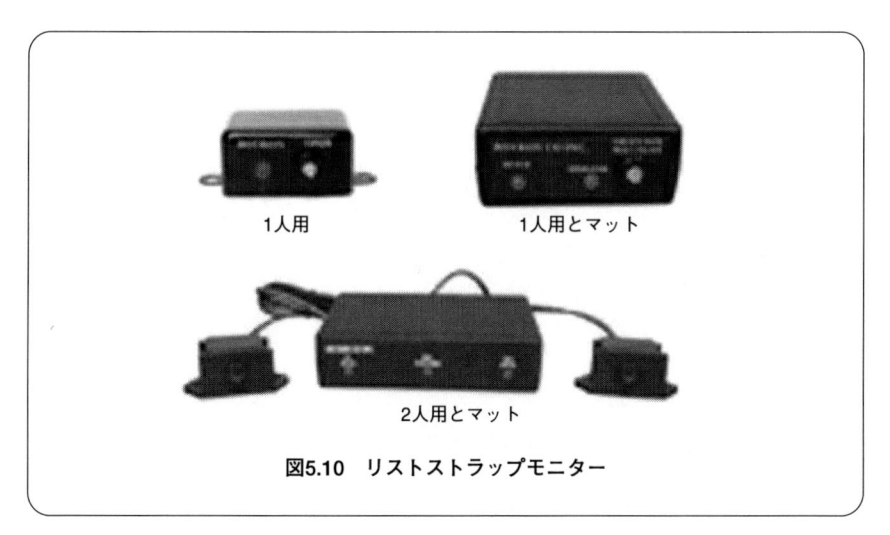

図5.10　リストストラップモニター

1人用
1人用とマット
2人用とマット

評価しています。キャパシタンスモニターでは、単一接地コードを通して、リストストラップにAC電圧を印加します。交流では、キャパシタや容量ネットワークは抵抗として働くので、単一コードのリストストラップモニターは、リストストラップ着用者の見かけの抵抗を見積もることができます。つまり、作業者から接地への容量結合のため、モニターは、初期設定の許容範囲、あるいは、手動による調節により、リストストラップが良いか悪いかを示すことができるのです。ただし、カフ部と皮膚の接点の抵抗は、直接測定できません。

② コードが2本のもの（抵抗）

　これは、カフ部で絶縁領域を設けその両側に1本ずつリードを接続して、その間の抵抗を常時測定しているものです。このようなモニターシステムには、イベントレコーダに接続したり、制御用コンピュータに接続することにより常時、作業者の作業工程をモニターすることができるものもあります。この抵抗連続モニターを使用する信号には、定常状態DCとパルスDCの2つのタイプがあります。また、あるシステムでは、作業場所内でのツール、備品、作業表面等の接地接続をモニターする能力もあります。

③ コードが2本のもの（電圧）

　作業者が、リストストラップを適切に着用した場合には、モニターは、手首バンド上（2つの二芯導線手首バンド）の電圧を測定します。電圧が、ユーザ

の設定した限界以上に上昇すると、モニターは警告を発します。リストストラップシステムが開いてしまうと、電圧感知回路が適切に機能しなくなるので、モニターは一般的に、リストストラップシステムの連続性を確認するための電圧感知回路が、同時に働くような分離抵抗モニター回路を備えています。この場合、抵抗がある値に達すると回路は警告段階に入ります。

リストストラップについての要点を以下にまとめます。

- リストストラップは、作業を接地電位、あるいは、アイテムと同電位にする有効な手段。ESDSと同じ電位、あるいは、接地電位となる作業者は、それを取り扱ったり、接触した場合には、ESDSアイテムに放電することはない。
- リストストラップはカフ部分と接地コード部分で構成されている。
- リストストラップには安全上、1MΩの抵抗が入れられている。
- 選定に関しては、電気的特性だけではなく、安全性、コンタミへの対応、作業性、管理のしやすさなどの観点から検討する必要がある。
- リストストラップのカフ部分は確実に人体の皮膚と接触して、電気的特性があること。
- カフ部分と接地コード部分は緊急時に避難できるように、ある一定以上の力で外すことができる必要がある。
- リストストラップの接地コードは必ず接地点から取る必要がある。ワニ口クリップなどで拡散性マットなどにクリップしないこと。
- リストストラップ試験は通常の業務として行うこと。リストストラップチェッカーを作業前に用いるかリストストラップモニターを用いて常時監視することが望ましい。また、その管理記録は保管すること。

5 床

ESD管理を環境工学的に行おうとした場合、床と靴は非常に大きな要因となります。作業者の帯電の多くは、EPA領域内での簡単な動きでさえ、数千Vを越えるような電圧を発生することもあります。作業者の帯電を抑制するために

は、本来、すべての要素について、複雑なマトリックスを組んで説明を行う必要があるといわれていますが、セミナー等で、さまざまな資料を使用して説明をしてもむずかしいといわれてしまいます。そこで、ここでは大変古典的ではありますが、1つ1つのアイテムについて記述することにしました。

ESD管理の面から床を考える場合、2つの点に注意しなければなりません。それは、①作業者との相互関係で、帯電を抑制するということと、②発生した電荷を影響を与えることなく穏やかに拡散するというものです。前者は、帯電防止の考え方、後者は、接地の意味合いが強いものです。ただし、床のESD管理を行う場合、その指定領域内での履物については、規定を作成したり標準書を設計する場合、同時に決定することを考慮しないと、全体の管理計画が崩れてしまうこともあるので注意が必要です。

さて、クリーンルームとは異なりESD管理領域の境界が不明確であることが多く、古くは、一般領域の履物のまま入ってくることが多かったのですが、IECやEIA等でESD管理標準が作成しやすくなったので、境界の表示やマーキング等を行う企業が増えてきています。そのため、絶縁性の靴底を使用している作業者が、不用意にESDSに接近することは少なくなったようです。マーキングや表示は、使用する標準類が英語なので英語で行うことも多いようですが、その領域に入ることができる人のすべてが理解できるように、日本語で表示される場合もでてきています。

床の種類

さて、一口に床といってもさまざまなタイプがあり、分類のし方によっては、数十種類にもなってしまいます。ESD管理の場合には、特性による分類の他、素材、寿命などによって分類していますが、他のESD対策製品に比較してESDの対策特性、たとえば表面抵抗率や体積抵抗、摩擦帯電の特性で分類するよりは、素材、組成、寿命などで分類する方が一般的のようです(第4章にも説明があります)。これは、床そのものの施工がESD管理以外の法律に依存するためや、ESDより優先順位の高い、たとえばクリーン度の向上、経費、そして床の施工後の工場での再工事のむずかしさなど、他の要因が強く影響しているためと思われます。そこで、ここでは床の分類を①恒久的なものと、②簡易的なものに分けて説明してみます。

① 恒久的な床

　一般的なものすべてを指すようですが、ESDの概念では、磨耗や加重、経年変化等の、いわゆる物理的な変化のほか、化学的耐久性なども考慮したものを指します。したがって、最も一般的なゴム系やビニール系のタイルやシートのほか、高圧ラミネート材料、ポウドフロワー材料としてのエポキシや、その他のポリマー材料、導電性ペイント（これを床材料に含めるのには異論がありますが、アクリル系やその他の帯電防止剤も、一時的な床材料と考えれば考慮しても良いと思います）、これらの材料は、素材、構造上シームレスで、水きり加工が可能な場合も多く、外気との湿度差が問題になるような高湿度環境下では、かなり有効なものです。

　また、合成樹脂類の素材製品の中には、今後の廃棄で問題となる可能性のある素材を含むものもあり、設計時の注意点として今後問題化してくると思われます。過去何度か、クリーンルームでの使用時に発生したアウターガスの問題についても、完全には解決していないとの研究発表もあります。ポウドフロワーは、恒久的な床材料の中では、耐久性が非常に良い、メンテナンスが容易など、利点も多いのですが、施工技術がむずかしい、床面の配色の特長がないなど、ゴム系やビニール系、高圧ラミネート材料の、フリーアクセスという利点に押され始めています。カーペットについては、一部の事務所での使用以外、利点も少ないので生産工程での使用は、それほど多くはありません。

② 簡易的なもの

　80年代前半には、床仕上げ剤や一般の帯電防止剤を、Pタイルや通常のエポキシ系の床に使用していましたが、床が滑りやすくなったり、水や化学的な溶剤で簡単に取れてしまう等の問題がありました。これらの問題は、近年、改良され、従来のようなものは少なくなってきています。実際、現在使用されている床仕上げ様の帯電防止材料は、ペイントやポウドフロワーに近い表面層を形成するものもでてきています。

　床仕上げ剤と分類されるものは、一般用のワックスのような使用方法をとるために、一般ビルメンテナンスの普及とともに、市場も大きくなってきました。初期のものは、帯電防止剤のように水やアルコールなどで簡単に効果がなくなってしまうものもありましたが、80年代に入り専用の処理剤も開発されてきました。これらの中には、床の表面に、かなり強い硬化被膜を形成するものもありましたが、導電性や帯電防止の汚染を引き起こす可能性が指摘されたために、

現在では、剥離や磨耗を考慮したものに変化してきています。このタイプのものは、ほとんど一般のワックスと同様に定期的に床から除去し、再び処理する方法を取るために、時間経過に伴って帯電防止の効果が変化することはない、といわれています。また、局部的なはがれ等のための補修用液剤等も用意され、ESD管理用床材料との認知も進んできているようです。

一般的に床材料は、施工により特性が大きく変化してしまうために、素材の選択のみでESD管理の終了というわけにはいきません。施工時、施工後はもちろん、常時、抵抗等の指標を使用してモニターを行う必要があります。また、安全性やESD以外の物理特性、そして経費など一般的な床資材の調達と同じ諸注意が必要なのはいうまでもありません。

床の評価については、財団法人日本電子部品信頼性センターの資料を参照すると良いと思います。JIS-L-1023、ISO-6356、AATCC-134、NFPA-99、ASTM-150などが役に立つかと思います。

6 床と履物

さて、ESD管理の捉え方として、作業者、環境、ものという要素を考慮した場合に、常時、接地に関係している床と履物については、作業者を含めた静電気管理の概念が現われた当初より行われていたものであり、その意味では、非常に古くからさまざまな研究が行われているものです。

残念なことではありますが、2つの大戦中、さまざまな着火物の移動時や爆発物の生産時の管理については、大きな進歩を見たようです。また、このような戦争には、緊急医療の重要性や、現場における麻酔薬など、着火の危険のある化学薬品を、ほとんど電気の知識のない人々が、取り扱う必要が出てくるために、一般の人々でも簡単に使用できるような資材も同時に開発されてきます。このような不幸な理由は別にして、作業現場や手術室、クリティカルな環境など、さまざまな分野で使用できるようなESD管理製品が発達してきたことは否定できません。

ただし、残念なのは、軍事用に開発されたものの多くは、その開発過程で行

っていたであろう実験や、試作品が公開されていないために、ごく一部の仕様書にその成果のみ記載されていることが多いことです。そのため、民間で使用する場合に、再び同じような実験を繰り返して行う必要が出てきたり、誰も実験をしていないものと誤解して、20数年前に行った実験を、新たに実験をしたかのように発表して問題を起こしたりしています。特に、この床や靴、リストストラップなどの接地器具については、大戦後、米国や欧州では、軍の標準や仕様をそのまま使用している場合が多かったために、具体的な試験が少なくなってしまったという残念な結果も見られたそうです。

わが国では、70年代の後半、盛んに作業者、靴、床との関係が実験されました。これは、財団法人日本電子部品信頼性センターが、当初から行っていた研究の一環で、80年代の前半には、建物全体を考慮した床のESD管理についての研究も行っていました。この当時から、履物については、防爆、防火という概念が強かったために、ESD管理の素材における応用については、米国や欧州に比較すると見るべきものは少なかったようです。また、履物の分野ついては、我が国独自の習慣により、工場内での履物指定を行うことができたために、逆に、ESD管理導入後は、欧米よりも管理しやすいという指摘もなされています。この我が国独自の上履きの概念は、良い点もあったのですが、サンダルの使用という別の問題も発生しました。

履物の種類

導電性、あるいは帯電防止性の床材料と組み合わせて、作業者の接地をとったり、帯電を防止したりするために使用する履物は、基本的には以下の2つに分類しています。

① 恒久的な履物

一般的な靴に帯電防止特性を付加したものと考えた場合と、帯電防止のために特別に設計した靴と考えた場合で、おのずから靴の設計思考が変化してきます。さて、靴の材質についてですが、歴史的には革製品から、本格的に靴という概念になっていったと思います。ESD管理にとって靴のもっとも重要な部分は、靴底にあるといわれています。初期の靴底は、縫い合わせたものが多く、そのため作業者の汗により、適度な導電性を保持していました。ただし、乾燥した靴底は、摩擦により帯電を引き起こすことが経験的にわかっていたために、導電性を必要とする靴に、当時はまだ比較的高価であった金属製の釘などを使

用していたようです。

　しかし、これらの対策は、大きなエネルギーを徐々に逃がすのには役に立ったのかもしれませんが、現在のESDSの管理にそのまま使用することはできません。実際、現在では、不用意な縫い付けや、接着、釘止めなどは、逆に禁止されている場合が多く、作業者の汗の状態などで簡単にESD管理環境の変化しないものが求められています。我が国には、"革製安全靴" JIS T 8101、"静電気帯電防止用安全靴" JIS T 8103、労働省産業安全研究所：技術指針 "静電気用品構造基準" があるので参照してみると良いと思います。ちなみに、米国製や欧州で使用されている帯電防止や導電性の靴は、見かけ上、ほとんど通常の革靴や運動靴と区別がつかないために、特別なタグを取り付けることを仕様書に記述している企業も多いようです。

　② **簡易型の接地器具**

　これは、一般の靴に取り付けて作業者の接地を取るもので、靴のリストストラップと考えるとわかりやすいかもしれません。名称は、トゥー・ヒールストラップ、あるいはトゥー・ヒールグラウンダで、日本語にすれば、爪先・踵接地器具となります。これは、図5.11のように、靴の底と作業者を簡易的に接続してしまう器具なのですが、概して構造が簡単なわりに壊れやすく、外部で使用していた靴を使用する場合に、靴本来の汚れについて考慮が必要となります。そして、装着した経験から言うと、あまり気持ちの良いものではありません。

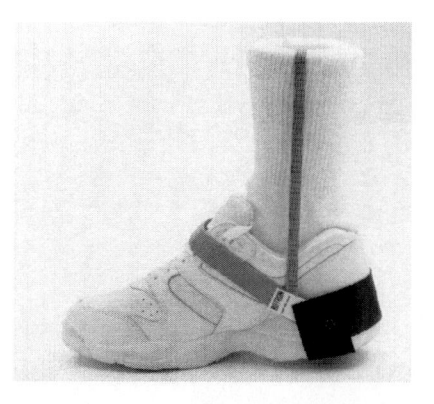

図5.11　トゥー・ヒールストラップ（靴の簡易的接続器具）

もっとも、現在のものは大分改善されてきているようです。このタイプのものは使い捨てのものが多く、クリーン度を重視する場所で使用する導電性の靴カバーと合わせて、今後のリサイクル法との兼ね合いがむずかしい問題となる可能性を含んでいます。

ESD管理用靴の試験

我が国内では基本的には、JIS規格に従うことになります。そして、一般的には靴のESD管理規定は、抵抗測定により行われています。つまり、設定された基準値に対して、購入時に抵抗値が合格していれば良いことになり、先ほどから記述している床、作業者、靴の相関関係に触れずにすむことになります。しかし、IEC等の海外の標準や仕様では、作業者が靴を着用した状態での測定が一般的になっています。実は、このような評価方法は、DOD（米国防総省）が標準を作成する時点で、すでに実行していた企業も多く、比較的古い一般的な試験方法です。フットチェッカー、あるいは作業者の接地試験器として、我が国でもすでに発売されています（図5.12）。

維持と管理

特別むずかしいことを要求しているわけではありませんが、通常の靴の管理とは異なった点がいくつか存在します。検査の頻度とデータの保管、不良品の見直し改良などは、他のESD管理用品と同様に行うことになります。一般のESD管理製品と異なる点は、作業者の体に直接接触する肌着についての基準が

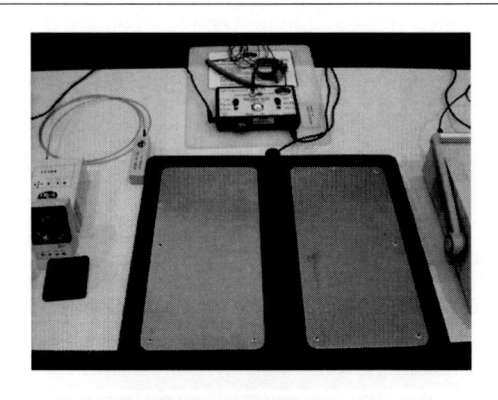

図5.12　フットチェッカー

必要となる場合があることです。これは、生活習慣等が関係してくるために、国際的な標準を社内で作成したり、生産拠点の国をまたがった移転などが発生した場合に問題となることがあります。国によっては、靴下の着用時に導電性のものを推奨している場合もあります。また、逆に素足で導電性の靴を履いた場合の抵抗値の低下や汚染の発生を防止するために、木綿の靴下を支給している企業もあります。

作業靴のインナーについては、特に厳重な注意が必要となり、各個人による微調節を厳禁すべきであるといわれています。これは、靴の内部にウレタンなどの絶縁材料が挿入されることによる特性変化を問題視したものです。さて、靴には、他のESD管理資材には、あまり見られない、というよりは、靴本来の目的のために発生する問題があります。それは、靴底へのさまざまな物質の付着です。これらは、導電性、絶縁性に無関係に、ESD管理上問題となりますので注意してください。

接地器具類での問題点

ある企業では、各国で採用している接地抵抗の測定方法による誤差を含んだまま討議を行ったために、許容抵抗の範囲で問題が発生したという事例がありました。また、接地器具の試験には、人体に電圧を加えるタイプのものも見受けられ、国によっては、国内の安全基準のために試験を行うことがあったそうです。

最近、問題とされてきているのは、ESD管理で使用する相対湿度の低さ、15％RH以下という点と、その環境への放置時間の長さです。これは、吸湿性材料の場合、あるいは、測定電流、電圧、電荷等を指標として保水性材料の評価を行う場合、吸着水分量がプラトーの状態に達するのに要する時間が、予想された24時間よりも大幅に上回る場合が多く、72時間を越える環境放置時間を主張する研究者もいます。また、加速試験についての問題は、樹脂の劣化と帯電防止材料や導電性材料との樹脂との反応などの問題への検討を必要とするため、国際標準ではESD以外の標準との比較検討が必要となってくるかもしれません。

7 作業表面

　ESD保護作業表面とは、どういうものを指すのでしょうか？言葉どおりでは、ESD管理された作業する表面ですが、実際には現場作業まで考慮した、ESDに対して保護されていないESDS類を取り扱い、修理、試験するすべての領域で、そこで発生したり、他から誘導されたり、持ち込まれたりする静電気電荷を、環境に影響することなく、周囲に拡散するために必要となるものです。つまり、ESD保護作業表面は、ESDS類の損傷防止において、ESD保護作業場の設計と施工で重要な役割を持ち、静電気安全性作業環境に設置される主な構成要素です。

　また、特定の作業を除いて、ESD保護作業表面は接地をするのが一般的で、その第一の目的は、"接地への電気経路"と考えます。さらに、表面にある程度の抵抗を保持させ、急速な電荷の拡散を防ぐようになったことも一般的になってきています（発生したESDを拡散させる場合には、さまざまな弊害が出る恐れがあります。たとえば、物体を放電させるのに、十分導電性が取れた作業台は、人体の安全を脅かす危険を起こす可能性があります。場合によっては、作業台上での作業で、工具と電撃ショックを引き起こすのに十分な高電圧を使用する試験器具を使用することがあります）。つまり、ESD保護作業表面の目的は、作業者によって発生される静電気や、作業台表面上に置かれる材料電荷が、ESD敏感性部品に有害な影響を及ぼす前に、有害な静電気電荷を接地に拡散させることにあります。

　古くは、作業表面と床をまったく同じ材料で施工したものも良く見かけましたが、特性値が非常に近く使用目的に合致していれば、認められていたようです。しかし、基本的に作業台は、作業者が作業を行うためのもので、重量作業や磨耗の激しいものを使用することを想定しているわけではありません。それぞれの目的に合わせた素材や色などの開発が進んだ結果、現在では、同じ素材でも構成を変化させたりして販売されています。

作業表面の目的と選択の要素

　では、具体的な目的について説明しましょう。適切に接地された作業表面の

主な目的は、取扱い部品と作業領域を同じ電位にして等電位結合を完成することにあります。そこで、作業表面は、以下のような機能を持つ必要があります。

① 接地への電気的経路
  作業領域内に持ち込まれる非絶縁部品から、静電気電位を拡散します。
② ESD領域を決定
  保護されていない敏感性部品を取り扱うESD領域を決定します。
③ 標準電位の役割
  作業場での人体と取扱い部品間の標準電位となります。

さらに、ESD管理用に設計された作業表面は、製造領域とフィールドサービスと同様に修理領域でも使用されています。保護されていないESD敏感性部品・組立て品の取扱い・修理・試験する全領域では、静電気電荷を拡散するために設計された作業表面が必要となります（**図5.13**）。適切な作業表面を選択する場合に考慮すべきいくつかの要素があります。主な要素は以下の通りです。

① **作業領域の活動性**
  その場所で行う作業内容が、作業表面の種類を決定します。取扱い部品が物理的衝撃に敏感な場合には、緩衝材料が必要となります。作業表面で重量物を移動する場合には、硬質表面が必要となります。高電圧作業では、作業表面の

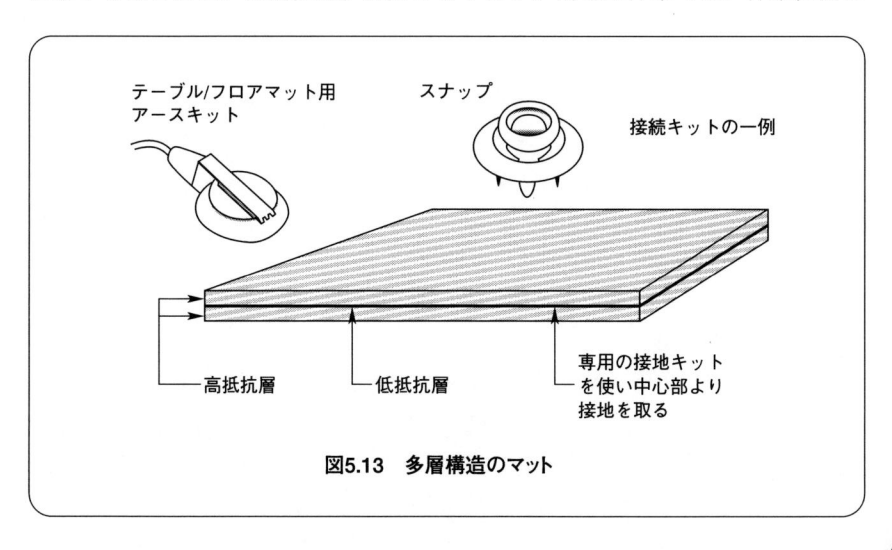

図5.13 多層構造のマット

電気的特性に特別に考慮する必要があります。

② 作業領域の恒久性
恒久的な作業表面は、二次的な設置（マット）あるいは現場サービスの仕様とは異なった作業表面素材を必要とします。高圧ラミネート材料は、このような恒久的設置には最適です。マットやその他の稼動型作業表面は、通常さまざまな領域で使用され、相対的に恒久な場合にも使用することがあります。現場サービスでは、一般的に、工具キットや現場サービス技術者のポケットに入るような完全携帯型の作業表面が必要です。

③ 物理的な問題
作業表面は、一般的に一定の耐久性が必要です。考慮すべき耐久性とは、硬さ・磨耗耐久性・擦り切れの耐久性等が挙げられます。また、特別に熱的な耐久性を必要とすることがあります。たとえば、はんだ層では、熱に強い設計の作業表面が必要です。美観もしばしば選択の重要な要素となります。色は、特殊な操作を区別するためやICのために使用しています。光の反射は人間工学的な問題として重要です。非恒久的な作業表面は、基層上に平らに置き、エッジ付近での捲れ上がりは、携帯用あるいは非恒久的設置での品質保証工程で検査する特性です。製造企業の推奨する接地システムの機能性・耐久性・信頼性は、品質保証試験で確認します。

④ 化学的な問題
作業表面材料の可燃性は、企業の要求・運搬保護・安全性の格付けを満足しているかを調査する必要があります。直接的な化学物質の転移は、敏感な金属部品を腐食するような汚染を引き起こします。作業場で取り扱う溶媒やその他の化学物質は、作業表面に有害な影響を及ぼします。作業表面材料は、品質保証工程で必要な適合性の評価を行います。

⑤ 電気的な問題
作業表面材料の電気的な特性を試験する標準はANSI EOS/ESD-S4.1です。仕様書にはこの標準は作成されていません。試験方法は、作業表面の接地抵抗として一般的に認められている$1.0 \times 10^{6} \sim 1.0 \times 10^{10}$ Ωで行うように設計します。しかし、作業表面での用途が広く多種に渡っているため、適用可能な特定の必

要条件を決定することは、むずかしいといえますが、以下のような組み合わせで、作業表面抵抗のために局部的な必要条件を確立するための出発点として使われることはできます。

(1) 作業表面と接地可能点間の抵抗

作業表面の最も重要な機能として考えられるものは、作業表面から接地可能点までの抵抗です。これは、基本的に表面に置いた部品の接地経路を確保するものです。多くの標準では、抵抗—接地可能点間は、$1 \times 10^6 \sim 1 \times 10^9 \Omega$が推奨されています。

(2) 作業表面上2点間の抵抗

作業表面上の2点間抵抗は、$\geq 1M\Omega$が推奨値です。2点間抵抗を1MΩ未満にした場合には、暴露された高電圧電源により、作業者が感電する可能性があります。

(3) 電荷拡散と電圧抑制

硬質作業表面の中には、部品と容量結合し、見掛けの電圧を抑制するものがあります。このような作業表面上に帯電した部品を置き、表面から持ち上げ、この時の帯電部品の電圧をモニターすると、電荷が拡散したように見えます。そこで、このような特性を評価する試験方法も考慮する必要があります。

⑥ **安全性**

ESD敏感性部品と作業者が接触する作業台には、ESD敏感性部品を置く範囲にESD保護作業面を設けますが、作業表面は、接地ケーブルで接地します。リストストラップ、作業台表面および導電性床などすべての並列回路を考慮し、作業台表面用接地ケーブルの抵抗は、作業台表面との接点または接点の近くに設け、リーク電流を一般的承認レベルまでに十分抑制可能な大きさの抵抗値とします。危険な電位のある作業場は、非常に異なった電気特性を必要とします。接地抵抗と点間抵抗値は、ライン電源のある場所では、より高い抵抗値を規定します。作業場でのGFCI（漏電遮断器）の使用により、接地不良が発生した場合、ライン電源を切ることができます。導電性作業表面からの接地抵抗は、GFCIの適切な機能に影響しないよう注意が必要です。

作業表面の分類と評価

ESD保護作業表面には、さまざまな材料のものがあります。これらの材料は導電性あるいは拡散性のものがあり、作業台上に一時的あるいは恒久的に設置

表5.4　MIL・HDBK・263の分類

①帯電防止材料	それ自身あるいは他の類似の材料と擦り合わせたり、分離した場合、静電気電荷の発生を抑制する特性を保持する材料
②導電性材料	$1.0 \times 10^5 \Omega/\square$以下の表面抵抗値を保持する材料
③静電気拡散材料	$1.0 \times 10^5 \Omega/\square \sim 1.0 \times 10^{12} \Omega/\square$以下の表面抵抗値を保持する材料
④絶縁材料	$1.0 \times 10^{12} \Omega/\square \sim 10^{14} \Omega/\square$以下の表面抵抗値をする保持材料

します。作業表面は、その表面抵抗により使用される材料が以下3種類に分類されます（**表5.4**）。

　注意すべき点としては、抵抗率の測定方法が、標準によって微妙に異なることも考えられるため、下記の数値を代表値として使用すべきではありません。採用する場合には、表のオリジナルの標準で使用されている測定方法や環境条件、サンプリング等をよく考慮して評価します。

　① 評価
　選択前に、作業表面サンプルは実験室条件下で評価します。湿度・温度・試験電圧は制御されています。抵抗は、試験電圧100V・10V、湿度は、中・低湿度で測定します。
　② 初期設置受領
　新しく設置する作業表面は、その特性が適正であることを確認するために試験します。10V・100Vでの接地可能点抵抗測定は、ANSI EOS/ESD-S4.1-1990に定義されています。
　③ 定期試験
　作業表面の定期試験は、機能評価のために必要です。接地抵抗測定は、装置の接地導体経路が完全であることを確認するものです。表面上の点間抵抗測定は、過度の磨耗・汚れ・コーティングが、作業表面の機能を妨害していないことを確認するために定期的に必要です。定期的な試験の頻度は、一般的に企業内の作業手順で規定されていますが、一般的なガイドでは少なくとも四半期でこれらの測定を行うべきであると書かれています。

作業表面材料の分類

　作業表面材料は、測定上の問題から3種類に分類する場合もあるのですが、ここでは素材を中心に2種類として説明しましょう。さて、素材的には、他のESD管理材料と同様に、基本的な素材としては、ポリエチレン系、ゴム系、塩ビ系の帯電防止機能を保持した単一素材で、硬質なものと軟質なものとにさらに分類することがあります。米国の標準等では、このような作業表面を、ホモジェニアス材料と呼んでいます。

　つぎに、ラミネート素材の作業表面があります。一般的には、2～3層で構成されていますが、5層以上の材料を、高圧ラミネートした製品なども開発されてきています。これらの多層構造を持つ素材は、ユーザのさまざまな要求に答えることができるために、最近使用が増加してきてはいますが、構造が複雑になることにより、試験項目、特にESD特性の検査には注意すべきです。詳しくは、MIL-PRF-87893を使用すると良いでしょう。

　この仕様書は、作業表面と接地器具の仕様書なので、MIL仕様でESD管理を行っている企業では重要なものとなります。作業表面材料には、この他にマット状ではなくテーブルクロスのような非常にフレキシブルなものもあります。いずれにしても作業表面は、床同様接地を必要とする器具ですから、自社の社内仕様に適合するように資材を選択することはもちろん、製造企業による接地点の確認などを行うことが必要です。図5.14のような作業表面専用の接地器具を使用することもお勧めします。

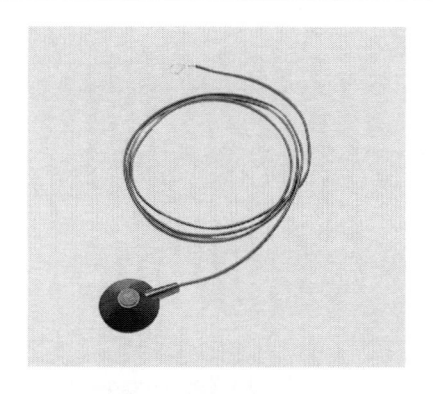

図5.14　接地器具の一例

なお、MILでは、接地器具のスナップ部分の大きさは、規定されているので十分注意してください。標準や仕様書が未整備であった頃には、このスナップの口径が異なるために、異なった企業の接地器具の互換性がないことも多く、ユーザで問題となったこともありました。

　ESDS現場作業用キットには、一般的には簡易型の作業表面が装備されています。その他、このキットの中にはさまざまなものが装備されているのが一般的ですが、それは、現場サービスの内容によっても異なるために、企業ごと、事業部ごとにさまざまな形のものが存在します。詳しくは、MIL-HDBK-773などを参考にすると良いでしょう。実際、この現場作業における臨時のESD管理領域の設定の問題は、非常にクリティカルな面が多く簡単なキット1つ作成するのも仕様書の適用がある場合があります。ISO9000などの規定を満足するものを作成することは、ESD管理資材に対してかなり深い知識を持っている必要があり、企業側に余分な経費を強いることになります。

　図5.15のように、大きな袋や小型の計器、工具類、接地用のストラップ類、ケーブル類など、実際の現場サービスキットの中には、企業によりさまざまなものを入れています。企業によっては、この他に測定用のキットを用意し、ESD管理には欠かせない精密湿度計、温度計、DC型の抵抗計、精密電圧/電流測定装置などESD測定のためのみの試験装置キットを装備している企業もあります。これらのキットは、基本的な装置のみを組み込んだ市販品もあるので、ESD管理用資材関係企業のホームページなどを調査してみると良いと思います。

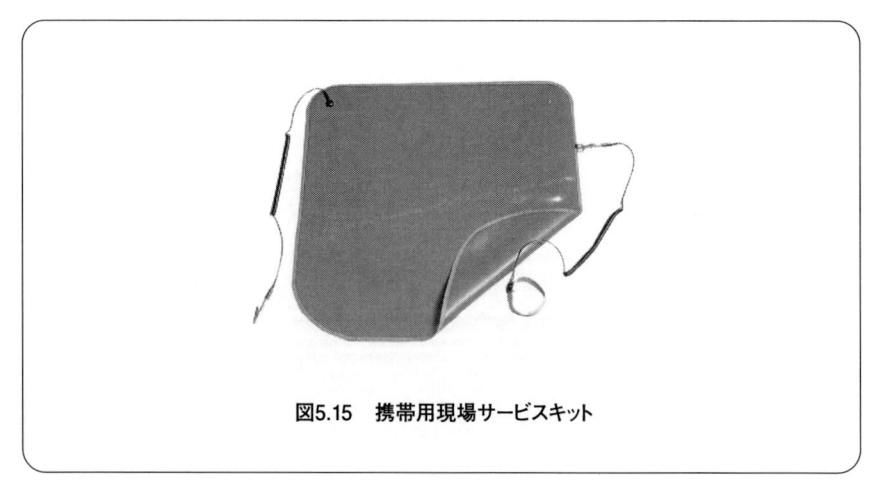

図5.15　携帯用現場サービスキット

7. 作業表面

　古い話で恐縮なのですが、80年代の前半にある大手の計測機器企業の方にお願いされてその企業の方々とフィールドサービスキットを作成したことがあります。というのは、その当時日本国内にそのような製品がなく、米国製のものが非常に高価な上にその企業の現場仕様に合わなかったためなのです。簡単な話だと引き受けてしまって、後で後悔するのはいまだに良くあるのですが、このときは単に米国のものと同様なものを日本国内で探せば良いと考えてしまったのです。

　さて、実際にはまず入れ物探しからはじめたのですが、こちらの希望する強度を保持しながら、しかもESD管理特性を保持している市販製品はなく、早速作成することとなり現場サービスにおけるマニュアル作成と合わせて、非常に勉強になった記憶があります。この場合には、現場の技師による指摘は参考となるもので、できるだけコンパクトに作成することができ、さらに欧米の製品には見られない用途別仕様の概念も取り入れることができました。

　その当時、MIL-HDBK-773はまだ作成されておらず、その意味では試行錯誤の連続で、現場でのESDによる故障解析がほぼ100％不可能な現状から、故障製品をそれ以上破壊せずに解析センターに搬送するための組立て式緩衝材入り容器の設計、輸送時の摩擦帯電を抑制するためのシートの開発など、現在使用されている故障解析用のキットとほぼ同じような形のものを作成しました。このような例は他にも多数ありましたが、基本的な考え方は、静電気の発生の抑制と静電気の蓄積を危険な段階までにしないこと、そして接地類への静電気の放電時間の調節でした。

　その当時、作業表面上に帯電物が置かれた場合の静電気の拡散速度は、約0.2秒が適当だといわれており、表面抵抗率に固執している素材企業の技術担当者とよく討論しました。実際には、作業表面の大きさや構造、接地点の数、帯電電荷量などのほか、サンプリングのむずかしさ（1.表面の均一性、2.洗浄度、3.表面の平滑性、4.使用している帯電防止材料の特性、5.その拡散状態、6.表面の乾燥状態）など非常に苦労し、結局、新しい樹脂の開発まで視野に入れた研究を行うことになってしまいました。これは、既存の樹脂へのさまざまな帯電防止材料の添加だけではなく、金属系のパウダーやフィラーの拡散など広範囲に行われたのですが、パテントの問題と契約上の問題でこれ以上お話することができません。

　素材開発のむずかしさは、エージングやブリーディングなど問題が開発後に発生したり、少量の添加物でESD特性が微妙に変化するクリティカルポイント

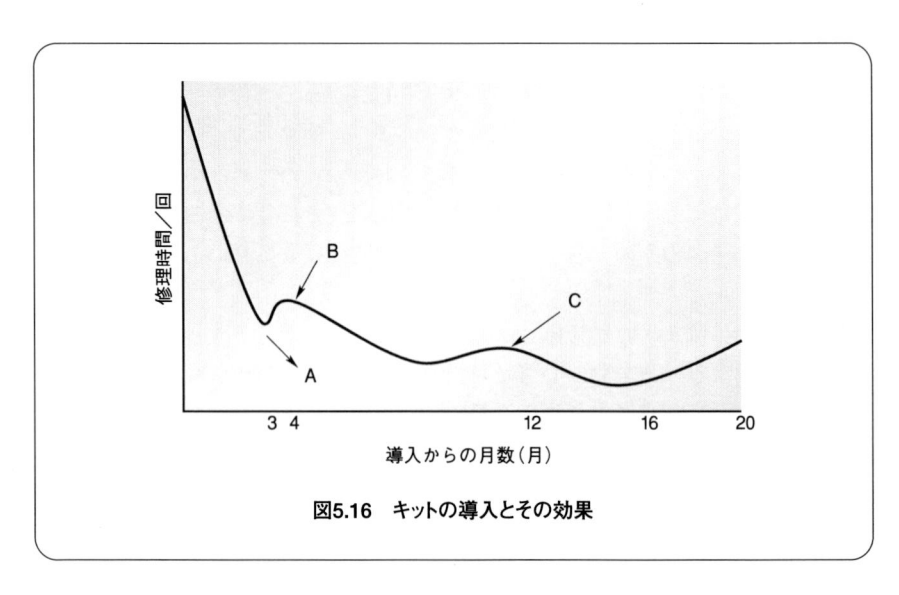

図5.16　キットの導入とその効果

が、ユーザの要求する特性である場合が多かったこと、抵抗率の評価と減衰時間の評価にありました。図5.16は、現場作業用のキットの導入とその効果を示したものです。縦軸は不良率の変化ではなく1回の修理時間、横軸は月数です。結果的には、最初の3ヵ月は、ESDによると思われる故障の修理に要する時間は大幅に削減されましたが(A)、次の月に新しいリストストラップの作成に失敗し、若干のロスが発生しました（B）。12ヵ月後、一応の安定を見たのでプロジェクトを解散しましたが(C)、20ヵ月後再び上昇に転じたために、現場要因のESD管理教育の再教育サイクルを12ヵ月とすることにし、現在では、ほぼ安定しているとのことです。

8　作業者と衣服

ESD管理を行う場合、人体の接地が非常に重要であり、そのために、さまざまな対策が講じられています。一般的に、工場などの生産設備に限らず、ESDSを取り扱う環境では、作業者はさまざまな管理用品を使用しています。当然、作業者の衣服もESD管理する必要がありますが、作業者の衣服やその管

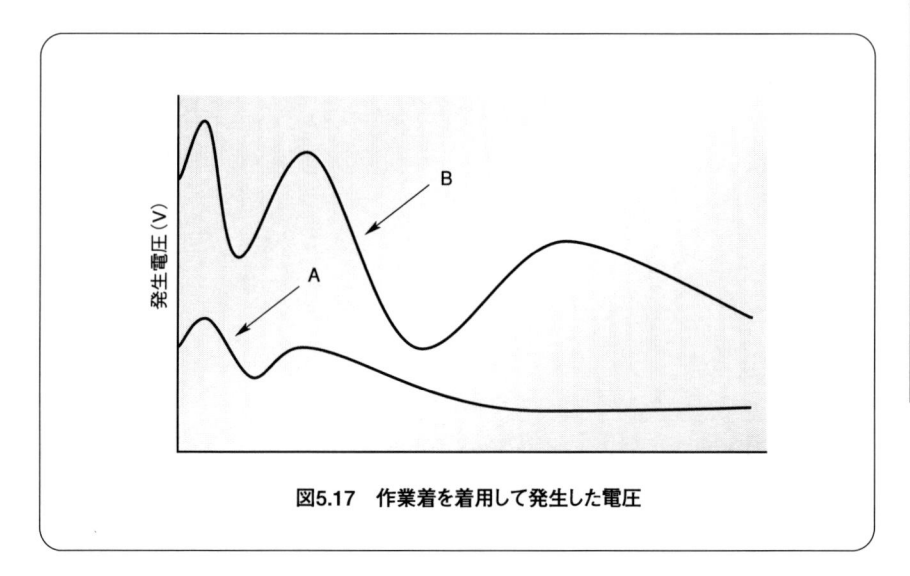

図5.17　作業着を着用して発生した電圧

理用衣料品の場合には、英語でも上着にあたる言葉や、通常の衣類の上に着用する製品を指します。これは、基本的に上着により一般の衣服上の帯電を抑制しようとする考え方からくるものなのですが、ESDS対策上からは、ある程度効果があると言われている程度で、帯電防止を主として作成された製品自体もそれほど多くはありません。

　さて、あらかじめお断りしておきますが、ESD管理では、基本的に人体と衣服は、電気的に分離、あるいは、絶縁されていると考えます。ですから、人体接地器具により、人体の静電気は確かに、接地やその他の等電位面に拡散しますが、作業者の衣類は、接地されていないので、人体の接地を取ることで衣服の帯電を拡散させることは完全にはできません。また、作業者が、帯電防止衣類の下に着用している衣類、つまり、インナーの特性により、同じ帯電防止の上着を着用していても、その帯電量が大きく変化する場合もあります。**図5.17**は、A、Bの2人が同じ作業着を着用し同じ作業をした場合に、発生した電圧を測定したものです。発生電圧のほとんどは、作業者と作業者の衣服の摩擦や容量の変化、作業者の下着と帯電防止服の摩擦などによるものです。

　人体と衣服の帯電を解説することのむずかしさは、このように帯電の発生の系が、複雑に入り組んでいることにあると言われています。下着の導電化を考慮した文献もありましたが、化繊と木綿の比較を行う程度で、汗の量や塩分比、衣服内の湿度・温度勾配など、問題点の指摘にとどまっていました。

衣類の分類

　帯電防止の上着には、①使い捨てと②そうでないものがあります。一般に、作業自体が非常にクリティカルなものに、使い捨て仕様が採用されています。したがって、仕様書により使用回数、使用目的が明確にされたもので、複数回使用する場合には、作業開始時の検査が非常に重要な要綱となります。また、このタイプの上着に帯電防止剤を処理した作業着を含める場合もあります。これは、クリーニング時の再処理とその検査を上着の洗浄企業に委託しておけば、上着の物理的な劣化と共に管理することができるので比較的経済的です。

　ただし、帯電防止剤の処理は、帯電防止剤の特性に依存するために、湿度依存性や発塵性などを考慮する必要があります。なお、衣服の場合には、すべてのタイプに共通なタックやラベルなどで、購入日や再処理日、再検査日、使用している繊維の種類と、できれば導電性のタイプなどを細かく仕様書に規定し、現場レベルで簡単に見分けがつくようにしておきたいものです。

　次に、帯電防止あるいは導電繊維で作成された生地を使用して作成した上着について説明します。実は、この繊維の分類と測定については、研究者間でも異論がありむずかしい問題とされています。導電繊維は、パテントもからんで説明自体がむずかしくなっています。図5.18は、一般繊維への導電成分の配置を示したものです。図の左側2つは、導電部分が露出したもの、右側2つが内部に包まれたものです。このような導電繊維を一定間隔で一般繊維と合わせて生地を作成します。

　導電成分を外部に露出させない工夫は、クリーンルームでの使用が主となるような無塵服への帯電防止管理のために、半導体生産工程での強酸類の使用や洗濯時の高温特性の必要性などから、その両方の特性に優れたポリエステル系繊維が使用されることが多いのですが、5mmメッシュ以下に導電繊維を入れた

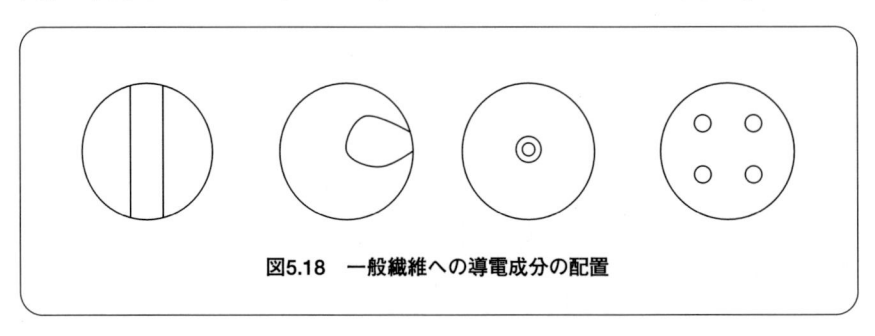

図5.18　一般繊維への導電成分の配置

8. 作業者と衣服

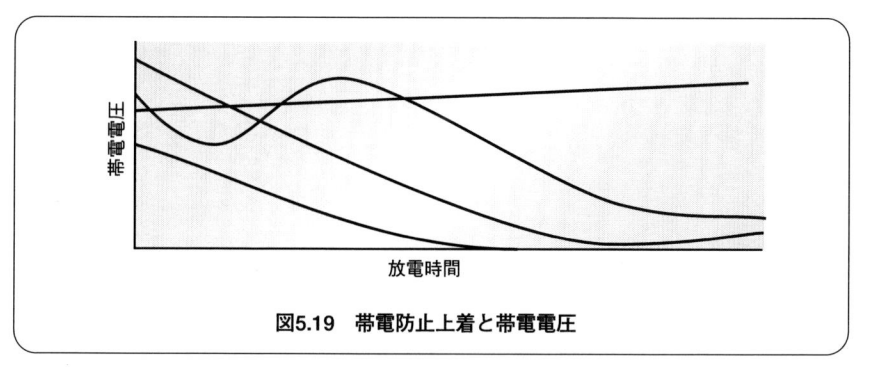

図5.19 帯電防止上着と帯電電圧

（縦軸：帯電電圧、横軸：放電時間）

ものであっても、比較的高い電圧を示す場合もあるとの報告もされています。

図5.19は、すべて5mmメッシュの間隔で導電繊維を編み込んださまざまな素材で作成した帯電防止上着の帯電電圧を測定したものです。横軸は時間で、ある一定の作業を行った後の放電時間を測定したものです。図中、ほとんど減衰していないケースは、帯電防止衣料を着用する場合によく見られる単純なミスを犯したものです。衣料と人体は別なものと考えますから、上着のみ導電性にしても、接地されていない導体となってしまいます。

そこで、一般的には導電性衣料は、リストストラップに直接接続したり、上着のカフ部分をリストストラップのコードに直接接続することにより接地を取ることになります。しかし、帯電防止特性を重視した上着などでは、目的が摩擦帯電の防止であるために、接地についてあまり敏感になる必要はないと考える研究者もいます。

衣料の構造については、全体的な導通性を確保するために、80年代の初期には縫い目部分の電気特性の検査などを、一般的に行う企業がでていました。構造上、完全なシームレスとすることがむずかしい部分の導通試験には、人形のような絶縁材料を使用して測定する場合もあり、袖と袖、つなぎの服では胴体部分と袖の導通性やIEC61340-5-1の測定方法のような抵抗値の測定を行わない試験方法も一般化されてきています。

図5.20は、洗濯回数による上着の特性劣化を示したものです。縦軸には、減衰時間、横軸は洗濯回数を示しました。図中の直線がESD管理計画時の劣化予想曲線で、この例では、1種類のみが合格していました。試験方法については、測定上着を絶縁性のハンガーにつるして、5000Vを加えた後の接地後の減衰時間を測定したものです。この減衰測定の秒数および劣化の許容範囲などは、作業により異なるためにさまざまなデータの蓄積が必要になります。

図5.21に生地、図5.22に実際の衣類の例を示します。

劣化予想曲線

減衰時間

洗濯回数

図5.20　洗濯回数と上着の特性劣化

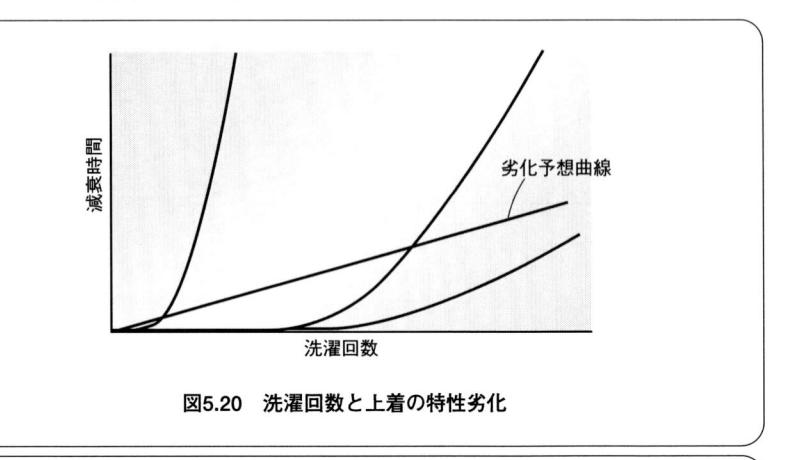

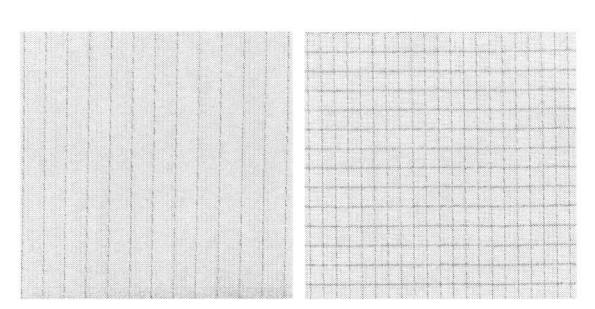

図5.21　帯電防止の生地

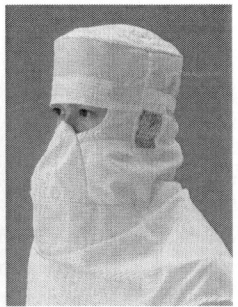

図5.22　衣類の実例

9 椅子

　EPA内の椅子は、作業者が着席して作業する場合、接地経路の一部を形成する可能性があるので、静電気対策が施されなくてはなりません。このように考えると、一般的な椅子はもちろん、一見椅子の形をしていなくても、椅子の機能を果たす、人がちょっと腰掛けるような物や場所は椅子とみなします。

　さて、接地経路としての機能の他に、EPA内では、管理値以上の電荷を持ったアイテムが存在してはいけませんので、椅子そのものが帯電していてはいけません。椅子の静電気対策は、椅子に発生した静電気を、構成部品に導電性/静電気拡散性材料を採用し接地経路を構成し、接地に漏洩させます。そのために図5.23のように、椅子の支柱などに接地コードを接続して、近くの接地接続可能点に接続して、椅子の静電気を漏洩させます。椅子の特定の場所から接地用チェーンを床に垂らし、床表面を介して椅子の静電気を漏洩させます。これは、椅子の足やキャスタから、床表面を介して椅子の静電気を漏洩させる方法です。

　椅子の種類にもよりますが、作業現場やオフィスでは、キャスタ付の椅子が多く採用され、座り仕事をしている場合も椅子はかなり動くので、椅子の接地コードを接地接続可能点に接続する方法が取られます。また椅子から接地用チ

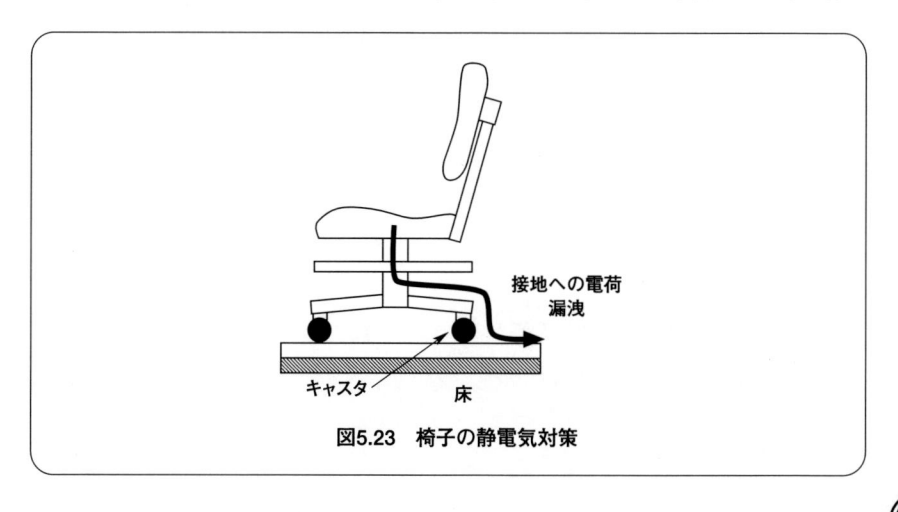

図5.23　椅子の静電気対策

ェーンを床に吊り下げた場合などは接地線の接続が外れてしまう可能性が大きくなるので、現在、静電気対策椅子と呼ばれるものは、椅子の足やキャスタから床表面を介して接地経路を設けるものが多いようです。

　しかし、どの方法を採用する場合も、椅子を構成する各部分が、電気的連続性を保持していなければなりません。さて、椅子の構成部品は、背もたれ、背もたれの背面、シート部、アームレスト、フットレスト、フレーム、足、キャスタなどです。このそれぞれの部分が、導電性/静電気拡散性であり、各部分が電気的連続性を持っていなくてはなりません。しかし、この電気的連続性は、キャスタや支柱などの回転部や、伸縮部で潤滑油として使用されるグリースなどの絶縁体によって途切れてしまうこともあります。そこで、椅子の静電気特性評価を行う場合は、これら各部分に対して試験を行う必要があります。

　このように、接地への接続で椅子の静電気を漏洩させるのですが、椅子の静電気の多くは、人が椅子を使うとき、つまり座ったり立ち上がったりしたときの人との接触と剥離や、椅子を移動させたときの振動などによって発生します。椅子が適切に接地に接続することによって、人が背もたれやシートから離れたときの剥離による急激で大きな静電気の発生を防ぎ、椅子への静電気の蓄積を防ぐことができます。

　当然のことながら、そのとき、人にも静電気が発生します。人の静電気対策は、リストストラップなどの接地を施すことが基本ですが、移動の多い作業ではリストストラップ着用が実際的ではないこともあります。その場合は、床表面と履物を、導電性/静電気拡散性材料にすることで、人を接地に接続する方法で対策をしますが、それは、履物と床の接触、または履物が接地に接続されていなくてはなりません。椅子に座る場合、足を床に着けている時もあれば、足を組んでフットレストに足をかけていることもあります。この場合、床表面と履物という接地システムが機能しなくなるので、椅子を介して人の静電気を接地に漏洩させる必要があります。ただし、座っての作業であれば、リストストラップの着用は可能となるので、やはりリストストラップはすべきでしょう。

▶ 椅子の静電気特性評価方法

　椅子の静電気特性評価方法は、IEC61340-5-1、ESD-STM12.1に規定されています。椅子のシート部、背もたれといった部位と、椅子のある場所と接地可能接続点（電源コンセントの接地端子など）間抵抗、接地点—椅子間の抵抗値で

10. 帯電防止剤

図5.24　椅子の静電気特性評価方法

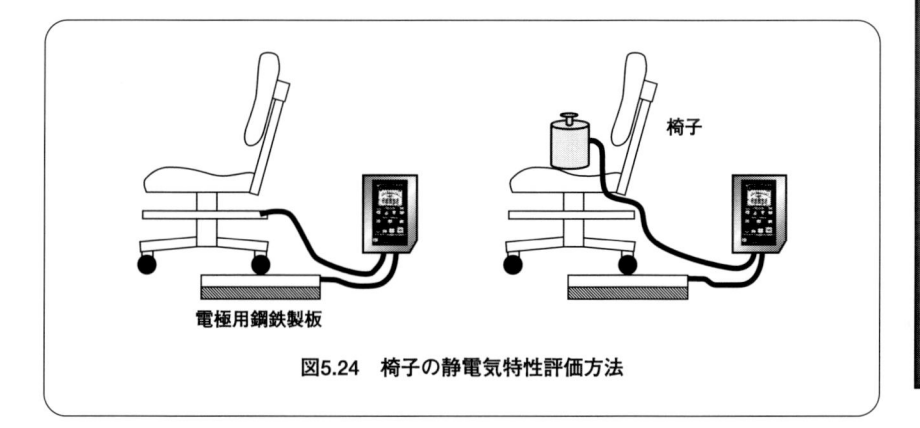

電極用鋼鉄製板

　の評価です。図5.24のように、椅子のキャスタのひとつを、表面が金属、裏面が絶縁性の板の上に置きます。続いて、抵抗測定用の重量5ポンド（約2.2kg）の測定用電極のひとつを椅子の測定部位に置くか、椅子の特定の部位にクリップなどで接続して抵抗に接続します。もうひとつの端子を、椅子のキャスタを置いた板の金属表面と接続し、それを抵抗計に接続します。

　標準では、椅子と接地可能接続点間の抵抗値が $1 \times 10^{10}\,\Omega$ 以下、リストストラップの着用が現実的でないため、第一の人の接地方法にせざるを得ないときには、リストストラップや、床—履物システムと同じ要求仕様にすべきです（750kΩ～35MΩ）。

10　帯電防止剤

　これまでは、人体−接地関連のESD管理器具について説明してきました。ここで、少し視点を変えて、"もの"の静電気管理を周囲の環境に関連付けて説明してみましょう。まず始めは、さまざまなものをESD管理資材にするための帯電防止剤について説明します。

　ESD管理用資材の中で帯電防止剤は、樹脂の原料と同じように基本的な材料と考えられています。しかし、実際に使用する場合には、帯電防止剤そのものを直接評価することはほとんどなく、帯電防止材料を何らかの方法で処理した

材料を評価します。最近の研究では、この材料評価についても、さまざまな問題が提起されています。

たとえば、特定の帯電防止材料や導電性材料を、同じ比率で同じ樹脂に練り込んで、シート状サンプルと袋状サンプルを作成したとします。これに対して抵抗率測定と減衰測定を行った場合、異なったデータが得られることが少なからずあるのです。厚みの違いは、静電容量に直接影響してくるので、当然、修正しますが、それでもこのような結果が出ることがあります。成型条件の差は、帯電防止剤の材料内での状態に直接的に影響するために、同じ樹脂でも成型品とシート加工品では、大きな変化が生じることがあります。しかし、実際に使用する製品と評価用シート状サンプルで測定された代表値とが、使用現場で異なることは問題があるので、最近では製品ごとに決まった領域・大きさ・広さで測定し、製品ごとに測定値を表示させている仕様書も増えてきています。

また一般的には、同じ素材の材料で作成された材料でも、形や大きさが異なる場合には、従来のようにシート状の測定値を代表値として表示するのではなく、測定値として表示することが増えてきています。これらの測定データの一部は、すでに抵抗率や減衰測定を説明した章で述べていますが、本章でもさまざまな例を示しながら解説してみましょう。

帯電防止剤とは？

帯電防止対策とは人、物、環境の3つを考慮して行うもので、対策の基本的な考え方は、常時、その原点に戻って考えるとわかりやすいと説明しました。この考え方は、70年代に米国の学会や軍事関連企業で言われ、標準や仕様書などには、その考え方が取り入れられています。もっとも、考え方の原点としては、悲しいことながら、人類が、火薬や爆薬を、戦争やその他の自然破壊に使用するようになって、着火や発火、爆発などに注意を払うようになった時に、すでに存在していたようで、ネルソンやナポレオンが活躍していた時代の文献には、軍艦内部での火薬類の取扱い、火薬や発火物の陸上輸送での諸注意が記述された軍事関係の書類や小説類が存在しています。

これらの中には、確かに誤った記述も見られますが、軍艦内部での砲戦時の記録や記述には、現在でも感心させられるものがあります。また、接地筐体として船体そのものを利用する（この時代には、すでに金属と木造の電気の導電性に関する知識は存在していたようです。また、艦底に銅版を貼り強度と速度を増す技術も開発されていたそうです）方法や、車輪に銅版や鉄を使用するな

10. 帯電防止剤

どの方法も使用されていたそうです。もっとも、これらの方法が、帯電防止管理に使用されていた、という詳しい記述があるわけではなく、実際、どの程度までわかって作業していたかは、むずかしいところです。

しかし、いずれにしても、システムとして管理していたことは間違いがないと考えられています。それは、文書化された米軍で言えばMILの規格のようなものに明確に記述されていたことからもわかるそうです。

さて、帯電防止剤の歴史となると、これは非常にむずかしい問題で、人類が界面活性剤に遭遇する以前から、魔術師や占い師が、導電性カーボンを静電気を利用するために使用していたと考えている研究者もいるようです。では、帯電防止剤とは本来どういうものかについて考えてみましょう。

帯電防止剤の構造

一般的な帯電防止剤は、高分子材料に対しての親和性（親油性・疎水性）を持った化学基と、水に対する親和性（親水性）を持った化学基を、同一分子内に保持する化学物質で、一般的には、界面活性剤と言われるものが主流を占めています。親油基は、油脂類より誘導されるもので、主に樹脂との相容性や親和性に関する部分で、親水基は、主に大きな極性を保持する水に溶けやすい原子団です。これらの帯電防止剤を、**表5.5**に分類しました。

帯電防止剤は、親油性、親水性のそれぞれの部分が、適当なバランスを保つことにより、油溶性のものも水溶性のものも自由に作成することができます。

表5.5 親水性・親油性原子団の分類

親油性原子団	わずかに親水性	親 水 性	強親水性
$CH_3(CH_2)_n-$（パラフィン）	$-CH_2-O-CH_2-$	$-OH$	$-C_6H_4SO_3H$
C_6H_5-（フェニル基）	$-C_2H_4OCH_3$	$-COOH$	$-SO_3HC-SO_3Na$
$C_6H_{11}-$（シクロヘキシル基）	$-COOCH_3$	$-CN$	$-COONa$
$C_{10}H_7-$（ナフチル基）	$-CS$	$-NH \cdot CO \cdot NH_2$	$-COONH_4$
$-(CH_2 \cdot CH_2 \cdot CH_2O)_n-$	$-CSSH$	$-CONH_2$	$-Cl$
$CH_3(CH_2)_n-\langle\rangle-$	$-CHO$	$-COOR$	$-Br$
$(CH_3)_2Si(CH_2)_n-$	$-NO_2$	$-OS_3H$	$-I$
$-(CH_2-CHO)_n-$ $\quad\mid$ $\quad CH_3$		$-NH_2$	

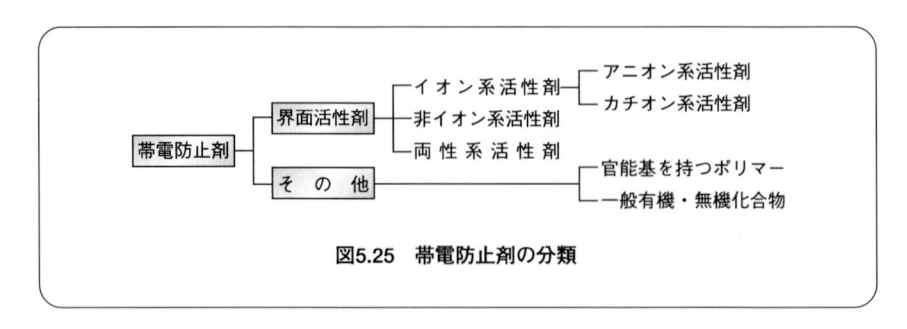

```
帯電防止剤 ─┬─ 界面活性剤 ─┬─ イオン系活性剤 ─┬─ アニオン系活性剤
            │                │                    └─ カチオン系活性剤
            │                ├─ 非イオン系活性剤
            │                └─ 両性系活性剤
            └─ その他 ─┬─ 官能基を持つポリマー
                        └─ 一般有機・無機化合物
```

図5.25　帯電防止剤の分類

親水基が電離する場合のイオン符合で帯電防止剤をアニオン系、カチオン系、非イオン系、両性、その他に分類することができます。その分類を**図5.25**に示しました。水溶性で解離性の帯電防止剤は、濃度を増加すると有機性イオンが会合して、ミセルコロイドを形成する臨界濃度以上で帯電防止機能を発揮します。しかし、帯電防止剤は、材料表面で理想的な単分子膜を形成することはむずかしく、帯電防止剤がある程度重なりランダム配列をとり、親水基が等方性をとるためには、10分子以上の層が必要であるという報告もあります。

　分子の大きさは、イオン性を有する場合、比較的大きなことが多いために、塗布型、練り込み型にかかわらず、帯電防止層の厚みが、ある一定値以上となるという研究も行われていますが、イオン性を有する帯電防止剤の作用機能は、その分子が親油性部分と親水性部分のバランスにより樹脂に対して適度の相容性を保持し、空気中の水分を吸着して、表面層に形成される水分層で帯電防止を行うとの従来の考え方と矛盾する（厚みの変化と水分吸着率の関係）データを示す研究もあり、吸着水の脱落を加速させる試験を含めて、今後の研究が待たれるところです。

帯電防止剤の分類

① アニオン系帯電防止剤

　アニオン系としては、**表5.6**に示すものなどがありますが、特に高級アルコールのリン酸エステルやアルキルサルフェート系のものなどは、耐熱性、帯電防止特性に優れています。ただし、樹脂との相容性はあまり良くなく、さらに透明性に劣るといわれています。また、内部練り込み用には、あまり実用化されていません。一般に、硫酸エステル化、リン酸エステル化される脂肪族基の炭素数、エステル化の程度、導入される位置などが最終的な帯電防止機能に影響を及ぼすことになります。

表5.6 帯電防止剤の分類と化学構造式

分類		種類	主な構造式
イオン系活性剤	アニオン系活性剤	脂肪酸アミン塩	$RCOONH(CH_2CH_2OH)_2$
		アルキルホスフェート型	$\begin{array}{c} R-O \\ R-O \end{array} P \begin{array}{c} O \\ O(C_2H_4O)_n-H-N-(C_2H_4OH)_3 \end{array}$
		アルキルサルフェート型	$R_{12}O(C_2H_4O)_n SO_3N^H-(C_2H_4OH)_3$ $R_{16}OSO_3N^H-C^{NH}-NHCONH_2$
		アルキルアリルサルフェート型	$R_{16}-\bigcirc-O(C_2H_4O)_n-SO_3N^H-(C_2H_4OH)_3$
	カチオン系活性剤	アルキルアミンサルフェート型	$R_{16}NHC_2H_4OSO_3^H N(C_2H_4OH)_3$ $R_{12}CONHC_2H_4OSO_3Na$
		第四級アンモニウム塩型	$R_{17}CONHC_3H_6N(CH_3)_2 C_2H_4OH$ $NO_3-R_{16} \cdot N(CH_3)_3Cl$
		第四級アンモニウム樹脂型	$-CH_2-(CH-CH_2)_n-$ $\quad CONH-R-N=(CH_3)_2$ $\quad\quad\quad\quad X\ Y$ $R_{17}-C \begin{array}{c} N-CH_2 \\ N-CH_2CH_2COOH \\ CH_2-CH_2OH \end{array}$
		ピリジウム塩	
		モルホリン誘導体	
非イオン系活性剤		ソルビタン型	ポリオキシエチレンソルビタンモノステアレート $\begin{array}{c} CH_2-CHO(CH_2CH_2O)_lH \\ O\quad\quad CHO(CH_2CH_2O)_mH \\ CH-CHO(CH_2CH_2O)_pH \\ CH_2COOR \end{array}$
		エーテル型	ポリオキシエチレン　　　ポリオキシエチレン アルキルエーテル　　　　アリールエーテル $R-O-(CH_2CH_2)_nH$　$R-\bigcirc-O-(CH_2CH_2O)_nH$
		アミンまたはアミド型	ポリオキシエチレン　　　ポリオキシエチレン アルキルアミン　　　　　アルキルアミド $RN\begin{array}{c}(CH_2CH_2O)_nH \\ (CH_2CH_2O)_mH\end{array}$ $RCON\begin{array}{c}(CH_2CH_2O)_nH \\ (CH_2CH_2O)_mH\end{array}$
		エタノールアミド型	$R_{17}CONH(C_2H_4OH)_2$
		脂肪酸グリセリンエステル	$\begin{array}{c} CH_2OOCR \\ CHOH \\ CH_2OH \end{array}$
		アルキルポリエチレンイミン	$RNH(CH_2CH_2NH)_nH$
両性活性剤		アルキルベタイン型	$R_{16}-\overset{CH_3}{\underset{CH_3}{\overset{\oplus}{N}}}-CH_2COO^{\ominus}$ $\ R-\overset{\oplus}{N}\begin{array}{c}(CH_2CH_2O)_nH \\ (CH_2CH_2O)_mH \\ CH_2COO^{\ominus}\end{array}$
		アルキルイミダゾリン誘導体	$R-C\begin{array}{c}N-CH_2 \\ N-CH_2 \\ HO\ CH_2CH_2OH\end{array}$ $R-C\begin{array}{c}N-CH_2 \\ N-CH_2 \\ CH_2CH_2OSO_3X \\ CH_2COOH\end{array}$
		N-アルキルβ-アラニン型	$RNH-CH_2CH_2COOX$ $RN\begin{array}{c}CH_2CH_2COOX \\ CH_2CH_2COOX\end{array}$

② **カチオン帯電防止剤**

カチオン系帯電防止剤は、一般的に帯電防止効果が大きく第4級アンモニウム塩がよく使用されています。耐熱性はあまりなく、樹脂の軟化温度付近で効果が弱くなるものもあります。また、毒性のあるものもあり使用上注意が必要となります。

③ **非イオン系帯電防止剤**

樹脂の練り込みに多く使用されるもので、ポリエチレングリコールのソルビタン型とエーテル型誘導体やジエタノールアミン誘導体などがあり、耐熱性や樹脂との相容性に優れています。この帯電防止剤は、他のタイプの帯電防止剤と併用することも可能です。

④ **両性系帯電防止剤**

この帯電防止剤は、アルキルベタイン型、アルキルイミダゾリン型が主体となります。特性は、カチオン系の帯電防止剤に類似しています。イミダゾリン誘導体は、ポリエチレンやポリプロリレン系の練り込み剤によく使用されます。

⑤ **その他の帯電防止剤**

樹脂本来の特性として、帯電防止特性を保持する機能性高分子、ポリアニリン、ポリアセチレン、ポリピロールなどで、価格や加工性の問題等で従来は使用されていませんでしたが、新しい加工技術などを使用して商品化されてきています。また、金属系や無機系の添加剤により、一般的な樹脂に特殊な帯電防止効果を持たせるような技術も開発されています。

塗布型帯電防止剤

塗布型帯電防止剤とは、材料の表面に処理した場合に、帯電防止抑制機能を材料に付与するものです。塗布型帯電防止剤は、一般的に、担体と呼ばれる液体で媒体として働き、帯電防止剤を安定化させる水、アルコール、または、その他のこれと同様な機能を保持する溶剤と、担体が揮発した後に材料の上に残る帯電防止剤で構成されています。

したがって、帯電防止を行いたい材料によって、適切な媒体を選択する必要があり、その意味では、有機性、無機性、酸性、アルカリ性などさまざまなタ

イプの媒体に溶解し、効果を発揮するような帯電防止剤が好ましいといえます。また、塗布型帯電防止剤の表面への均一な吸着は、担体と塗布型帯電防止剤、素材表面の相容性によるといえます。図5.26は、ある帯電防止剤を使用した場合の表面の膜厚と塗布型帯電防止剤の濃度をプロットしたものです。Aが水性溶媒、Bがアルコール溶媒で塗布したものです。

① 寿 命

塗布型帯電防止剤は、ESDS保護の用途では、DIPチューブやトレー等の包装材料に多く使用されます。図5.27は、300MILのPVC製DIPチューブを4等分し、帯電防止剤を処理し、23±5℃、15±2%RHの環境に放置した場合の寿命試験です。図のように、劣化は単純な放置によっても進みます。図5.28は、同じチ

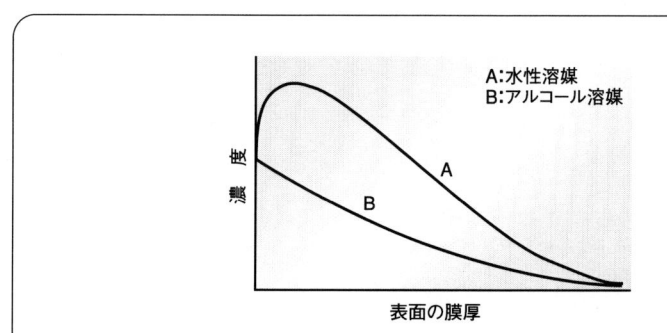

図5.26　表面の膜厚と塗布型帯電防止剤の濃度

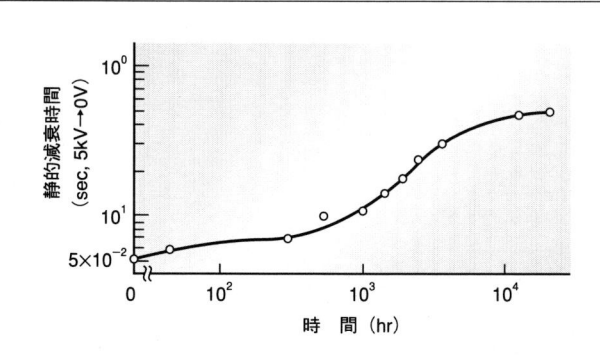

図5.27　寿命試験①（23±5℃，15±2%RH）

ューブを同じ温度条件で、湿度を 40 ± 10%RH と大きくした場合の放置劣化試験です。この帯電防止剤の湿度依存性は、非常に小さなものですが、それでも、通常湿度の方が、低湿度に比較すると劣化が小さくなります。図 5.29 は、同じチューブを 60℃、95%RH の環境に放置し、加速試験したものです。高温、多湿では、劣化が急速に進むことがわかります。この帯電防止剤は、水溶性であるために、湿度があまりにも大きい場合には、チューブ表面に吸着する水滴により、表面に処理された帯電防止剤が、水滴に溶出することが予想されます。図 5.30 は、70℃のオーブン放置したデータです。300 時間でデータ測定を中止したのは、PVC 製のチューブが軟化し、電極にチューブが装着できなくなったためで、この後、減衰時間が急速に大きくなったためではありません。図 5.31 は、23℃、40%RH の環境と、23℃、80%RH の環境で、24 時間を 1 サイクルと

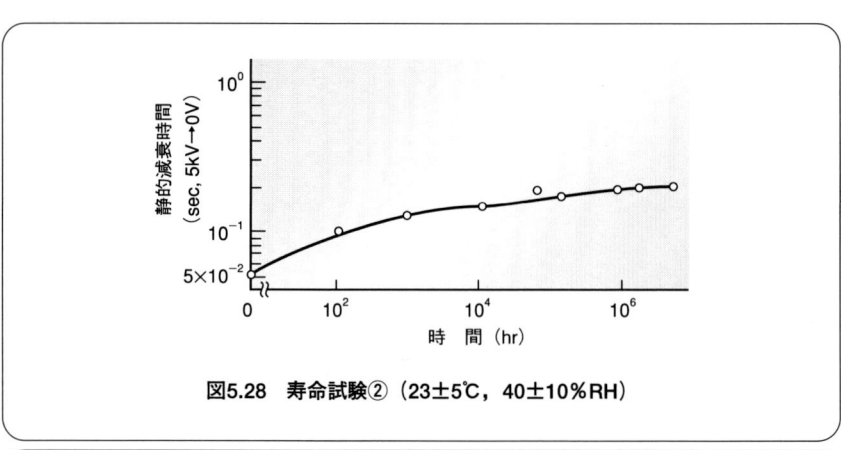

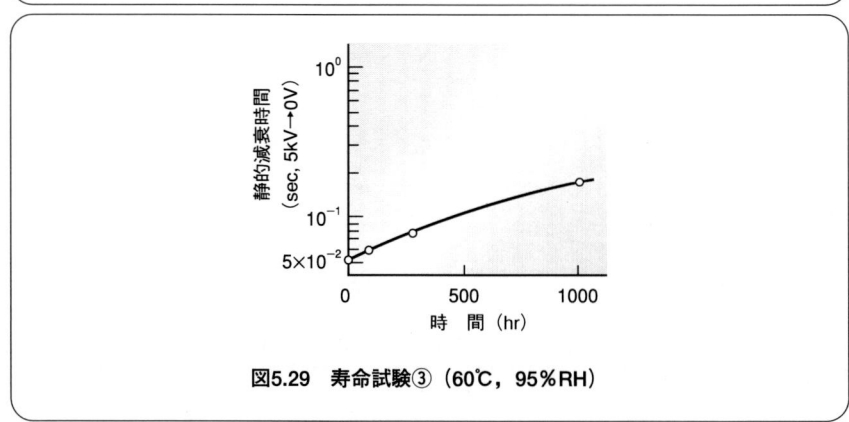

図5.28　寿命試験②（23±5℃，40±10%RH）

図5.29　寿命試験③（60℃，95%RH）

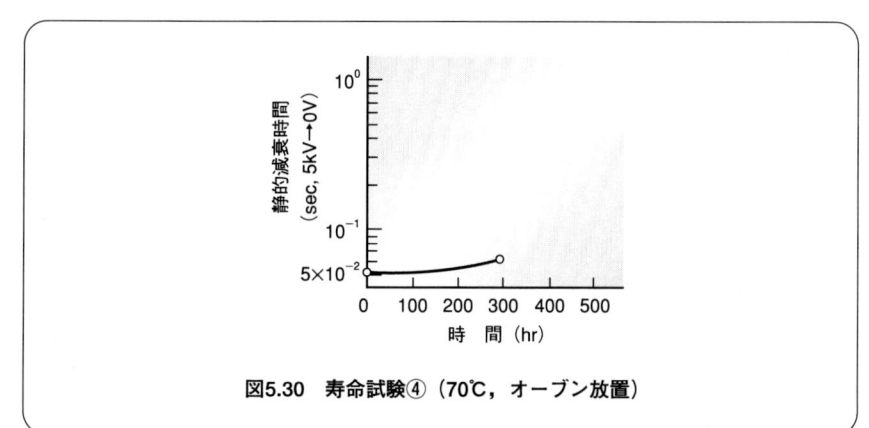

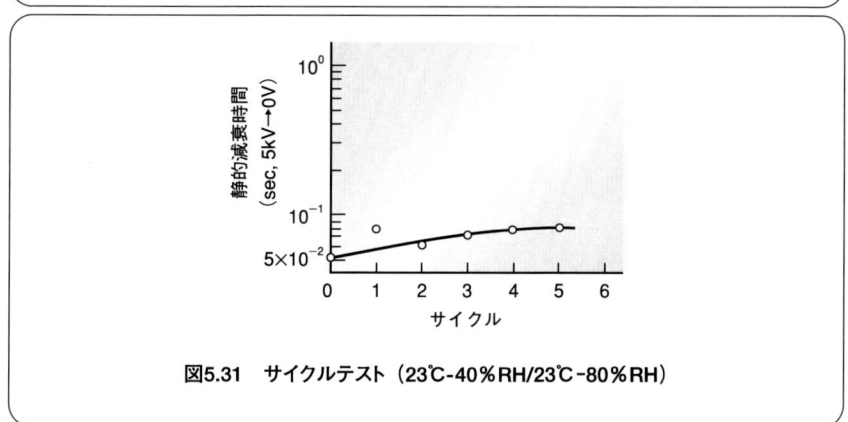

図5.30 寿命試験④（70℃，オーブン放置）

図5.31 サイクルテスト（23℃-40％RH/23℃-80％RH）

して、交互に繰り返した結果を示したものです。予想されるように、劣化は、ある程度急速に進みますが、4サイクル目より劣化は小さくなります。

② 媒体

　一般的に、粘度が比較的高い水などを溶媒に使用した場合には、表面張力などの問題も考慮する必要があります。特に、表面に気泡が発生してしまう場合などは、表面に細かなクレータ状の塗布むらが発生することがあるので、アルコールなど消泡剤を添加する必要が出てきます。逆に、メチルエチルケトン（MEK）などの比較的粘度の少ない溶媒を使用する場合には、拡散性と乾燥の問題による表面の塗り斑の発生など、塗布型帯電防止剤は、単純な使用を売り物にしている割に、実際の使用は比較的むずかしいものが多いようです。また、

帯電防止剤の多くは、多かれ少なかれ湿度依存性を持ちますが、界面活性剤を主体とした塗布型帯電防止剤の多くは、この湿度依存性が大きく、その特性が周囲の湿度に大きく依存することになります。

1）混合溶媒

塗布型帯電防止剤は、乾燥後、即座に帯電防止特性が得られることが、練り込み型の帯電防止剤と大きく異なる点であり、現場での使用や簡易的な使用に適しています。乾燥時間を短くするために、一般的には有機溶媒を使用することも多いのですが、有機溶媒の毒性や着火の危険性、廃棄のむずかしさ等から、アルコール等の比較的安全なものを使用することが多くなってきています。しかし、アルコールを使用する場合でも、多量に使用する場合には、着火の危険性を完全になくすことはむずかしく、米国等では、アルコールに純水を添加して使用しています。そこで、水溶性の溶媒を使用するのですが、水溶性の帯電防止剤でも、界面活性剤系は、アルコール単体で使用した場合の方が、帯電防止特性や表面状態、処理の容易さ（泡がでない）等で良いことが多く、水を添加することは、使用者側としてはできれば避けたいところです。

図5.32は、(a)メタノール100％、(b)メタノール：純水 = 75：25％、(c)メタノール：純水 = 50：50％、(d)純水100％の溶媒を使用した帯電防止剤の加熱試験（65℃、29％RH）後と初期値、帯電防止剤の濃度を比較したものです。塗布後、完全に乾燥して測定環境に24時間放置した後のデータには、ほとんど変化が見られませんが、加熱後は、(d)の条件が最も悪くなっています。これは、溶媒を変化させた場合、形成される被膜の特性もまた変化するためと考えられますが、(b)の状態から、アルコールの濃度を増加させれば、被膜の熱耐性が上昇するという、リニアな関係ではないことが推定できます。

被膜の形成は、空気中の水分を吸着しながら行われますが、均一な被膜を形成するためには、水分子団が被膜内に取り込まれる可能性の少ない有機溶媒の方が優れていることが予想されます。つまり、この帯電防止剤では、先の毒性、着火、廃棄等の問題と、上記の試験等の結果より、有機性は弱いのですが、水に比較して沸点の低いアルコール類を希釈溶媒とするのが良いことがわかります。メタノールは毒性に多少問題があり、エタノールは価格の面で難があります。そこで米国では、一般に、イソプロパノール（IPA）を使用しています。

図5.32の参考データは、上記の帯電防止剤の市販品（純水1.05％）と、B社の帯電防止剤の加熱耐性を比較したものですが、B社の帯電防止剤は、65℃での耐性はほとんどありません。

10. 帯電防止剤

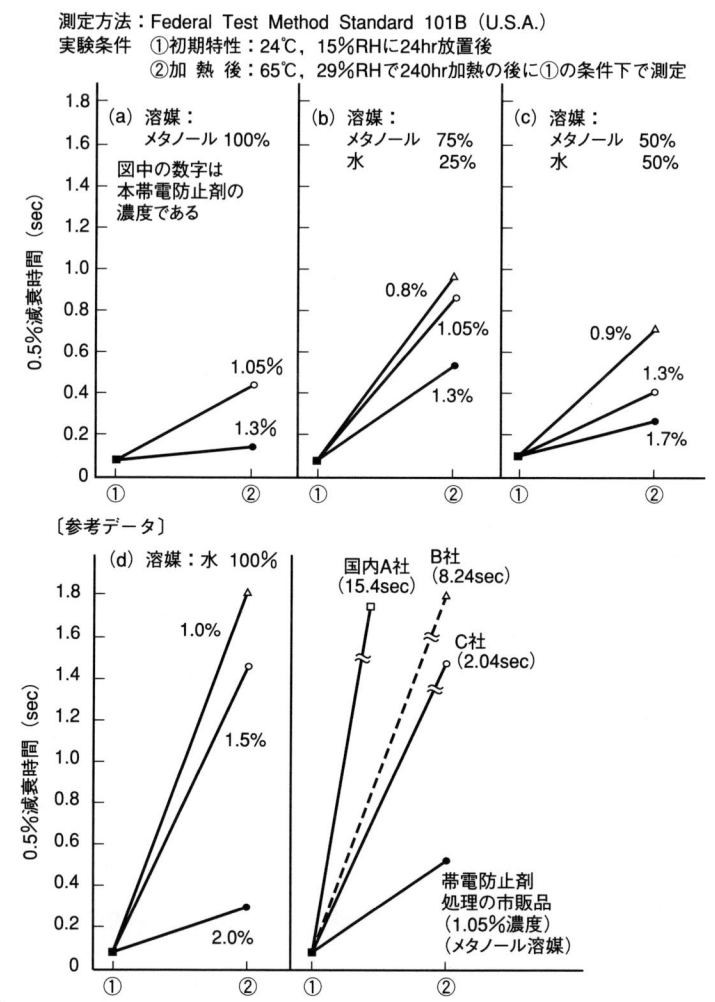

測定方法：Federal Test Method Standard 101B（U.S.A.）
実験条件　①初期特性：24℃，15%RHに24hr放置後
　　　　　②加 熱 後：65℃，29%RHで240hr加熱の後に①の条件下で測定

(a) 溶媒：メタノール 100%
図中の数字は本帯電防止剤の濃度である

(b) 溶媒：メタノール 75%　水 25%

(c) 溶媒：メタノール 50%　水 50%

〔参考データ〕

(d) 溶媒：水 100%

国内A社（15.4sec）
B社（8.24sec）
C社（2.04sec）
帯電防止剤処理の市販品（1.05%濃度）（メタノール溶媒）

備考
1) 帯電防止剤の被塗布物はPVC製のICケース（DIPスティック）
2) 測定器：E.T.S. 社製 Static Decay Meter
3) 印加直流電圧：5000（V）
4) 帯電防止剤の塗布方法：ディッピング
5) 本実験の加熱条件はICケースが熱によって大きく変形するような過酷な条件であり，PVCと帯電防止剤が化学的あるいは物理的に界面で何らかの反応を起こしていると考えうる条件である．
6) 加熱条件が55℃，29%RH，168hrの場合は，0.5%減衰時間は初期特性と同等である

図5.32　塗布型帯電防止剤の濃度と溶媒の実験例

図5.33　各種環境試験における塗布型帯電防止剤の特性

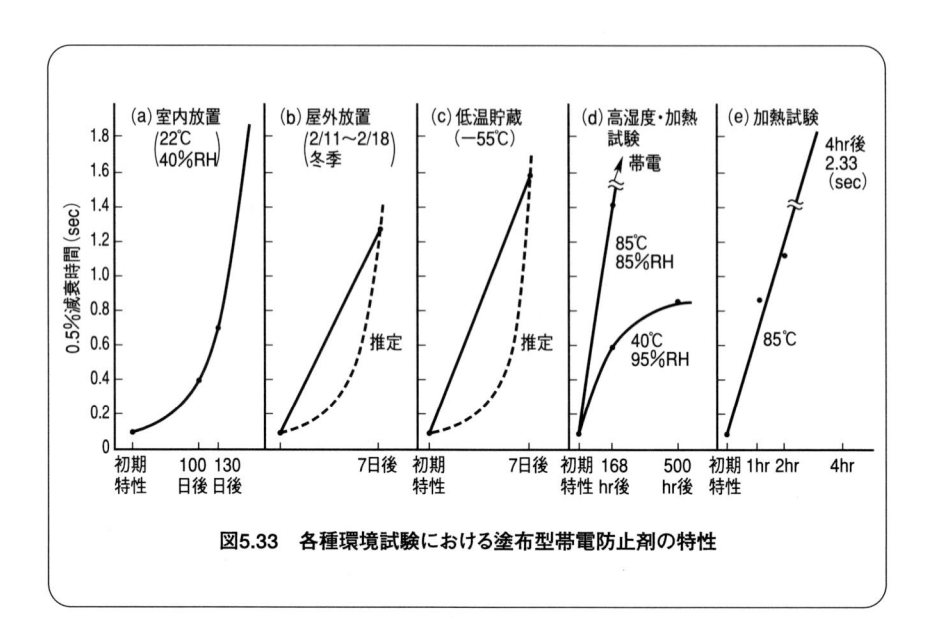

　この他、(a) 室内放置（実験室の机の上）、(b) 屋外放置（冬場の北側、軒下）、(c) 低温貯蔵（−55℃）、(d) 高湿度, 加熱試験（85℃、85%RH, 40℃、95%RH）の試験を行いましたが、B社製帯電防止剤は、上記4つの条件すべてで大きな劣化（帯電を示すようになった）を示したので、図5.33の (a)、(b)、(c)、(d)には記述していません。(a) の条件は、22℃、40%RH という帯電防止剤にとって比較的良好な環境条件でしたが、ほこりや光線が多く過酷な条件でした。(b) および (c) は、低温に対する耐性を調査したものですが、(b) の場合は、乾燥した冷たい北風を常時受けている状態です。劣化の度合いは、(b) と (c) では大きな違いはなく、帯電防止剤の低温に対する耐性は、比較的良好であると判断しました。

　なお、この他に85℃と125℃の耐熱試験も行いましたが、オーブンに設置後、数時間でポリ塩化ビニール（PVC）が軟化したためデータは非常に不安定なものでした。

③　湿度の影響

　我が国では、冬場のごく短い期間を除けば、1年を通じて相対湿度は比較的高いため、従来、低湿度に対して考慮している帯電防止剤は少なかったようです。そのため米国や欧州に比較すると、低湿度領域で長期間特性を保持してい

る帯電防止剤は少ないといわれています。塗布型帯電防止剤そのものは、クリーン度やISO14000などの環境標準や内部物質の明確化規定に、帯電防止剤の製造企業が応じきれていないために、ESDSの静電気への敏感性が高くなるに従って、その対策のための使用が増加しているとは言いがたい状態です。この内容物の公開は、数種類の帯電防止剤をブレンドし、担体を調節して作成する特殊な塗布型帯電防止剤では公開はむずかしく、その面で、最近のESDSの包装分野等での使用の制限は、ある程度、仕方のないことなのかもしれません。

ところで、防湿包装の必要性は、部品の長期保存の必要性も合わさって広く使用されるようになってきています。防湿包装では、当然湿度の低下による帯電防止資材を必要とするため、内容物に対する汚染度の低い帯電防止剤が、開発されてきています。もっとも、低湿度性能のみに気を取られていると、赤道付近で包装材料がびっしょり汗をかいて、近接包装材料に予想もしなかったような汚染を引き起こしたりします。さて、この低湿度の問題は、測定の環境に大きな影響を及ぼし、最近では国際規格にもこの低湿度を取り込もうとしています。

1) 湿度依存性

帯電防止剤の湿度依存性を調査するために、帯電防止剤処理し乾燥した後、15％RHと60％RHの2つの湿度環境で試料を24時間放置し、減衰時間を測定しました。温度は26℃です。なお、測定の環境は、14％RHでした。使用した試料は、300MIL DIPチューブを3等分したもので、処理剤は、E社製の湿度依存性が高い帯電防止剤です。結果を**表5.7**に示します。表中、No.9は無処理のもので、1～3が常温空気乾燥、4～5が40℃の強制乾燥、6～8は常温で送風しながら乾燥したもの、No.10は比較のために、湿度依存性のないF社製帯電防止剤を処理したものです。

E社の帯電防止剤は、予想以上に帯電防止特性が悪かったために、初期特性が悪く、高湿度環境下でも良い特性を示していません。しかし、60％RHの環境では、帯電していた試料が少なく、減衰時間も測定できるものがありましたが、15％RHでは、ほとんどの場合、測定を行うことができませんでした。次に、G社製の製造企業のカタログでは、湿度依存性が小さいと表示されていた帯電防止剤を評価しました。試料の大きさは、さきほどのものと同様ですが、放置環境湿度を、15％RHと47％RHとしました。結果を**表5.8**に示しました。表中No.1～2が常温空気乾燥、No.3が40℃の強制乾燥、No.4～6が常温で送風しながら乾燥したものです。この場合は、高湿度と低湿度での減衰時間への影

表5.7 帯電防止剤の湿度依存性(1)

No.	湿度(%)	初期帯電(kV)	印加電圧(kV)	帯電電位(kV)	減衰時間(秒) 50%	10%	0.5%	表面抵抗率 Ω/□
1	15	8.0	-5	+15	NG	NG	NG	
	60	0.5	-5	-4.5	0.92	14.09	∞	4×10^{11}
2	15	+0.3	-5	-4.7	0.58	8.90	∞	
	60	-0.1	+5	+4.7	0.243	3.123	∞	2×10^{11}
3	15	-0.2	+5	+4.8	0.31	2.845	∞	
	60	0	+5	+4.8	0.115	1.205	4.22	3×10^{11}
4	15	+12			∞	NG	NG	
	60	+3.5			∞	NG	NG	$10^{12} <$
5	15	+13			∞	NG	NG	
	60	+7.5			∞	NG	NG	$10^{12} <$
6	15	0	5	4.7	0.37	3.033	10.423	
	60	0	5	4.0	0.21	2.363	∞	3×10^{10}
7	15	0	5	4.7	0.058	0.288	0.74	
	60	0	5	4.7	0.045	0.21	0.488	5×10^{9}
8	15	0	5	4.7	0.173	1.36	5.208	
	60	0	5	4.7	0.085	0.583	1.68	
9	15	-0.2	+5	+15	NG	NG	NG	BLANK
	60	+20	-5	-0.5	NG	NG	NG	BLANK
10	15	0	5	4.7	0.02	0.05	0.081	
	60	0	5	4.7	0.015	0.045	0.080	2×10^{8}

(温度:26℃　設定環境放置時間24時間　測定環境湿度:14%RH)

響は、明確に判断できます。

　次に、指標を変えて、表面抵抗率で、湿度の影響を追ってみました。試料は、先の2つと同様、DIPチューブで、使用した帯電防止剤は、先のものとは異なるグループ2種類（C、D）と別のグループ2種類（A、B）です。この中で、試料Bは、表5.7の比較用に測定したものと同じものです。表面抵抗率では、減

表5.8 帯電防止剤の湿度依存性(2)

No.	湿度(%)	初期帯電(kV)	印加電圧(kV)	帯電電位(kV)	減衰時間(秒) 50%	10%	0.5%
1	15	-300		-500	2.655	∞	∞
	47	0		0	0.02	0.055	0.163
2	15	0		-200	0.038	0.89	∞
	47	0		0	0.02	0.455	0.283
3	15	-200		-300	0.04	1.165	∞
	47	0		-200	0.02	0.058	∞
4	15	0		-500	0.10	75.56	∞
	47	0		0	0.02	0.048	0.103
5	15	0		-300	0.053	4.81	∞
	47	0		0	0.015	0.043	0.09
6	15	0		-300	0.03	0.933	∞
	47	0		0	0.018	0.043	0.115

衰測定のように測定不能とならずに、かなり大きな領域で変化を追うことができます。最も変化の少ない試料Aは、湿度にほとんど影響を受けることなく、減衰時間もほとんど変化しません。試料Bは、30％RH以下で湿度の影響を受けるようになり、10％RHでは、70％RHのおよそ100倍の抵抗値となっていますが、減衰時間は、ほとんど変化していません。試料Cは、40％RHより、湿度の影響を受けるようになり、表面抵抗率で、10％RHの値は70％RHの値の約400倍となっています。減衰時間も、50〜70％RHでの値の5〜10倍となっていました。試料Dは、測定した中で、もっとも湿度の影響を受けているもので、40％RHから湿度の影響を大きく受けるようになり、表面抵抗率で約800倍、減衰時間では、30％RH以下では測定できなくなり、10％RHでは、微小ですが帯電を示すようになっていました。

　以上のように、帯電防止剤のESD対策の評価を行う上で、湿度は非常に重要な要因で、40％RH以上のデータから、15％RHのような低湿度での特性を予想することが非常にむずかしいことがわかります。

④　使用濃度

　さて、塗布型帯電防止剤は、一般に担体と帯電防止剤の比率を変化させることにより、帯電防止機能、あるいは導電性機能を制御することができます。これは、溶媒によっても変化させることができるので、さまざまな帯電防止特性を保持し、しかも、ある程度表面層の厚みを変化させることができます。この層の厚みは、帯電防止特性のほか、層のライフや、磨耗への耐久性などに関係してくるために重要視されていますが、層が薄いからといって一概に特性が落ちるというわけでもなく、比較試験は、なかなかおもしろい結果がでました。

　次に、塗布型帯電防止剤は、ブラシによる簡単な塗布から、コンピュータ管理したスプレーシステムまでさまざまな方法で表面処理を施すことができます。また、さまざまな器具を使用して天井、壁、床、カーペットなどの作業場から、部品トレー、衣類、紙コップまで、ほとんどすべての一般材料に処理することが可能です。塗布型帯電防止剤のおもしろいところは、繊細な面を持つ反面、かなり大胆に使用すると非常に良い結果が得られることです。

⑤　処理濃度

　塗布型帯電防止剤の大きな利点の一つに、表面の帯電防止特性を、処理剤の濃度である程度、制御できるという点があります。もちろん、濃度を変化させるためには、ある程度濃縮された溶液の入手が可能であることが条件となります。また濃度の決定は、帯電防止剤を使用する場合の、最もむずかしく、またクリティカルな点でもあるので、以下、指標を表面抵抗率、減衰時間を使用して評価を行いました。使用した帯電防止剤は、濃縮液が入手可能な米国製帯電防止剤です。

　1）処理液の調製

1. 水溶液：純水を使用し10.000％の標準液を調製。
　　　　　各希釈溶液は、この標準液を純水で希釈し調製。
2. メタノール：試薬特級メタノールを使用し10.000％の標準液を調製。
　（MA）　各希釈溶液は、この標準液を試薬特級メタノールで希釈し調製。
　　　　　この際の比重変化量に対する濃度変化は、最大で濃度に対して0.2％であったので表示上無視。
3. IPA：試薬特級IPA（イソプロピルアルコール）を使用し10.000％の標準

液を調製。

各希釈溶液は、この標準液を試薬特級IPAで希釈し調製。

〈サンプル〉
　PVCシート：60mm × 150mm × 0.2mm
　PETシート：60mm × 150mm × 0.1mm
〈処理方法〉
　ディッピングで10秒間、24時間自然乾燥後、環境チャンバーに移した。

2）結果

表5.9は、水溶液、IPA、メタノールでPVC、PET、各シート別に、初期特性を環境チャンバー（23℃、15%RH）内で測定したデータです。この表を基に、PVCとPETの処理濃度（水溶液）を比較したものが**図5.34**です。また、IPA溶液で比較したものを**図5.35**に示しました。2つの違いは、主として表面の水濡れ性の違いによるもので、40日程度の経時変化を見た限りでは、この差はなくなりません。**図5.36～図5.39**は、減衰時間を指標として各濃度、各樹脂の帯電防止剤劣化を調査したものです。処理条件、サンプルサイズ等は、抵抗測定と同じです。基材がPETの方が、純水、IPA共優れているのは、先の樹脂別の特性評価と同じ傾向で、純水溶媒よりIPAの方が優れているのも、溶媒別の特性評価と同様です。

⑥　汚　染

塗布型帯電防止剤は、導電性を増加させる材料なので、電子部品や基板、デバイス類、ESDS類に直接使用することは昔から避けられていました。これは、塗布型帯電防止剤によるリーク経路の形成について、否定できなかったからです。このような場合、回路に異常が発生したり、デバイスの動作不良、リードの腐食など、さまざまな問題が発生したという報告があります。ただし、これは、直接塗布型帯電防止剤を、塗布・乾燥した場合の話で、乾燥した層からの転移については、リーク発生の報告はあるものの、実際のデータが公開された例はほとんどありません。導電性については、このようなリーク問題以前より、上限が設けられていました。一般的な処理では、塗布型帯電防止剤を処理して$10^6\,\Omega/\Box$以下にすることは、あまり行われていません。また、$10^4\,\Omega/\Box$以下の塗布型帯電防止剤は、導電性塗布型帯電防止剤として、別の用途に使用されていたようです。現在、一般的に使用されている塗布型帯電防止剤の処理表面抵

抗率は、$10^8\ \Omega/\square$程度のものが多く、だいたいこの程度で収まるように設計していると思われます。

さて、このような塗布型帯電防止剤を使用して、ESD管理を行う場合、作業者は、洗浄等により汚染を避けるように指示されます。たとえば、CDM型の破

表5.9　処理液濃度と帯電防止特性

水溶液			アルコール溶液			
			IPA			メタノール
	PVC	PET		PVC	PET	PET
濃度	$\Omega/\square$	$\Omega/\square$	濃度	$\Omega/\square$	$\Omega/\square$	$\Omega/\square$
			0.05	—	—	2.5×10^9
			0.075	1×10^9	1×10^9	—
0.1	9×10^9	2×10^9	0.10	—	—	1×10^9
			0.15	4×10^8	4×10^8	—
0.2	8×10^9	6×10^8	0.20	—	—	1×10^8
0.3	2.3×10^9	5×10^8	0.30	1.9×10^8	1.9×10^8	5×10^8
0.4	1.9×10^9	4×10^8				
0.5	7×10^8	3×10^8	0.50	—	—	3×10^8
0.6	5×10^8	3×10^8	0.60	1×10^8	1×10^8	—
0.7	4×10^8	2.5×10^8	0.70	—	—	2×10^8
0.8	3.2×10^8	15×10^8				
0.9	3.0×10^8	1.7×10^8	0.90	—	—	15×10^8
1.0	24×10^8	15×10^8	1.00	—	—	15×10^8
			1.25	4.3×10^7	4.2×10^7	—
1.5	2.1×10^8	15×10^9	1.50			15×10^8
2.0	1.7×10^8					
			2.50	2×10^7	2.5×10^7	—
3.0	1.1×10^8					
			5.00	9.3×10^6	9.7×10^6	—

10. 帯電防止剤

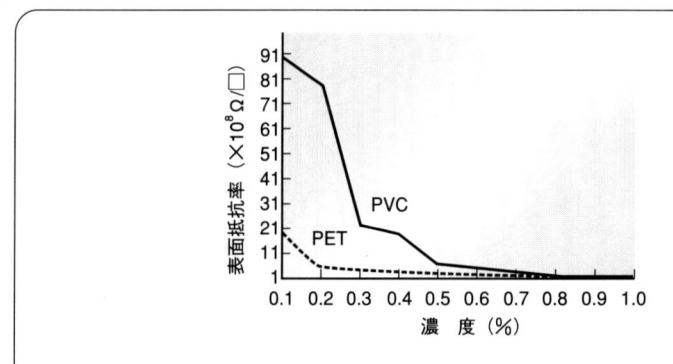

図5.34 表面抵抗率と濃度（水溶液）

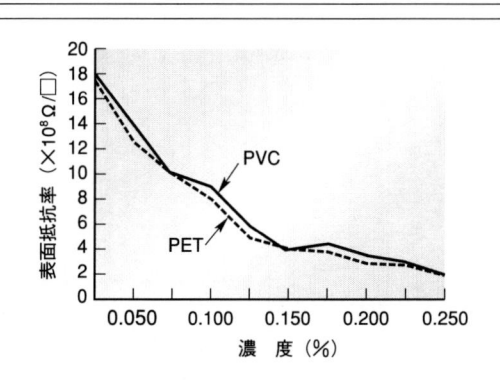

図5.35 表面抵抗率と濃度（IPA溶液）

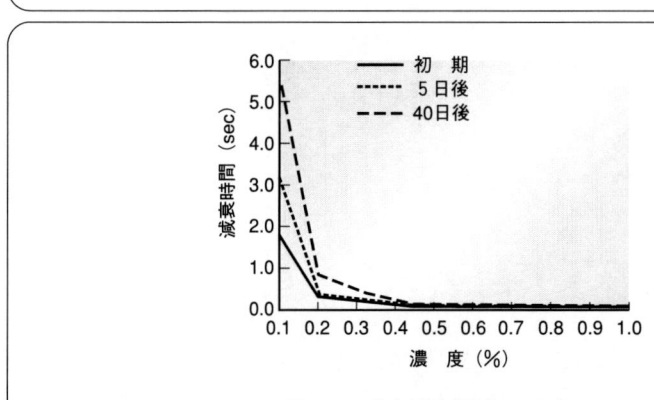

図5.36 寿命試験（純水1/PVC）

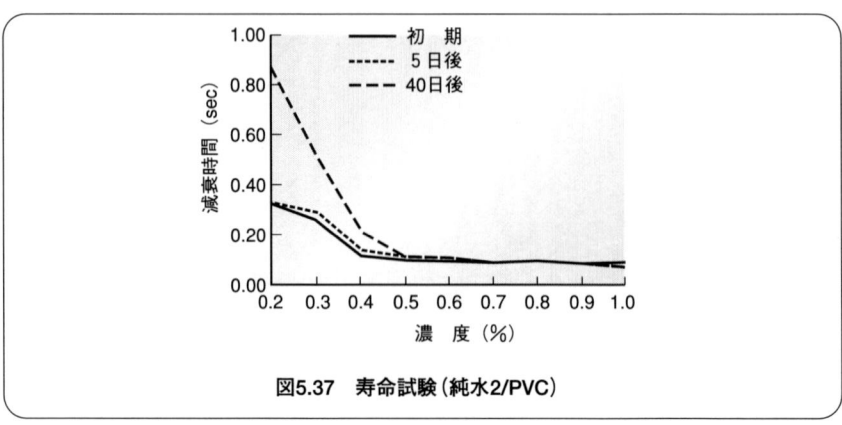

図5.37　寿命試験（純水2/PVC）

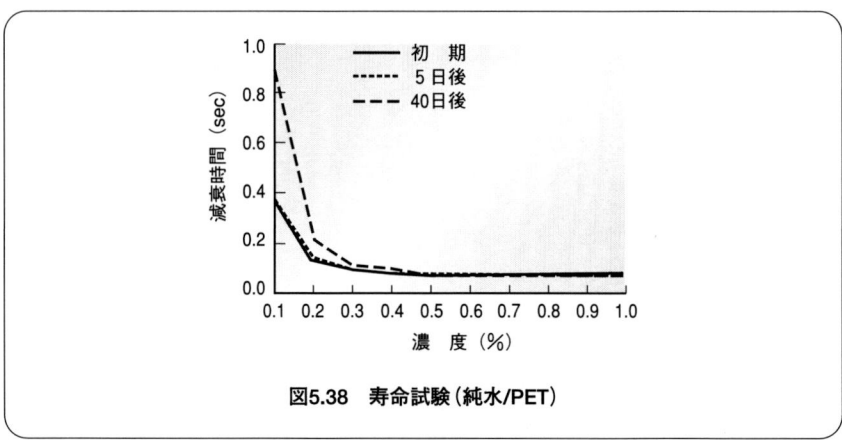

図5.38　寿命試験（純水/PET）

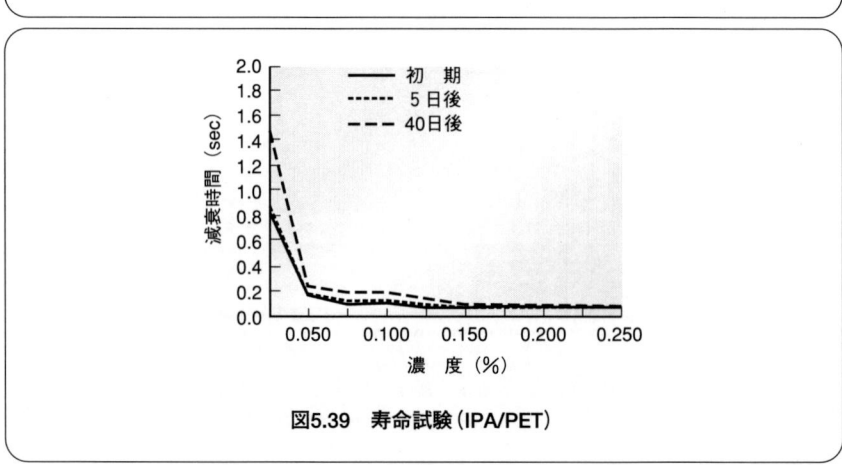

図5.39　寿命試験（IPA/PET）

壊を避けるために、デバイス類や基板類の絶縁表面に、直接帯電防止剤を処理することにより、障害防止を行うことが考えられますが、電子部品へ直接有機物や無機物の化合物をコーティングすることには抵抗が強く、また、コーティング被膜が、デバイス全体を覆ってしまうという点で、リークの危険性の増大が懸念されます。このような汚染についての問題は、精密な光学機器や、微小なベアリングのような表面が非常に敏感なアイテムでは、特にクリティカルな問題として取り上げられ、塗布型・練り込み型を問わず、帯電防止剤の使用が制限されることがあります。これは、表面に析出した帯電防止剤が、直接転移したり濃縮された帯電防止剤が蒸発したりすることによる汚染を防ぐことを目的としたものです。

したがって、このような場合には、特殊なバリアフィルムを使用すべきでしょう。もっとも、一般的に、塗布型帯電防止剤は、洗浄に対して耐久性を持たないものが多いので、処理された製品使用前に洗浄工程を設けることができれば、汚染については問題ないと考えられます。

練り込み型帯電防止剤

ESD管理領域で使用することが想定される製品・備品は、材料そのものが、帯電防止特性を保持したものを使用します。これらは、塗布型の帯電防止剤で処理されたものや、材料に帯電防止剤を練り込んだものを使用します。特に、袋やコンテナ類では、塗布のむずかしさや、帯電防止表面の耐久性等が要求されることから、帯電防止剤を練り込んだものを使用します。

表面に帯電防止剤がブリードアウトしてくるようなタイプでは、基本的には塗布型帯電防止剤の利点も欠点も持つことになり、永久あるいは恒久的なイメージのある言葉を使用する場合に注意が必要になります。それは、帯電防止剤がブリードアウトした層が、何らかの衝撃により一部もしくは大部分が喪失し

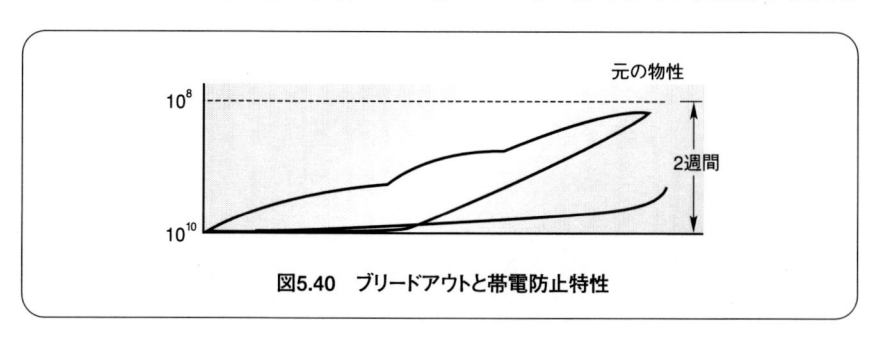

図5.40　ブリードアウトと帯電防止特性

た場合、内部から再びブリードアウトする時間が、非常に長くなる傾向があるためです。これは、古くからの研究課題であったために、最近では数時間で一定の特性まで回復するような素材も開発されてきていますが、**図5.40**のようにもとの特性に戻るには、一般的には1週間以上が必要で、周囲の環境状況によっては1ヵ月以上回復が遅れる場合もあります。

したがって、樹脂本来の特性として、帯電防止性能を保持している材料を、これらの従来品と区別するために、最近では、永久あるいは、恒久的というような表現を使用しているESD管理用資材も見受けられるようになってきました。ただし、これらの資材の中で、機能性高分子を表面に処理したり、共押し出しの技術で多層の資材を作成している場合には、一般的なESD管理用の測定方法、抵抗率、抵抗値、減衰測定、シールドバック試験などのほかに、製品の構造あるいは効果の理由などを明記すると、ESD管理を行う企業が採用しやすくなると思われます。

導電性素材

ESD管理用資材の中には、練り込み用の素材として導電性カーボンブラックや導電性のカーボン繊維、あるいは、その混合物、金属繊維、金属化繊維、金属フィラーなどを使用したものがあります。これらの資材は、素材そのものの電気特性が比較的安定しているために、劣化や寿命など、他の帯電防止剤練り込み材料に見られる表面ブリードアウト層の問題について、特に考慮する必要がないように考えられます。

しかし実際には、比較的導電性の高いカーボンや金属化成分が、粒子状、あるいはクラスター状で脱落したり、過剰に添加して樹脂の特性を無視した加工方法をとることにより、成型品でのクラック、マイクロクレージングが発生して過去に汚染問題を引き起こしたことがあります。導電粒子の脱落については、本来、ESDから保護しなければならないESDSを、導電粒子の付着などによるリーク経路の形成や、はんだ付け不良など損傷させる危険があります。

① **静電誘導によるESD**

導電性の粒子を混入した素材で、クラックやクレージングが発生した場合、静電誘導が問題となります。帯電した物体の近くに導体を近づけると、その帯電と逆の極性の帯電が、その帯電物体に向かっている面に現われます。この現象を静電誘導といいますが、クラックやクレージングなど、比較的大きな切れ

目が設計されていない場所に発生し、切り口の面が、比較的活性化している場合には、この静電誘導が、基材に使用した絶縁性の樹脂と、その近くの導電性粒子あるいは、導電性の活性面で発生することがあります。この状態では、導体は、浮遊導体で誘起された電荷も、その面の逆の面に極性が逆の電荷が同じだけ集合しているために、見かけ上は帯電しているようには見えません。

しかし、絶縁性の帯電物体に向いている面の電荷が、その絶縁性の帯電電荷に束縛されているのに比べ、そこから遠い面の電荷（結局、絶縁体の電荷と同じ極性でほぼ同じ量の電荷になります）は、束縛されていないために、近くに大きな電荷の許容導体がある場合には、その導体に静電誘導を発生し、今度はESDを発生する可能性がでてくるのです。そして、このようなESDの危険は、絶縁体が帯電していれば常時発生する可能性があるために、導電性材料と絶縁性材料との組み合わせを使用するこのようなESD対策製品は、接地器具など取扱いに十分に注意するよう指示書に示されています。

絶縁体と導電体の距離が近い場合には、このような状態になる場合の他、キャパシタを形成して電荷を蓄積する傾向もあり、不適切な使用を行った場合に大きなESD損傷が発生する可能性がでてきます。身近な例では、導電性のトレーにESDS部品を搭載して何段かに組み上げバンドで止める操作を行い、出荷ロットとしていたケースで、使用していたポリプロピレン製のバンドの帯電とトレー間の摩擦によるトレー本来の強度劣化により、開封時に大きなESDが発生して問題を引き起こしたことがあります。このようなほとんど相容性がないもの同士の組み合わせで作成されたものの試験は、MILで採用しているガルボフレックス試験のような物理的な劣化を数値で示すようにすべきでしょう。

② **評価方法の動向**

ESDの管理用資材の評価方法は、ほぼ形が決まってきたとはいえ現在でもまだ試行錯誤を繰り返している状態です。測定標準の動きとしては、MIL、EIA、ULなどの米国系のものとBSを中心としたIEC国際標準の系列に分かれています。ただし、IECでは、米国のESD協会などと協力関係にあるために、ある程度の相関や類似性は見られます。たとえば、包装材料の静電気シールドの概念などは、基本的には米国系の考え方であるため、その測定方法や評価方法についてはほぼ一致しています。ただし、こうした例はまだ少ないのが現状で、今後さまざまな国々との調整がさらに必要となってくると考えられます。

また、他のIECの標準との関係も考慮に入れる必要があり、ISO9000シリー

ズの他、ISO14000についても考慮が必要となってきています。そのため、従来のように特性のみを重視した考え方から、リサイクルや廃棄問題を考慮する必要が出てくるために、末端消費者に直接関係するESDSを作成している業者では、自社製品の廃棄回収マニュヘストのほか、最終販売業者の包装リサイクルなどの問題も考慮しなければなりません。

そのため、環境汚染要因となる物質を含む可能性のある材料の使用については、産業資材であってもインターネットや個別部品販売業者の増加などから、産業用途に設計された製品が、従来の流通経路をとおらずに末端ユーザに供給される可能性も否定できず、PL法や人体安全性の考え方から、ESDSの部品類にリストストラップなどの接地器具を取り付け器具として挿入する場合には、特別な注意書きが必要となることが予想されます。

さらに、情報公開の一般化の速度を考慮すると、ESDS包装に使用する素材の内容物の公開を義務付けられることも考えられます。IECでのESD包装標準については、IEC61340-5-3が2010年に成立し、一般標準にあたるIEC61340-5-1に記載のある方法で行うことになりそうですが、61340-5-2は、TRの形式で発行されているために参考程度の使用にとどめるべきであるとの考え方も多く、IECの基本的な考え方で言えばそれが当然ということになります。もっとも、EIA625（こちらは、米国版ISO9000に適応した標準です）なども平行して使用されていることから、それらも考慮して包装設計を行う必要があります。

米国や欧州のESDS対策商品関連企業、それに我が国の一部の企業でもホームページにさまざまな情報を公開してきています。今後そのような傾向がさらに強くなることは十分予想されることですから、従来のようにESDS管理用資材の製造・販売企業が標準測定データやその他の特性についてホームページ等ですばやく公開していくことが重要となっていくことでしょう。なお、摩擦帯電試験については、減衰時間に対する考慮を含め現在も検討中ということですが、再現性のむずかしさについてはさまざまな業界の有識者が認めているところなのでもう少し時間が必要かもしれません。

③ 帯電防止剤に求められるもの

最近の傾向としては、ISO9000やISO14000などの他、PL法、廃棄物法、そして、将来の環境汚染などの問題から、使用者側の企業は、化学系の薬品を使用する場合に、従来のような毒性のほかに、内容物や廃棄方法等についての明細な記述を要求することが多くなってきました。また、ホームページやカタロ

グに記載がないものについて、購入できないような仕様を作成している企業もあります。

　そこで、最近の米国などの新しい帯電防止剤には、かなり詳しい仕様が添付されているものが多くなり、それに伴い有毒なものや環境汚染物質に指定された素材が含まれていた製品は、使用している素材を変更したり加工方法等を改良して毒性を抑制する努力を行っています。ただし、環境汚染物質に指定されているものは、業界内での評価が分かれているものも多く、その意味ではすべて廃止されているわけではないようで記述にその詳細があるものもあります。

　さらに、半導体産業の拡大に伴い周辺技術として、表面改質や表面塗布技術も著しく向上してきたために、現場で表面硬化被膜を形成するような、簡易的な塗布型と練り込み型の中間のような帯電防止剤もでてきました。このような材料自体は過去に存在していましたが、最近では、形成した被膜が物理的な衝撃には強い耐久性を保持しつつ、ある種の洗浄剤で簡単に取れてしまうなど、使用者側の要求に合わせた製品が開発されています。

　一般に、練り込み型の帯電防止剤は、添加剤を明らかにしないものが多かったのですが、最近の環境問題への考慮やISO14000などの問題から、樹脂の成型企業によっては、内容物を明らかにする場合も出てきています。ただし、カタログやホームページ上で明らかにされている例はあまり見受けられないので、購入時に納入業者に内容物リストの提出を求めると良いかもしれません。このような帯電防止剤を添加して作成する樹脂の場合、内容物を明らかにした場合でも、数種類の帯電防止剤を使用していたり、配合比率や加工方法等、特殊な技術で類似品の製作が行えないことも多いといわれています。

　また、最近では、クリーンルームでの使用を考慮して表面層のより一層の均一化が求められてきています。吸湿性の帯電防止剤の場合、このクリーンルームでの使用を考慮することはむずかしく、洗浄、乾燥の工程を繰り返しても、吸着水による汚染の問題を完全に抑えることはむずかしいと考えている研究者もいます。そこで、樹脂本来の特性として帯電防止や導電特性を保持しているような素材やさまざまな素材を組み合わせた複合資材を使用するようになってきたのです。しかし、ここでも廃棄物規制やISO14000などの規制により、企業側の包装資材への真剣な対応が迫られています。このあたりが、ここ数年の問題点となるような気がします。

帯電防止剤の選択

ESD管理特性に加え、帯電防止剤を選択するにあたっては、以下のような項目を考慮すべきでしょう。

1) 希釈特性
2) 汚染要因
3) 寿命と磨耗特性
4) 減衰特性と制御性
5) 使い勝手のよさ
6) 経済性
7) 抗菌性
8) クリティカルな使用での導電性
9) 人体と環境への安全性
10) 腐食性
11) 水溶性

つぎに、帯電防止材料を選択するための評価方法について考えてみましょう。帯電防止剤の評価は、抵抗率、摩擦帯電特性、減衰特性、電荷の拡散特性などさまざまなものを指標として使用します。しかし実際には、使用状況に合わせた指標を中心に評価を行うことになり、監査請求に使用される標準や規格、社内仕様書、顧客先の仕様書などで指定された試験方法、使用目的に合わせた適合基準値、そして最後に製品の設計寿命に合わせた、帯電防止効果の寿命試験を行うことになります。この寿命試験は、最も重要視されるものであり、極論すれば帯電防止剤の新製品の開発は、ほとんどこの初期特性をいかに保持することができるかということになります。古くは、帯電防止剤を含む素材の寿命は、比較的短いと認識されていたために、多少の寿命があれば、恒久的とか半

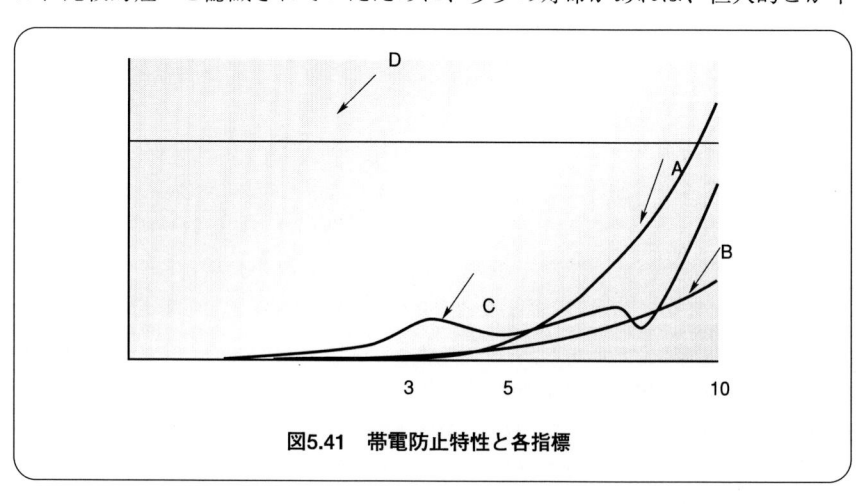

図5.41 帯電防止特性と各指標

永久的等という言葉を使用した、比較的寿命の長い帯電防止剤を含んだ材料もありました。

図5.41で、Aは抵抗値、Bは減衰特性、Cは摩擦帯電防止効果を示したものです。評価指標がそれぞれ異なるので、一概には評価できないのですが、Dのラインが特性的に問題のある値となるように評価図を作成しました。Cの摩擦帯電のグラフがなぜ単純増加の傾向を示さないのは、測定が非常にむずかしいためと思われます。

① 練り込み型帯電防止剤の評価

練り込み型の帯電防止材料は、従来からクリーンルームでの使用も考慮された製品が開発されていました。PL法などの整備に伴い寿命についての記述や保証、使用条件の限定等、今後の帯電防止材料の中で包装材料については、特に注意が必要となると思われます。このような問題は、ESD管理用品開発の思想とユーザの使用思想のずれ、使用環境条件（湿度、温度、気圧）や要求電気特性など、実際に設計者が使用時に設計特性を得られないことについては、EIA625やIEC61340-5-1.5-2などの普及に伴って、今後少なくなっていくと思われますが、ユーザ側のみで仕様を作成した場合には、あまり実用的でない測定や、実際に測定を行うことが不可能なものを作成してしまう可能性も否定できません。体積抵抗や表面抵抗の測定にしても、徐々に浸透はしてきていますが、表面抵抗率の考え方との違いについては、今でもなかなかむずかしいものがあります。

体積抵抗と表面抵抗は、同じような電気的な単位を使用しますが、実際には全く異なった指標であると考えるべきです。特にESD管理で材料の指標として使用する抵抗の範囲$10^6 \sim 10^{12} \Omega$では、それが顕著に見られることが多いといわれています。これは、体積抵抗と表面抵抗の違いを単純に厚み方向への単位系を考慮するだけでは、実測値と理論値が一致しないことも多いためです。実際には、測定に静電容量や、ポーラスな面への電荷の移動等さまざまな要因が考えられますが、表面抵抗の測定は周囲の環境に影響を受けやすく、特に湿度に対しては、40〜50％RH付近を境に微妙に変化し、20％RH以下では大きく変化することが、さまざまな文献で示されています。

一般的には、20％RH付近と70％RH付近の湿度で、温度や気圧など他の環境要因を一定にすると、同じ帯電防止剤を使用した場合でも、基材となる物質、練り込みの方法などにより、測定表面抵抗は10倍から1000倍近くまで変動することがわかっています。そこで、帯電防止材料の測定環境湿度は、より厳し

い環境である15％RHが国際的にも使用されるようになってきています。ただし、樹脂の表面は、エージングなどの特別な処理を行わない場合には、非常に不均一となっており、このような厳しい湿度環境に放置した場合の、表面での吸着水の安定化には、非常に時間がかかることが予想されています。

そのため、最近のESD管理資材評価の傾向としては、この放置時間も非常に長くなってきています。標準化の意味では、この湿度表示を絶対湿度に変更すべきであるとの議論もなされていましたが、結局、室温、1気圧の指定を付けることで方向が定まりそうです。今後の包装資材での、ドライパック仕様の増加などを考慮した場合、測定湿度環境のさらなる低下も考えるべきで、一般環境で使用するESD管理用包装材料との差別化についての問題もでてくるでしょう。

② **寿命、耐久**

帯電防止を練り込んだ高密度ポリエチレン（HDPE：DIPチューブ）と低密度ポリエチレン（LDPE：袋）の寿命と耐久性について見てみましょう。測定試料としては、HDPE、LDPEの各4種類について、減衰測定と一部表面抵抗率を指標として評価を行いました。

1）高密度ポリエチレン（HDPE）

表5.10の①②の条件については、環境チャンバー（25℃、15％RH）に移動後、24時間経過した後に測定、③の条件については、環境チャンバー移動後、

表5.10　練り込み型帯電防止剤処理HDPE製DIPチューブの減衰時間

	減衰時間(秒)								
	①経時変化		②耐熱		③水洗				
	初期	6ヵ月後	初期	2週後	初期	1週後	2週後	3週後	4週後
A	0.81	2.34	4.65	154	NG	9.54	3.21	154	1.49
B	0.65	5.87	NG	2.68	NG	NG	6.95	5.98	245
C	0.94	9.35	NG	1.95	NG	NG	10.25	7.65	6.92
D	1.25	32.33	NG	NG	NG	NG	NG	NG	NG

条件：米国製練り込み処理HDPE製DIPチューブ（300MIL）を3分割
　　　①実験室内、蛍光灯の真下60cm
　　　②85℃、3時間、デシケータ内で24時間放冷後、環境チャンバーに移動
　　　③流水で10分間洗浄後、24時間室内で乾燥、環境チャンバーに移動

48時間後に測定しました。入手サンプルは、成形後2週間以内に米国から空輸したもので、Dのサンプルを除き表面は汚れていませんでした。Dのサンプルは、表面上に白色の粒子が吸着していました。なお、サンプルは、すべてピンクあるいはブルーに着色してあり、透明性はほとんどない状態でした。練り込み剤使用のDIPチューブについては、初期データ自体が、すでに塗布型帯電防止剤処理品に比較すると悪く、実際には、この時点で評価を終了しましたが、参考データとして以後の実験を行いました。耐熱劣化は、2週間後のデータより明らかなように、塗布型よりは良好ですが、水洗試験では回復が見られるものの、完全に回復するのに、1ヵ月以上が必要なことは明らかです。ただし、この実験は、表面層を完全に取り去ることを目的に、水洗10分という過酷な実験を行い、経時変化も低湿度環境15％RH以下という環境であることを考慮すれば、妥当なデータと言えるかもしれません。

　実験したHDPEは、6ヵ月の環境放置試験ですべてMILの規格値を越えています。つまり、ESDSを保護する材料としては完全に不適合です。しかし、帯電防止の効果が全くないかと言えば、ダスト防止等では十分な効果があるでしょうし、40％RHを越える高湿度では表面抵抗率等もそれほど劣化を示していません。

　2）低密度（LDPE）

　表5.11は、透明帯電防止袋（LDPE製）の帯電防止特性を示したものです。ADは、A袋をデータから取り寄せたもので、DCは、Dと同じ製品で色が異なるものです。そのほかの袋は、製造企業から直接取り寄せたものです。洗浄は純水を使用し、超音波洗浄器で15分間洗浄し、その後、20℃、60％RHの環境で1週間放置、環境チャンバー内で24時間放置、減衰測定を行いました。この試験の目的は、洗浄後の帯電防止特性の劣化を調査するものでしたが、表に示されるように、ほとんどの試料で、洗浄試験後のデータが改善されています。唯一劣化を示している試料Cは、調査の結果、帯電防止特性を向上させるために、表面に塗布型の帯電防止剤をコーティングしたものでした。洗浄により減衰時間が改善された理由は、試料表面の汚れや表面に成形直後ブリードした層が不均一だったものが洗浄により層が均一化されたためと判断されます。

　3）HDPEとLDPE

　表5.11と**表5.12**のデータの違いは、洗浄後の放置環境が著しく異なること

表5.11　LDPE製透明帯電防止袋の減衰測定および表面抵抗率

		減衰測定 0%	減衰測定 10%	表面抵抗率 Ω/□			減衰測定 0%	減衰測定 10%	表面抵抗率 Ω/□
A	表	1.10	0.34	10^{11}	C	表	0.28	0.07	10^{9}
	裏	0.97	0.25	10^{11}		裏	0.17	0.04	10^{9}
洗浄後		0.20	0.04	10^{11}	洗浄後		1.13	0.19	10^{10}
A D	表	4.10	0.91	10^{11}	D	表	24.93	6.37	10^{14}
	裏	1.71	0.24	10^{11}		裏	13.58	3.01	10^{13}
洗浄後		0.79	0.19	10^{12}	洗浄後		7.53	2.16	10^{12}
B	表	0.22	0.06	10^{10}	D	表	4.52	155	10^{10}
	裏	0.22	0.03	10^{10}	C	裏	0.98	0.16	10^{11}
洗浄後		0.11	0.01	10^{10}	洗浄後		2.51	0.63	10^{12}

表5.12　減衰測定と表面抵抗率

試料	初期帯電（残余電圧）(kV)	減衰時間(sec) 0% CUT OFF ＋	減衰時間(sec) 0% CUT OFF －	表面抵抗率（Ω/□）
(a)	＋0.2	N	0.3	1.0×10^{11}
(b)	＋4.5	N	N	5.0×10^{9}
(c)	0	0.04	0.05	1.0×10^{8}

（表5.11では15％RH以下、表5.12では60％RH）、樹脂の違い（HDPEとLDPE）によるものと推定されます。この要因のうち、どちらが支配的要因であるかは、HDPEの材料をLDPEと同様に高湿度環境下に放置した場合、確かに著しく減衰時間は改善されましたが、LDPEのように洗浄前のデータより良くなることはありませんでした。また逆に、LDPEの袋を洗浄後、低湿度環境下に放置する実験では、1週間の放置でも、減衰時間が初期の特性にかなり近くなるものもあり（良くはならない）、また4週間放置では、回復した減衰時間が再び悪くなるものもあったために、支配的要因を判断することはできませんでした。

　いずれにしても、湿度要因と樹脂の特性の違いによる要因が、減衰特性に影

響を与えていることは間違いないと判断されます。**図5.42**は、透明帯電防止袋のロット間のバラツキを示したものです。試料の入手は、ユーザより半年ごとに行ったものです。表5.11のように、ロット間の減衰時間の不均一性は明確ですが、洗浄試験を表5.11と同様の方法で行った後のデータは、**図5.43**のようになり、試料を除いて不均一性は小さくなる傾向にあります。

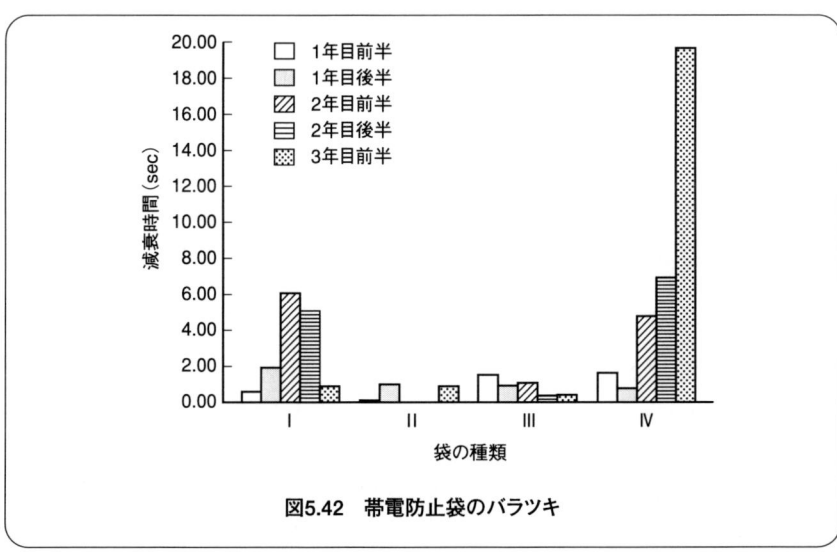

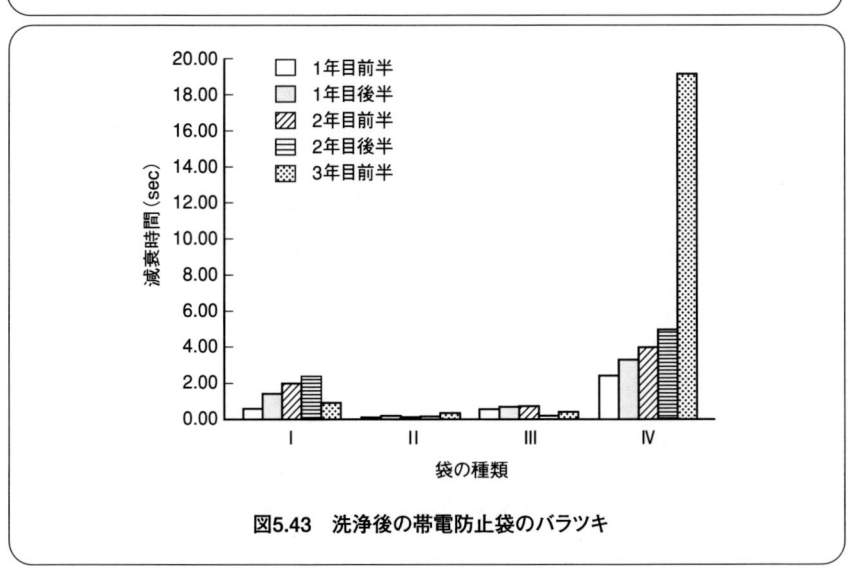

図5.42 帯電防止袋のバラツキ

図5.43 洗浄後の帯電防止袋のバラツキ

11 評価例

比較試験

　現在、国内で入手できる塗布型の帯電防止剤は、数百種類あると言われています。それは、塗布型の帯電防止剤の用途が、広範囲でさまざまな特性を要求されているためだと思います。そこで、そのような帯電防止を実際に選択する場合に行った評価について説明します。

① DIPチューブ

　図5.44は、300MIL、PVC製、0.5mm厚のDIPチューブを3等分し、5種類7品目の帯電防止剤を処理し、23℃、15%RHの環境に放置した状態で、500日の劣化を評価したものです。帯電防止剤は、3種類が日本製、2種類が米国製のもので米国製の1種類については、水希釈の市販品2品目（濃度が異なる）とIPA希釈の市販品（濃度は、水希釈品より小さい）を使用しています。図中、いずれの帯電防止剤も、90日前後より劣化が始まっていますが、日本製の1種類は、

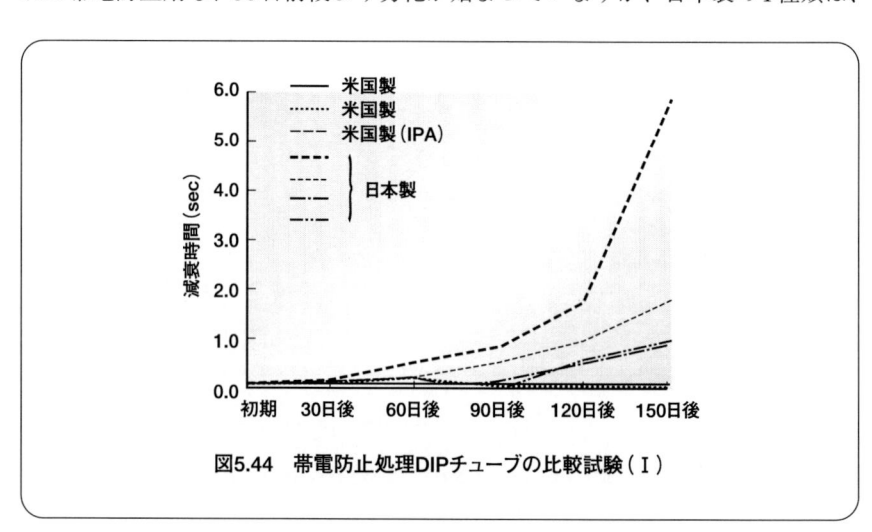

図5.44　帯電防止処理DIPチューブの比較試験（Ⅰ）

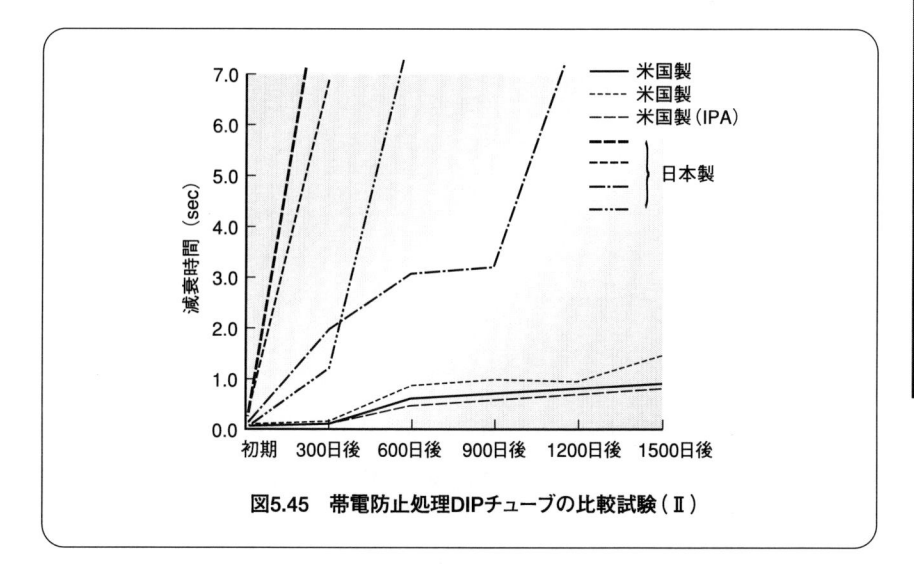

図5.45　帯電防止処理DIPチューブの比較試験(Ⅱ)

120日経過でMILの規格値を越えてしまいました。

図5.45は、同じ劣化試験を、1500日のスケールで評価したものです。150日、300日でスケールアウトしているのは、いずれも日本製品です。600日でスケールアウトしている帯電防止剤は、本来、電子部品等の帯電防止に開発されたものではなく、柔軟剤等繊維用途から、プラスチック用途に開発されたものです。もっとも、使用の最低条件であるMILの規定値2.00秒という値を採用した場合には、日本製品はすべて300日で不合格となります。つまり、1年もたないことになります。米国製では、水を溶媒とした濃度の低い市販品が、900日でスケールアウトした以外はすべて初期劣化した値を保っています。低湿度での長期保管の耐性については、電子部品の長期保管、ドライパック仕様等で、近年問題視されてきているので、一般環境ではあり得ない環境であるにしても、電子部品用途では重要なファクターです。

② PVCフィルム

表5.13は、0.2mm厚のPVCフィルムを、150mm×50mmに切断し、21種類27品目の帯電防止剤(液剤タイプ:14種類18品目、スプレータイプ:7種類9品目)で処理し、23℃、15%RHの環境に放置した状態で、100日の劣化を評価したものです。帯電防止剤は、17種類が日本製、3種類が米国製のもので米国製の1種類については、水希釈の市販品2品目(濃度が異なる)とスプレータ

表5.13 各種帯電防止剤で処理したPVCフィルムの劣化比較

(単位：sec)

品名	初期 減衰時間	11日後 減衰時間	25日後 減衰時間	50日後 減衰時間	75日後 減衰時間	100日後 減衰時間	表面状態 I	II	III	合計	評価①	評価②
〔ディップ処理〕												
A1	0.086	0.097	0.091	0.098	0.141	0.189	4	4	5	13	AA	A
A2	0.077	0.083	0.118	0.084	0.121	0.102	4	4	3	11	AA	A
あ	0.075	0.226	0.087	0.088	0.512	0.351	4	2	4	10	BB	C
い	0.075	0.355	0.159	0.253	0.268	0.194	2	2	4	8	AB	B
う	0.077	0.082	0.085	0.082	0.092	0.099	3	1	1	5	AC	C
B1	0.071	0.073	0.08	0.078	0.075	0.082	2	1	1	4	AC	C
え	0.291	0.441	0.189	0.403	0.76	NG	4	4	4	12	EA	―
お	0.13	0.179	0.146	0.219	0.628	0.321	2	2	4	8	BB	C
B2	0.066	0.072	0.077	0.082	0.085	0.088	3	3	3	9	AB	B
か	0.127	0.159	0.321	0.163	0.742	1.33	2	2	3	7	BB	C
C1	NG	NG	NG	NG	NG	NG	4	3	4	11	EA	―
C2	0.18	0.214	0.174	0.082	0.48	0.554	4	3	4	11	CA	C
C3	0.079	0.094	0.093	0.084	0.135	0.129	4	2	4	10	AB	B
き	NG	NG	NG	NG	NG	NG	5	5	4	14	EA	―
く	NG	NG	NG	NG	NG	NG	4	4	4	12	EA	―
け	2.596	.3654	NG	NG	NG	NG	4	4	5	13	EA	―
こ	0.091	NG	NG	NG	NG	NG	2	2	4	8	EB	―
さ	NG	NG	NG	NG	NG	NG	5	5	5	15	EA	―
〔スプレー処理〕												
し	0.08	0.088	0.085	0.084	0.143	0.116	4	2	4	10	AB	B
す	0.073	0.075	0.082	0.078	0.079	0.091	1	2	1	4	AC	C
せ	0.454	0.306	0.182	0.284	0.404	0.327	4	5	5	13	BA	C
そ	0.074	0.091	0.087	0.091	0.169	0.122	1	2	1	4	AC	C
A3	0.267	0.105	0.088	0.085	0.105	0.096	4	2	4	10	AB	B
A4	0.091	0.094	0.084	0.114	0.134	0.121	4	2	4	10	AB	B
A5	0.157	0.178	0.137	0.256	0.408	0.356	4	2	4	10	BB	C
た	NG	NG	NG	NG	NG	NG	1	1	2	4	EC	―
ち	NG	NG	NG	NG	NG	NG	4	4	4	12	EA	―

注）品名の〔A～C〕は米国製，〔あ～ち〕日本製帯電防止剤.
NG ：測定不能.
状態 I ：透明性（リファレンスとして無処理のPVCフィルムと比較）.
状態 II ：表面状態（プロットの有無など）.
状態 III ：表面ベタツキ.
これらの表面状態は，5点を最高として，数値の少ないほど状態が悪いことを示す.

イプの市販品(濃度は、水希釈品より小さい)を、別の1種類については、濃度の異なるアルコールタイプを2品目、さらに別の1種類は、同様の商標でタイプの異なる3品目を使用しています。

表中のNGは、測定不能を示し、表面状態の項目については以下の通りです。

> Ⅰ:無処理のPVCフィルムを100とした場合の透明性について、5を最高(100以上)とし、60％以下のものを1としています。
> Ⅱ:表面にクレータ状のくぼみがあったり、液体のフローマーク等主に美観を損ねる要素が発生しているかの有無を調査します。1cm^{2}当たり1つも存在しないものを5とし、10以上存在するものを1としました。
> Ⅲ:表面のベタツキ。評価①は、AAを最高としEEを最低としたもので、左側が帯電防止特性、右側のアルファベットは、表面状態を示しています。

表面状態の項目の合計が、11以上をAとし、10〜6をB、5〜1をCとしました。評価②は、評価①を基にした総合評価でAはAAのみとし、帯電防止効果がEのものは評価対象外とし、C以上のものについて評価を行いました。対象外となった9品目以外では、100日経過後でも十分に帯電防止効果があります。しかしながら、表面状態が、BあるいはCのものは、プラスチックに処理した場合、さまざまな問題が発生することが予想されます。

洗　浄

① 再処理

帯電防止剤を処理されたPVC等の透明プラスチック製DIPチューブは、以前より一部で回収、再処理を行い再び使用していました。また、近年、プラスチックの廃棄問題に起因し、DIPチューブの再処理は、次第に増加してきています。さて、一般にDIPチューブは、回収後に水等で洗浄してから再処理を行うので、ほとんど問題はありませんでしたが、過去には水洗浄を行わずに再処理して問題となったことがあります。それは、DIPチューブの使用者であるIC製造企業が、2種類以上の帯電防止剤を使用していたことにより発生しました。

簡単に説明すると、Aという帯電防止剤を処理したDIPチューブと、Bという帯電防止を処理したDIPチューブを、X社という再処理業者(DIPチューブの製造企業ではない)でAの帯電防止剤を使用して再処理するという工程で、

初期特性がバージンのDIPチューブとほとんど変わりのない良い特性を保持するDIPチューブと、全く帯電防止効果のないDIPチューブができてしまったのです。しかも、帯電防止効果のないDIPチューブは日ごとに増加し、処理槽の液を交換するまで増加し続けたのです。

　調査の結果、Aという帯電防止剤とBという帯電防止剤は、液を混合した場合、化学反応を起こして全く効果がなくなることがわかりました。この場合、水洗の工程を処理前におくことにより、問題は解決できましたが、以下のように処理剤を変更した例もあります。この場合は、再使用するための評価を行ったところ、低湿度で微弱帯電（100V以下）の見られたCという帯電防止剤で処理されたDIPチューブを再処理するために水洗を行いましたが、表面層が硬化被膜で覆われ落とせなかったのです。調査の結果、この帯電防止層は、バージンの段階でも低湿度で帯電を示すことが判明し、その結果、帯電防止剤を変更することになったのです。

　したがって、DIPチューブに再処理を前提として、塗布型の帯電防止剤を使用するのであれば、その仕様に、水洗等、比較的簡単に洗浄ができる、という項目を加える必要があります。そこで、再処理を行った場合のスティック特性評価、ならびに、再処理のための洗浄方法の検討を行いました。

② **洗浄方法の検討**

〈条　件〉
　サンプルの条件としては、A社の現状使用中のチューブ、および過去使用していたものを対象とし、回収チューブにはすべて米国製帯電防止剤を処理します。

〈評価方法〉
　洗浄の効果測定については、表面抵抗率で評価（微小な残留ポイントをチェックする）し、再生品については、通常品と比較するために減衰測定を行います。

〈洗浄方法〉
　A社の要望により、以下の3つの洗浄方法について検討しました。
　①　超音波洗浄器を使用する

洗浄時間：10秒、20秒、30秒、40秒
洗浄液は、水のみで洗浄1回ごとに水を交換する。
② 水へのディッピング
洗浄時間：60秒、120秒、180秒
③ 流水による洗浄
洗浄時間：60秒、120秒、180秒
洗浄方法は、スティックの口を流水に直角（流水がスティック内を流れるように）にする。

結果（$n：3$、表示値は平均値）を**表5.14**に示します。評価対象とした2種類のサンプルの内、帯電防止剤Cを処理したものは、通常湿度環境（52％RH）では評価できましたが、帯電防止測定環境（湿度20％RH以下）では、未仕様のスティックでも10^{12}Ωを越えていたので、今回の測定対象より外しました。

表5.14 再処理のための洗浄方法とスティックの特性評価

帯電防止剤B					帯電防止剤B				
洗浄方法	①				洗浄方法	②			
時間	No.	洗浄前	洗浄後	再処理後	時間	No.	洗浄前	洗浄後	再処理後
(秒)		Ω／□	Ω／□	Ω／□	(秒)		Ω／□	Ω／□	Ω／□
10		1×10^9	$<10^{12}$	4×10^8	60		1×10^9	$≒10^{12}$	1×10^9
20		4×10^9	$2<10^{12}$	1×10^8	120		1×10^9	$≒10^{12}$	7×10^8
30		4×10^{10}	$<10^{12}$	1×10^9	180		4×10^9	$<10^{12}$	1×10^9
40		7×10^9	$<10^{12}$	4×10^8					

帯電防止剤B			
洗浄方法	③		
時間	No.	洗浄前	洗浄後	再処理後
(秒)		Ω／□	Ω／□	Ω／□
60		4×10^9	$<10^{12}$	4×10^8
120		7×10^9	$<10^{12}$	1×10^8
180		7×10^9	$<10^{12}$	1×10^8

温度：27℃、湿度：20%RH
測定点は、サンプル1つに対して6点
米国製帯電防止剤：1.05％ メタノール溶液
サンプルサイズ300MIL、6cmに切断

実際には、この他にも4種類の帯電防止剤で処理したDIPチューブを同時に洗浄しましたが、すべて界面活性剤系のもので、上記方法で簡単に洗浄することができました。

② 処理条件（表面の汚れ）
塗布型の帯電防止剤は、基材（プラスチック等の表面）にある程度密着する必要があります。しかし、基材は、成形直後でも離形剤や樹脂の粉等で表面が汚染されていることが多く、洗浄を十分に行わないと期待した特性が得られないこともあります。界面活性剤系の帯電防止剤は、処理時の物理的な制約は少ないのですが、このような汚染については十分な考慮を必要とします。そこで、前記の米国製帯電防止剤で以下の汚染について検討を行いました。結果を**表5.15**に示します。

1. 作業者の取扱いによる汚れ
2. 樹脂離形剤（シリコン系 KM-722、KF9-350CS）
3. 高真空用グリス（HIVAC-G）

使用した帯電防止剤は米国製帯電防止剤、市販品2品目（純粋希釈品、IPA希釈品）です。

〈実験方法〉
　1---成形直後のPVCフィルムを作業者が素手で取扱い、人為的に表面に皮膚の油、塩等を転移させました。ただし、大きなダスト、ほこ

表5.15　摩擦帯電（綿布の交換なし）

（単位:sec）

処理剤	種	初期 減衰	拭取後 減衰
KF9	I	0.287	0.082
	G	0.152	0.088
KM-722	I	0.126	0.084
	G	0.117	0.084
グリス	I	0.156	測定不能
	G	測定不能	測定不能

り等についてはつかないようにしました。
　2/3---離形剤、グリス塗布後24時間乾燥、帯電防止剤をディッピングで
　　　処理、再び24時間乾燥します。
　2/3---上記サンプルの測定終了後、サンプル表面をキムワイプで丁寧に拭
　　　き取り再び24時間放置（MIL条件）後、測定を行いました。

　結果、1については、5人の作業者が作成した100枚のサンプルすべてが劣化を示さず、作業者が取り扱う程度では、特に問題がないことがわかりました。

　2種類のシリコン系離形剤の拭取り後のデータが改善されているのは、初期状態では表面に不均一に拡散していた帯電防止剤の層が、拭取り操作により均一化されたものと思われます。グリスについては、当初の予想通り、拭取り操作により、表面は絶縁性グリスに覆われました。

処理表面の物理的強度

　界面活性剤型の塗布剤は、処理後基材の表面に化学的に吸着するわけではないので、処理後の表面は、一般的に物理的な摩耗に弱いと言われています。そこで、綿布での摩耗試験を行ってみました。

〈使用帯電防止剤〉
　　A：米国製帯電防止剤（市販品水溶液）
　　B：米国製帯電防止剤（市販品IPA溶液）
　　C：日本製帯電防止剤
　　D：米国製帯電防止剤（市販濃縮液を0.8％IPA溶液として調製）

〈実験方法〉
　60×170（mm）のPVCフィルム（0.2mm厚）に、A、B、C、D溶液を、ディッピングで処理、24時間、室内で乾燥後、400×400mmの綿布を4つに折り（200×200mm）、摩擦圧力約0.11g/mm^2、速度420mm/sec.で摩擦しました。

① 結果
　表5.16は、綿布を交換せずに試験を行った場合で、図5.46は、その結果を

表5.16 摩擦試験（綿布を交換せずに行った場合）

	減衰測定（5000V～50V）						
	0回	10回	20回	30回	40回	50回	100回
A	0.07	0.15	0.18	0.19	0.22	0.25	0.28
B	0.06	0.12	0.14	0.14	0.15	0.14	0.16
C	0.11	0.26	0.41	0.45	0.51	0.65	0.72
D	0.06	0.14	0.16	0.14	0.16	0.16	0.18

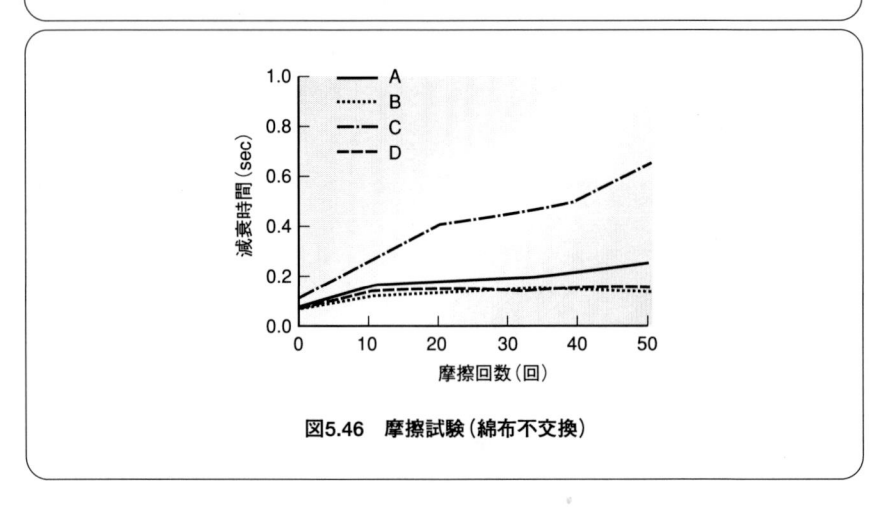

図5.46 摩擦試験（綿布不交換）

減衰時間 vs 摩擦回数で、プロットしたものです。図のように、Cの日本製帯電防止剤を除き10回以上の摩擦を繰り返しても、ほとんど劣化は見られません。**表5.17**は、表5.16の実験を基に、10回ごとに綿布を交換し実験を行ったもので、**図5.47**は、図5.46と同様にその結果をプロットしたものです。Cの帯電防止剤の劣化が、30回を過ぎてから急激に進み、表面より取り去られていく状態が良くわかります。その他の帯電防止剤も、摩擦回数が50回を越えると、劣化が大きくなるのがわかります。

　この原因としては、綿布への帯電防止剤の転移が考えられたため、綿布を交換しないで実験を行った場合の100回摩擦後の綿布を評価したところ、バージンの綿布に比較し、かなり帯電防止効果を保持していることがわかりました。これは、試験を行ったすべての帯電防止剤に共通な現象で、視点を変えれば、

表5.17 摩擦帯電（綿布を10回ごと交換して行った場合）

(単位:Sec)

	減衰測定(5000V～50V)							
	0回	10回	20回	30回	40回	50回	80回	100回
A	0.07	0.15	0.18	0.30	0.50	0.80	1.49	2.81
B	0.06	0.12	0.15	0.16	0.29	0.31	0.54	0.71
C	0.11	0.26	0.61	1.21	2.95	7.88	NG	NG
D	0.06	0.14	0.19	0.22	0.28	0.45	0.75	0.99

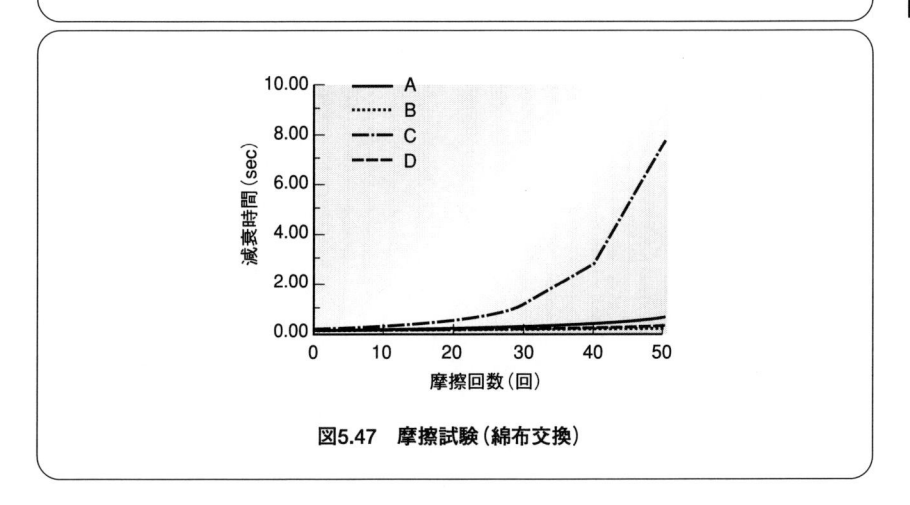

図5.47 摩擦試験（綿布交換）

　界面活性剤系の帯電防止剤は、転移の量に差異はあるが、転移しやすい傾向を持つとも考えられます。
　なお、測定した綿布は、低湿度環境下では減衰せず、評価は帯電圧の量で行いました。傾向としては、バージン≫A≒B〉C≫Dでした。光学顕微鏡による調査では、CとDには、多少の残さが見られましたが、Cは、残さの透明度が大きく、判別できませんでした。またA、B、Dの残さの色は非常に薄い黄色であったので、判別が容易でしたがA、Bについては、残さとして綿布より判別するのがむずかしかったために、直接綿布に処理し、それを乾燥して評価しました。以上の結果より、転移度の大きさは、D≫A、B、Cであろうと推定しました。

塗布型帯電防止剤の処理方法

　評価をするのは、製品の採用時や監査の時ばかりではありません。たとえば、製造企業でも、どのように製品を使用するか、というようなアプリケーションマニュアルを作成する場合にも評価をすることになります。そこで、ここでは塗布型帯電防止剤を例に、その使用方法の開発に、どのように評価方法を採用したかについて説明しましょう。

　塗布型の帯電防止を使用して帯電防止を行う場合、その帯電防止特性を決定する主な要因の一つに処理方法があります。塗布型の帯電防止剤は、一般に、液状であるために、処理方法は、ディッピング、ワイプ、スプレーのいずれかの方法か、それに近いものとなります。

　塗布型の帯電防止剤は、最終処理液が透明であることが多いために、色調による塗布の完全性を区別することができません。染料等を添加して、色調の検査を行うことは可能ですが、その染料と塗布型帯電防止剤の表面吸着状態が酷似していなければ、この方法での評価はあまり意味がありません。そこで、一般的には、電気的な特性で、評価を行うことになります。

① ディッピングによる方法は、処理を目的とする材料を処理液に完全に浸けてしまうので、処理法法としては最も簡単で、最も効果を期待しやすいものですが、材料の大きさや形などでディッピング槽を個々に作成しなければならず、一度に処理剤を大量に使用しなければならないことや、処理剤の揮発による濃度管理を厳しく行う必要があり、価格、品質管理での問題があります。ただし、かなり複雑な形の成形品でも、超音波洗浄器等を使用し、比較的容易に処理できるので、帯電防止処理を初めて行う企業には向いています。

② ワイプには、単純な布拭きから、グラビヤコーティング等、機械化されたものまでさまざまなものがあります。ワイプによる処理方法は、使用する帯電防止剤の濃度管理を厳密に行う必要がないことや、機械化が容易である等の利点がありますが、一般的には、平滑な平面に処理するのが最も効果的で、成形品等の処理には向きません。したがって、平面へ耐熱性の帯電防止剤を処理し、その後、真空成形等を行うのには適しています。

③ スプレー処理は、複雑な成形品でなければ、成形品でも処理を行うことができ、また、コンピュータを使用した機械化も容易で、製品の均一化

等大きな利点があります。3つの処理方法の中では、唯一、乾燥問題を処理と同時に解決することができ、その意味でも、検討の価値はあります。ただし、3つの処理方法の中では、同一効果を得るための処理剤の無駄が最も大きく、回収装置等を検討する必要があります。さて、合成樹脂等の帯電防止の目的は、これまで解説してきたESDS対策の他に、ダストコントロール等さまざまなものがあります。この中でESDS対策は、最も厳しく、評価も当然、非常に厳しいものを使用しています。減衰測定等は、その良い例となります。ただし、よく言われているように、電気/電子産業界で採用しているコンディショニング、測定環境（15%RH以下）が、厳しすぎるということはありません。なぜなら、帯電防止を必要としている車や、OA機器の内部は、稼働時の温度上昇等により、かなりの低湿度も予想されるからです。したがって、評価指標として抵抗、減衰、電荷の中で、何を使用しても良いのですが、測定環境とそのための材料のコンディショニングは、できる限り低湿度で行うべきです。

① ディッピング処理の不均一性（平板）

　ディッピングは、最も簡単な処理方法ですが、だからといって帯電防止剤を購入するだけで製品ができるわけではありません。ディッピング方法を使用した場合の問題発生は、製品を帯電防止処理した後、乾燥時に発生することが多いと言われています。そこで、帯電防止剤の、この特性を評価するために、厚さ0.2mmのPVCシートにさまざまな帯電防止剤を処理し、同一方法で乾燥し、その表面処理の均一性を比較してみました。**図5.48**は、PVC上の表面抵抗率測定点です。なお、比較のために、スプレータイプも試験しています。

　ここでは、仮定を立てて、それについて検討する方法をとってみます。
　＜仮定＞

1. 水溶性水溶媒型の帯電防止剤は、乾燥段階で不均一な被膜を形成するものが多い。
2. アルコール溶媒の帯電防止剤も1の傾向を持つが、傾向は水溶媒に比較すると小さい。
3. スプレータイプの被膜は、スプレー粒子が均一であれば被膜層がディッピングより均一なものとなる。

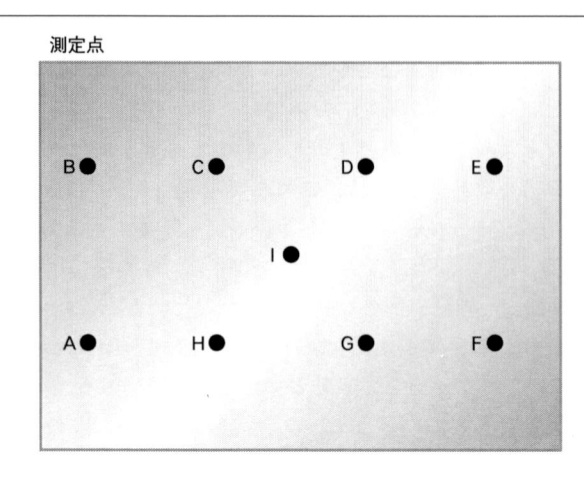

図5.48　PVC上の表面抵抗率測定点

4. 水溶媒では、初期の水分の取り込みが被膜内部まで進んでおり、アルコール溶媒では、初期の水分の取り込みが表面で多い。

<検討>

1. 塗布段階では帯電防止剤が表面層で**図5.49**のようになり、乾燥段階ではさらにこの傾向が強まる。これは、表面抵抗測定でフレーム部分の測定を行うことにより、異常値の検出により判別される。
2. 塗布段階では1と同様な傾向を持つが、乾燥段階では小プロットの形状で均一に乾燥が進む。ただし、この傾向は顕著なものではない。
3. スプレータイプの方が均一に被膜形成する。ただし、溶媒による影響によるものか、バラツキがでる場合もある。
4. 一般的には、このデータのみでは判断できない。

表面抵抗の不均一については以下が考えられる。

<検討>

1. 空気中の水蒸気および溶媒中の水分の取り込みによる水の導電性のため抵抗値が減少する。
2. サンプル表面への帯電防止剤の吸着量のバラツキを原因とする塗布被

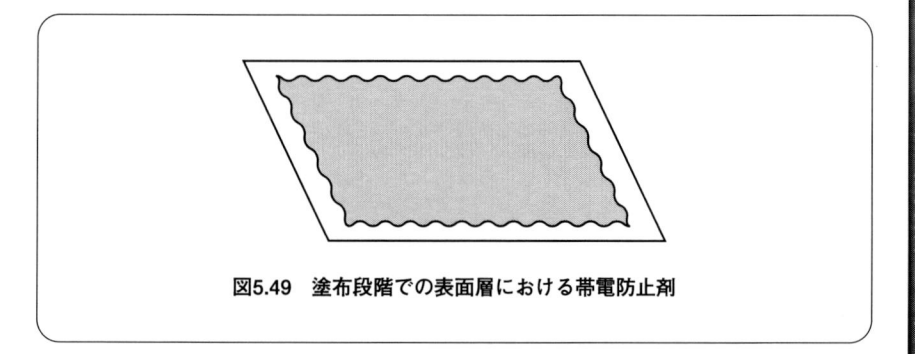

図5.49　塗布段階での表面層における帯電防止剤

膜の不均一、これにより抵抗値が不均一化する。

<検討>

1. サンプルは、被膜塗布後十分な時間（100日）が経過しているのでこの問題は、影響が小さい。
2. 本実験の不均一性は、主にこの点にある。

②　ディッピング処理の不均一性（DIPチューブ）

　シート状の製品に、帯電防止剤を処理する場合には、平面に対する考慮のみで、比較的均一な帯電防止製品を作成することが可能です。しかし、実際の製品は、形が複雑な場合の方がむしろ一般的で、このような場合には、処理および乾燥に、さまざまな工夫が必要となってきます。処理剤が、界面活性剤の系列であれば、通常の液体よりも成形品等の縁に吸着する量は、少なくなりますが、それでも、処理剤を希釈する溶媒としては、粘性の少ないものを使用する方が良いと考えられます。

　しかし、粘性の低い溶媒として有望な有機溶剤は、樹脂には使用しにくいものが多く、火災、廃棄等さまざまな問題もあり、アルコール類しか使用できないのが現状です。図5.50は、300MILのDIPチューブに、帯電防止剤を処理し、4分割して、その傾向を調査したものです。測定条件は、チューブ乾燥後、24時間、15%RH、25℃で、コンディショニングし、その環境で減衰測定を行いました。図中、ギリシア数字のⅠ～Ⅵは、サンプルスティックの番号で、最も安定した傾向を示しているⅢとⅥは、送風による乾燥を行ったものです。Ⅲを除けば、いずれのチューブも、中心部分が幾分悪いデータを示しています。最小

図5.50 チューブ長と減衰時間

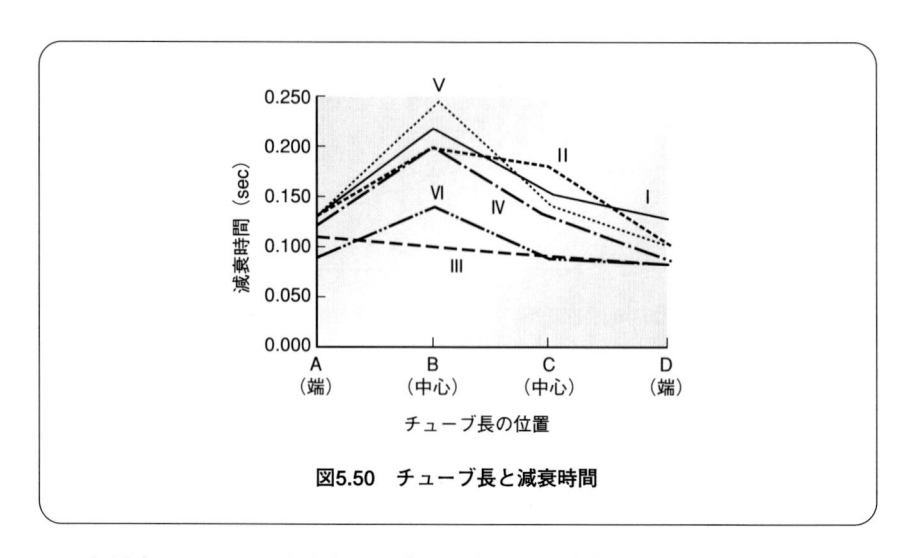

のⅢと最大のⅤでは、中心部分B点で、約3倍の減衰時間を示しています。初期値でのこの開きは、時間とともに縮小する傾向にありますが、MILの規格値のⅠ/4値（0.50秒）に達する時間は、Ⅴの中心部B点では120日前後で、Ⅲの中心点Bに比較すると4倍以上短いものでした。

乾燥技術は、製造企業のノウハウに関係するので、これ以上の詳しい処理方法、乾燥方法を記述するわけにはいきませんが、実際の製品は、初期の処理技術／乾燥技術を改良することにより、すべてⅢの状態のチューブを作成できるようになりました。さて、この場合には、中心部の特性が悪いチューブができてしまいましたが、実際の現場では、逆の現象を示す場合もありました。**図5.51**は、チューブを4分割して、同様に試験を行い、帯電防止剤の濃度と処理状況を調べたものです。この場合には、帯電防止剤の濃度が比較的濃い部分まで、中心部分の方が優れた値を示しています。ただし、この違いは、前述のデータとは異なり、非常に小さなもので（最大で0.02秒程度）、この程度であれば、全面が均一に処理されていると判断しても良いでしょう。

③ ワイプの欠点

ワイプによる処理方法は、手動、自動とも、処理された表面の再現性に問題があります。これは、ワイプに使用するフェルトや綿布の処理液の濃度管理がむずかしいことや、均一塗布がむずかしいことなどが原因ですが、印刷技術を応用した方法を使用すれば、自動処理については解決できます。

④ スプレー処理

スプレーガンによる処理方法は、帯電防止剤の回収や周囲の環境汚染問題などが解決できれば、均一で処理コストの低い製品を作成することができます。ガンと製品の距離、帯電防止剤濃度、ガン圧、スプレー時間、ノズルの設計等、自動化ラインを設計する場合には、さまざまな要因を決定しなければなりませんが、自動化ガンの製造企業に相談すれば、ほとんどは解決してくれます。

図5.52は、帯電防止剤の濃度とスプレー時間の関係を、減衰時間を指標として示しました。スプレー時間を長くすれば基材の表面に乗る帯電防止剤の量も

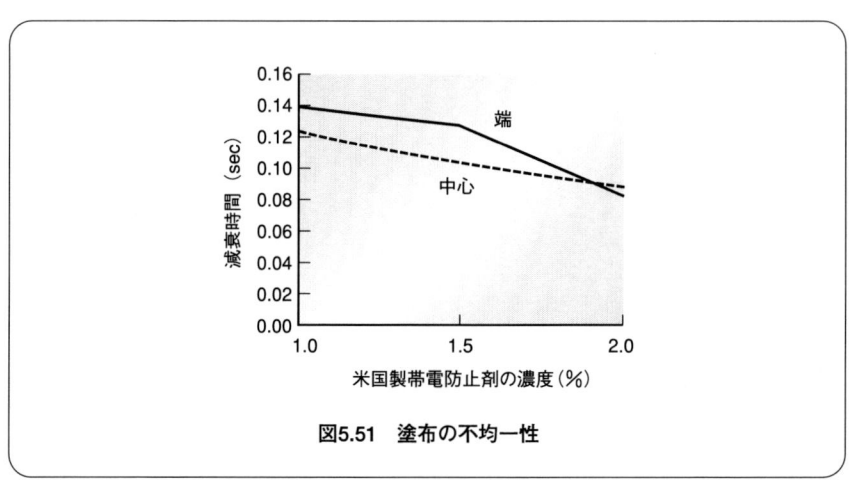

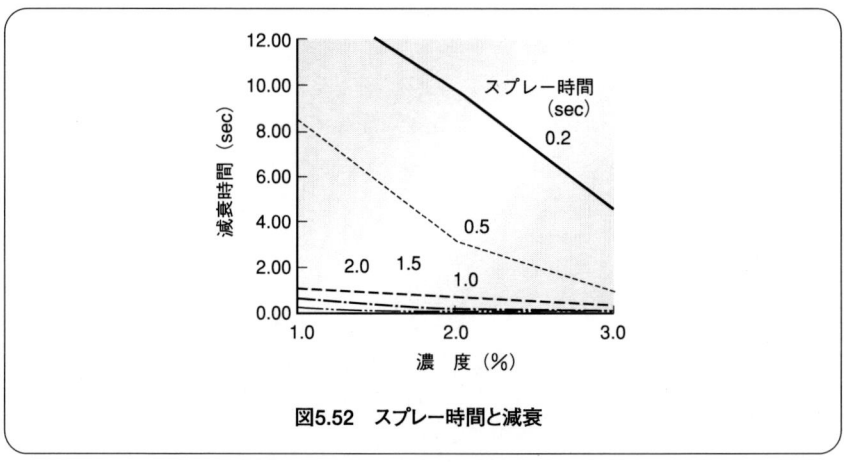

図5.51　塗布の不均一性

図5.52　スプレー時間と減衰

増加するので、時間を長くすれば減衰時間が短くなるのは当然です。次に、スプレーの場合には、帯電防止剤の濃度は、ディッピング等に比較すると変わらないので、濃度管理の要因は、それほど重要ではなくなります。また、あまり濃い帯電防止剤を処理すると、ベタツキや曇り等の影響が無視できなくなるので、処理剤の濃度はコストパフォーマンスも含めて、ある程度薄い方が良いことになります。そこで、この場合は、濃度1％、スプレー時間を1秒としました。

この他、塗布型の帯電防止剤は、成型後に処理ができるという特性を生かし、さまざまな材料や製品に処理されています。また、液性を考慮して、フォーム類の内部表面まで処理する方法なども考えられています。

12 イオナイザー

　静電気管理を行う場合、まず初めに行わなければならないのは、それがどのような場所で発生し、どの程度の大きさで、どのような形態で障害を発生しているかを調査することです。一般には、この調査を行った後に、種々の管理／対策を講じることになります。この場合、調査に当たる人々は、①人、②物、③環境について考慮するはずです。
　① 人
　静電気障害で最も重要な要因が、この"人"の管理であることは、疑いのないことです。極端にいえば、各種の静電気管理マニュアルは、人の管理を行うためのものであるといえます。"人"は、静電気の発生原因として、また、放電の経路として重要であるばかりではなく、種々の静電気管理を推進する媒体としての重要性もあります。
　② 物
　この要因が、静電気障害の主要原因となる場合もありますが、エレクトロニクス業界では、一般に、二次的要因です。しかし、見かけ上、静電気が発生して入るために、この要因に対して管理／対策を施す場合が多くなるのはしかたありません。しかし、実際の管理を行う場合には、"人"の管理を行わずに、

"物"の管理により対策できることは、非常に少ないといわれています。

③ 環境

この要因は、認識することがむずかしいので、一般には忘れがちですが、もし、完璧に行うことができれば、非常に有効なものです。環境の管理とは、静電気の発生する環境を改善し、その領域内での静電気の発生を最小にしようとするものです。古くから行われているこの対処方法の具体的な例としては、作業領域の加湿です。そして、最近では、イオナイザーを使用している場合も多くなってきました。

イオナイザーの概要

地表の大気は、風、雨、嵐、雷、吹雪などの気象条件や、太陽の放射線、地表の放射性物質など、種々の要因によりイオン化して、地表に対して相対的に電位を持つ状態にあります。しかし、このような空気中イオンは、一般には、逆の極性の電荷を持つ別のイオンに結びついたり、近くの導体表面に吸着し消滅するために、実際に、大きな静電気障害を発生することはありません。

さて、もし何かの要因で、このような正イオンが空気中で過剰に存在するようになり、その環境内に負に帯電した絶縁体を持ち込むと、その表面は、空気中の正イオンを吸着し、帯電電荷が中和することになります。また、正に帯電した物体を持ち込んだ場合には，反発されることになるので、このような現象を人工的に作り出すことにより、比較的除電することがむずかしい絶縁体表面の電荷や、他の方法では電荷の発生を抑えることがむずかしい場所での除電を行うことができます。このような目的のために、作成されたのがイオナイザーです。そのため、日本語では、静電気除去装置、除電装置などと呼ばれます。イオナイザーの生成するイオンは、見ることができず、静電気除去の効果を人の感覚で判断することはむずかしいので、使用に当たっては、普段からの動作状況や除電能力を把握し維持管理していなくては、目的とする静電気対策効果は得られません。

イオナイザーは、製造工程で静電気が問題となる繊維産業や印刷産業、合成樹脂産業等の発展とともに発達してきました。当初は、高圧電源を利用した積極的なイオンの生成ではなく、経験的に金属のブラシなどを利用した、電源のない自己放電式のイオン生成による除電でした。しかし、このような帯電体からの誘導電界を利用する方法では、ある程度の除電しか期待できませんでした。しかし、産業機器の発達ともに、大きな除電能力を必要とする生産装置が

増加したことで、高電圧電源を利用し、コロナ放電により強制的に多量のイオン生成を行うようになり、コロナ放電式静電気除去装置の普及が早まりました。

さて、このような静電気除去装置は、まず、印刷、繊維、樹脂成型などの一般産業で普及し、近年になって、電子部品の高集積化や高信頼性が要求されるようになり、この10年の間にイオナイザーとして電子産業分野で飛躍的に利用されるようになってきています。特に、クリーンルームの中で製造される精密な電子部品が増加し、ルームイオナイザーとして、塵埃付着防止を兼ねた使用が普及したことや、部品の静電気敏感性の増加などによって広く普及しました。さらに近年では、半導体集積回路の製造、液晶ディスプレイ、ハードディスクの製造等では、各種標準で必須アイテムとなり、従来の静電気対策ではあまり要求されていなかったイオナイザーの機能（イオンバランス調整等）が強く要求されるようになってきています。

静電気対策として、もっとも基本的な方法は、接地により静電気の電荷を大地に漏洩させる方法です。特に人体は、歩行や椅子から立上がる動作などにより、急激に静電気電圧を大きくします。そのようにして発生した電荷量や急激に上昇した電圧は、静電気に敏感な電子デバイスを破壊するのに十分な大きさがあります。このため人体を接地し、常に体内に蓄積している電荷を漏洩し、取扱う電子デバイスへの放電を防止します。この方法は、金属などの導電体や人体等、電荷を流すことのできるものには有効です。また、加湿も静電気対策の代表的な方法の一つです。この方法は、空気中の水蒸気濃度を上げて、空気の導電度を上げ、電荷を拡散、漏洩することにより静電気の抑制を行うものです。

しかし、これらの静電気対策の問題点として、以下のような問題が挙げられます。

① 抵抗値の高い絶縁物の帯電には、接地はあまり効果がない。
② 動いている装置などには、接地を施すことが技術的に困難である場合が多い。
③ 薬液塗布などの処理作業では、高湿度環境が製造に支障を来たし加湿対策をとることができない。
④ 高湿度環境での、作業者の不快感、作業能率の低下、結露・錆・かびの発生。

このように、基本的な静電気対策である接地方法と加湿方法の限界と制約条

件の中で、補完対策として用いられる静電気対策方法が、イオナイザーなのです。

さて、電荷の中和方法という考え方で静電気対策を大きく分けると、2種類に分けられます。一つは、電荷を直接的に逃がす方法としての接地であり、もう一つは、環境へ間接的に逃がす方法として、空気中の水蒸気に電荷を逃がす方法、その水蒸気量を調整する加湿、空気またはガスイオンによる電荷の中和等があります。

接地による対策では、一般的に導体上の電荷を取り扱いますが、本質的に絶縁体である物質でも、導電物質を添加したり混合することにより、電荷を流れやすくする方法も使用されています。また、加湿を使用する場合、加湿には2つの利点があります。一つは、先のように環境そのものを導電化し、電荷の環境への拡散を容易にするもので、もう一つは、絶縁体表面などに吸着して、ある程度電荷を流れやすくする効果です。その意味で、加湿は静電気対策ではかなり有効な手段なのですが、湿度を嫌う製造環境や、錆やマイグレーション等を助長することもあり、すべての環境で使用するわけにはいきません。

これら湿度を嫌う作業で、しかも接地が役立たない絶縁物の静電気除去に効果があるのがイオナイザーです。イオナイザーは、ガスまたは空気をイオン化し、そのイオンによって帯電電荷を中和させることを目的に使用されます。

電子デバイスの静電気障害

① 帯電電荷によるクリーンルームでの塵埃汚染

半導体デバイス製造前工程では、クリーンルームであっても、電荷によるクーロン力で帯電物が塵埃を吸着してしまいます。静電気力で影響を受けやすい塵埃粒径がサブミクロンオーダなので、その性質上テフロンなどの合成樹脂や石英など、高い帯電を保持しやすいものが多いクリーンルームでは、静電気対策が非常に重要になるのです。

半導体製造前工程で、大きな帯電を示すテフロンキャリアは、作業環境内で、おおよそ数kVから十数kVも帯電していることがあります。これは、$0.3\mu m$の塵埃が受ける重力沈降による影響力と、電位30Vがおおよそ釣り合うといわれていることから、数kVの帯電では、多くの塵埃を引き寄せることがわかります。また、塵埃吸着は、テフロンキャリアだけでなく、搭載されているウェハにも及ぶので、キャリアとの接触部分だけでなく、全体が汚染されることになります。

② 電子デバイスのESDによる影響

　半導体デバイス製造における静電気損傷は、前工程、後工程に限らず、製品化された後においても発生します。このような半導体デバイスを破壊する要因は数多く存在し、ごく簡単な要因、動作であっても損傷を与えることがあります。

　前工程では、ウェハをテフロンキャリアに入れた状態で周囲から絶縁され、静電誘導により帯電することから、ウェハの取り扱い時にESDを発生する可能性があります。ここで、ウェハ自体は、ほとんど導体ですからESD電流は大きく、ウェハを傷めるだけでなく、EMC障害の原因となることもあります。

　後工程になると、半導体デバイスは、端子がそれぞれ独立することで、格段に静電気敏感性が高くなり、微小な静電気力で破壊、または損傷を受けやすくなります。また、半導体デバイスは、モールド部分が帯電しやすく、CDMにより静電破壊を起こすこともあります。後工程での半導体デバイスの静電気対策で重要なのは、人体帯電や、搬送容器、生産設備、検査治具などからの放電と、デバイス自体の帯電による、他の導体や検査計測機器端子などへの放電です。特に、完成後の半導体デバイスを検査するハンドラ内は、注意を要する作業の代表例として挙げられます。

　ここでは、導電性トレーに乗せられたデバイスが、ハンドリング時に、吸盤で何度も接触剥離を繰り返すため、モールド部分が帯電し、マガジンレールの中を摩擦しながら落下することにより帯電し、検査ソケットへ脱着時に測定端子と放電を起こすことがあります。

　作業現場の中で注意すべき静電気現象に、静電誘導があります。静電誘導は、摩擦、剥離といった、物体同士が直接触れ合って静電気を起こす現象と異なり、間接的に静電気を誘発させることから、認識することがむずかしく、障害の原因を見つけにくいのが一般的です。しかも、生産設備の中では、絶縁体と導体、特に絶縁された導体が多く存在し、設備の中に点在する絶縁体によって、静電誘導を受けていることが多いのです。静電誘導を受けて帯電した金属は、他の導体と接触して放電を起こす可能性があります。帯電電荷は、一瞬の間に移動してしまい、大きな電流となってノイズによる誤動作など静電気障害を起こします。

③ ESDによる誤動作

　ESDによって、光、熱とともに、波長の立上り速度の速い電磁波が発生しま

す。この電磁波はインパルス・ノイズと呼ばれ、コンピュータなどに使用されているマイクロプロセッサにとって大敵です。電磁波が、マイクロプロセッサへの誤信号として入力されると、コンピュータが作動を停止してしまうか、暴走してしまうこともあります。現在の多くの製造装置は、自動搬送機を装備してコンピュータ制御されています。これらの搬送機に誤作動や異常停止が発生した場合には、製品の脱落破損による直接的な損失とともに、原因究明や作業復帰に要する間接的な経費の損失が起こる可能性があります。

イオナイザーの原理

① イオンの生成方式

帯電した状態とは、正（プラス）、または負（マイナス）極性の電荷が物体表面に部分的、あるいは全体的に過剰になった状態です。イオナイザーによる対策は、この過剰な電荷を反対極性の電荷で中和し、物質を電気的中性にしようとするものです。

イオナイザーは、この電荷を中和するのに必要な極性の電荷を生成し、帯電物に供給する機能を持つ装置の総称です。さて、この空気イオンを生成する方式には、コロナ放電式、放射線式、軟X線式、紫外線式などがあります。各方式の原理をまとめて**表5.18**に示します。

② 各イオン生成方式の原理

1) コロナ放電式

コロナ放電式は、針状の放電電極（放電針）へ電界を集中させることにより、空気を局所的に絶縁破壊してコロナ放電を発生させ、空気イオンを生成するものです。**図5.53**に、正の放電針の近傍でのイオン生成モデルを示しました。集

表5.18 各種イオン生成方式とその原理

方 式	原 理
コロナ放電式	電界集中による空気の局所的絶縁破壊作用
放射線式	放射性同位元素からのα線による電離作用
軟X線式	軟X線の光子の非弾性散乱による光電子放出作用
紫外線式	紫外線の光子吸収による電子放出作用

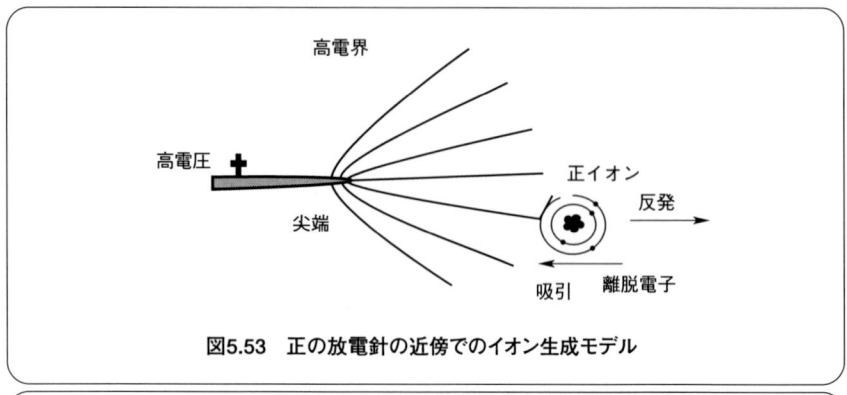

図5.53　正の放電針の近傍でのイオン生成モデル

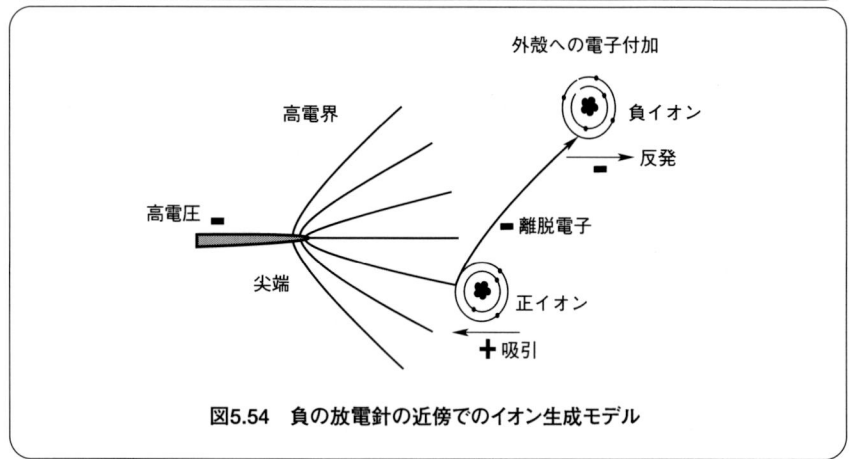

図5.54　負の放電針の近傍でのイオン生成モデル

中電界内で、空気分子は、その外殻電子が奪われ正イオンになります。このとき、電子は正の放電針に引き付けられ、放電針に取り込まれます。一方、正イオンは、放電針に反発され自由空間に放出されます。

図5.54に、負の放電針の近傍でのイオン生成モデルを示します。正の放電針の場合と同様、集中電界内で、空気分子は、その外殻電子が奪われ正イオンになります。離脱した電子は、別の空気分子に捕獲され負イオンを形成します。ここで、正イオンは放電針に引き付けられ、放電針表面で電子を受けとって元の空気分子に戻ります。一方、負イオンは、放電針に反発され自由空間に放出されます。

つまり、コロナ放電式イオナイザーでは、放電針に正の電圧を印加したときに、正の空気イオンが負の電圧を印加したときに、負の空気イオンが生成され

るのです。ところで、空気イオンとは、正の空気イオンが主に水クラスタイオン、負の空気イオンの主成分が酸素イオンで、二酸化炭素イオン、その他二酸化窒素イオンなどから構成されます。

2) 放射線式

一般に、ポロニウム210などの放射性同位元素は、α線（粒子）を放射します。α粒子は、陽子2個、中性子2個からなるヘリウム原子核で、空気分子との衝突により、空気分子をイオン化します。図5.55にα線によるイオン生成モデルを示します。α粒子が空気分子と衝突すると、空気分子は、その外殻電子が弾き出され、正イオンになります。離脱した電子は、別の空気分子に捕獲さ

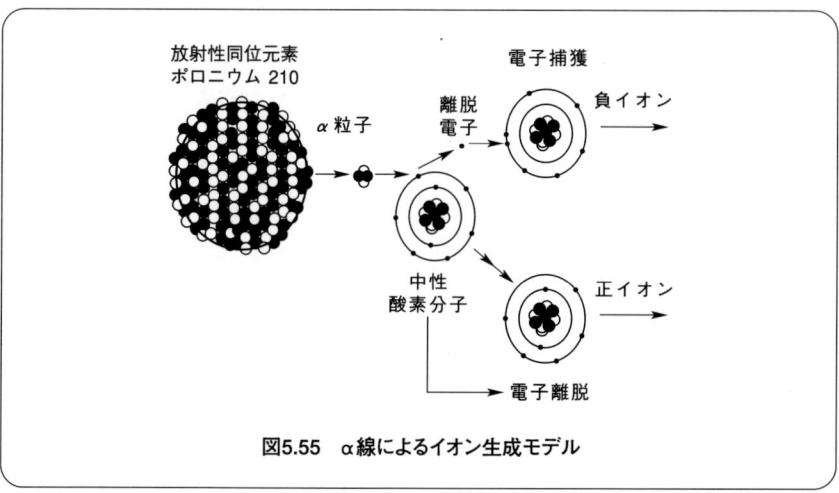

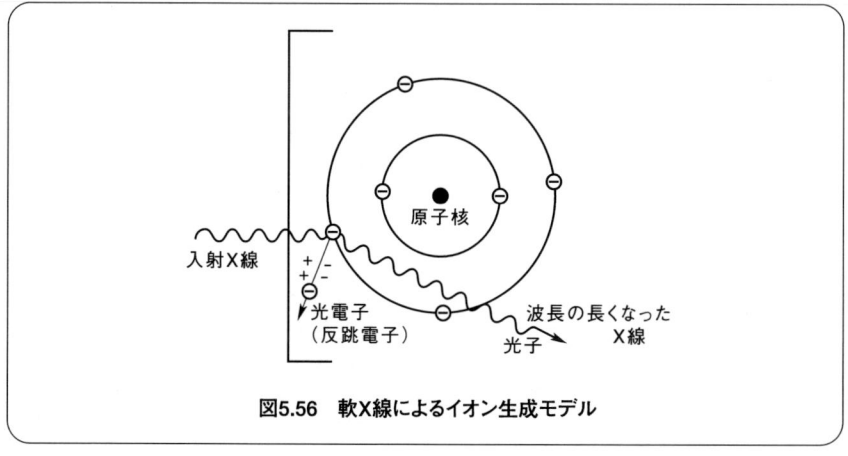

図5.55　α線によるイオン生成モデル

図5.56　軟X線によるイオン生成モデル

れ、こちらは負イオンを形成します。

3）軟X線式

軟X線は、非常に波長の短い電磁波の一種です。軟X線の光子が、空気分子に衝突したとき、非弾性散乱（コンプトン散乱）が起こり、空気分子から電子（反跳電子）が外に飛び出し、空気分子は正イオンになります。この様子を、**図5.56**に示します。飛び出した電子は、別の空気分子に捕獲され、こちらは負イオンを形成します。

4）紫外線式

軟X線と同じように、紫外線も電磁波の一種です。紫外線は、軟X線に比べて波長は長いのですが、その光子が空気分子に衝突したとき、吸収が起こり、空気分子から電子が飛び出し（光電効果）、空気分子は正イオンになります。飛び出した電子は、別の空気分子に捕獲され、こちらは負イオンを形成します。

上記4つの方式の中で、コロナ放電式と放射線式は、古くから実用化されていましたが、現在では、コロナ放電式イオナイザーが、最も広く用いられています。

コロナ放電式イオナイザーの安全性

コロナ放電式のイオナイザーでは、高電圧と放電を利用しているので、安全面で、高電圧に対する感電の対策とコロナ放電に伴うオゾンの発生について検討する必要があります。

① 高電圧に対する安全性

針状電極におけるコロナ放電開始電圧は4kV程度で、実用装置はこれ以上の電圧を採用しているので、高電圧装置の範疇に入ります。実際の装置では、放電電極に人体が接触しても、放電電流が数$\mu A \sim 100\mu A$程度になるように電流制限回路を設けて、安全性に配慮してあります。しかし、装置そのものは高電圧装置なので、安全には十分注意する必要があり、保守等、装置を点検する場合には必ず電源を切るべきです。

② オゾンに対する安全性

コロナ放電式イオナイザーでは、放電部で正負の空気イオンが生成されます。

さて、負のコロナ放電部では、空気中の酸素がイオン化されて、酸素イオンになりますが、同時に、さまざまな化学反応が生じて活性酸素も発生するので、これが酸素と反応してオゾン O_3 が生成します。

$$O_2 + (O) \rightleftarrows O_3 \quad \cdots\cdots\cdots\cdots\cdots\cdots\cdots\cdots\cdots\cdots\cdots\cdots\cdots\cdots\cdots\cdots\cdots\cdots\cdots\cdots\cdots\cdots\cdots\cdots\cdots\cdots\cdots\cdots\cdots\cdots\cdots \quad (1)$$

オゾンは、少量であれば健康に良いといわれてきましたが、あまり高濃度になると身体に害になり、環境上でも問題になります。それは、(1) 式の反応が可逆的であり、オゾンは常温でも分解して活性酸素が生成し、強力な酸化剤、殺菌剤となるからです。したがって、オゾンの取扱いについては、十分注意する必要があります。

現在、イオナイザーに関して、オゾン濃度を規定している規格、指針等はありませんが、参考となる規格として次のものが挙げられます。

UL114　：事務機器から発生するオゾン濃度に関する規制
UL478　：情報処理及び事務用機器から発生するオゾン濃度に関する規制
UL867　：空気清浄器から発生するオゾン濃度に関する規制
TITLE40 ：Protection of Environment PART 50, EPA STD.
ACGIH　：American Conference of Governmental Industrial Hygienists

事務機器の規制（UL-114）の抜粋を**表5.19**に示します。この規制では、8時間の稼働期間の平均濃度として 0.1ppm 以上を上回らない、あるいは、一時的な濃度が 0.3ppm 以上にならないものとされています。また、空気清浄器の規制（UL867）の抜粋を**表5.20**に示します。この規制では、家庭で使用される携帯用製品は、規定の条件に従って試験した場合、オゾン濃度が、体積比で 0.05ppm を上回らないものとされています。

オゾンの作業環境濃度基準値は、ロシアを含む東欧諸国が、0.05ppm と厳しい基準値を設定していますが、日本、米国、西欧諸国等の大部分の国では、0.1ppm が採用されています。日本では、オゾンの環境基準値として、1973年に環境庁より、光化学オキシダント（90%近くがオゾン）として、0.06ppm（1時間値）という値が示されました。また、1985年に日本産業衛生学会より、オゾンの許容濃度等の勧告値として、0.1ppm という値が出されています。

送風型イオナイザーの空気吹き出し口でのオゾン濃度は、一般カタログ値として 0.005ppm 以下で、特別に大型のイオナイザーでない限り、過去の試験結

表5.19 "事務機器から発生するオゾン濃度に関する規制" UL114

28. オゾン試験
28.1　28.2および28.3に従って試験した場合、正常稼働中にオゾンを発生させる装置の時間調整済みの平均濃度はバックグランドと比較して0.1ppm以上を上回らない、あるいは一時的な濃度が0.3ppm以上にならないものとする。時間調整済みの平均濃度は8時間の稼働期間の平均濃度と考える。
28.1　オゾン濃度測定は約1000立方フィート（8×12×高さ10フィート）の密閉した部屋の中央に装置を接地し、各オペレータ位置で行うものとする。27章で解説した通り、温度試験と同様の方法で装置を作動させる。試験室は標準温度および相対温度に維持し、正常な機器の運転から発生する以外の空気循環はないものとする。
28.1　ファンやヒーターの一部を作動させない状態、あるいはペーパーまたは作動液、またはその両方がなくなった状態で機器の稼働が可能な場合、28.2で解説した試験を、各種部品を作動させない状態、あるいはペーパーや作動液がなくなった状態で反復して行う。その際、この状態によりオゾン濃度が28.1の規定を上回らないことを明確にできる回数、反復するものとする。

果では、累積値でも作業環境の基準値0.1ppmを越えることはありません。

　半導体製造現場でのオゾン濃度の実測結果ではきわめて低く、イオナイザーを作動させても、停止させた状態とほとんど同じであることが報告されています。

軟X線式および紫外線式イオナイザーの特徴

① 原理と適用雰囲気

　光照射式イオナイザーとして、軟X線式イオナイザーと紫外線式イオナイザーの2方式があります。これらは、従来のコロナ放電により、イオンを発生させるイオナイザーとは異なり、光によってガス分子を直接イオン化し、装置内、すべての領域において、静電気の帯電を防止するイオナイザーです。その大きな特長は、除電対象物近傍の雰囲気で高濃度のイオン、および電子を生成できるため、非常に短時間での除電が可能で、しかも残留電位が常に0Vであることです。

　軟X線式イオナイザーでは、波長1.3Å以下の軟X線を利用しています。この波長では、光のエネルギーが高いため、ガス分子を直接イオン化します。さ

表5.20 "空気清浄器から発生するオゾン濃度に関する規制" UL867

36. オゾン
36.1 家庭で使用される携帯用製品は、36.2～36.7に従って試験した場合、オゾン濃度が体積比で0.05ppmを上回らないものとする。
36.2 試験室は開口部のない8×12×10フィート(2.4×3.7×3.0m)とする。試験室の壁は、すべてポリエチレンシートで覆う。
36.3 試験中、試験室は温度を約25℃、相対湿度を約50％に維持する。本試験の開始前、および直後に、製品を取り除き、オゾンのバックグランド水準を測定する。バックグランド水準の平均を計算し、試験中の最大値から差し引く。
36.4 製品は試験室床の中央に設置するか、卓上用製品の場合は床上30インチ(762mm)に設置する。
36.5 オゾン監視装置の試料採取管は製品の排気口から2インチ(50mm)離し、直接排気流の中に入るように設置する。
36.6 オゾンの排出を24時間監視し、濃度を測定する。
36.7 ファンの一部を作動させない状態、あるいはフィルタを外した状態で製品の稼働が可能な場合、36.1～36.6で解説した試験を、各種部品を作動させない状態、あるいはフィルタを外した状態で反復する。この際、このような状態によりオゾン濃度が0.05ppmを上回ることがないことを明確にできる回数。

らに、軟X線の場合、光子吸収により電離した電子が、高い運動エネルギーを得ているため、電子なだれを誘発します。電離した電子は、負イオンになりやすい分子（CO_2、NO_X等）と衝突し、負イオンを生成します。

軟X線式イオナイザーは、大気圧下の雰囲気に適し、減圧真空下では不適です。この理由は、気体の光吸収率が、光の波長が短くなるにつれて低下することによります。軟X線は、紫外線に比べ、吸収率は、10^{-3}～10^{-5}程度になり、減圧下では、光子を吸収するガス分子の分量が少ないために、軟X線によるイオン生成は極端に減少します。したがって、軟X線式イオナイザーは、大気圧下の空気雰囲気に適用するのが最も有効です。

コロナ放電式イオナイザーの種類

① イオン発生方式別分類

静電気を中和除去するため、コロナ放電によって、空気分子をイオン化する装置としては、次の2つの形式があります。

図5.57 電圧印加式イオナイザーの構成

図5.58 自己放電式イオナイザーの原理

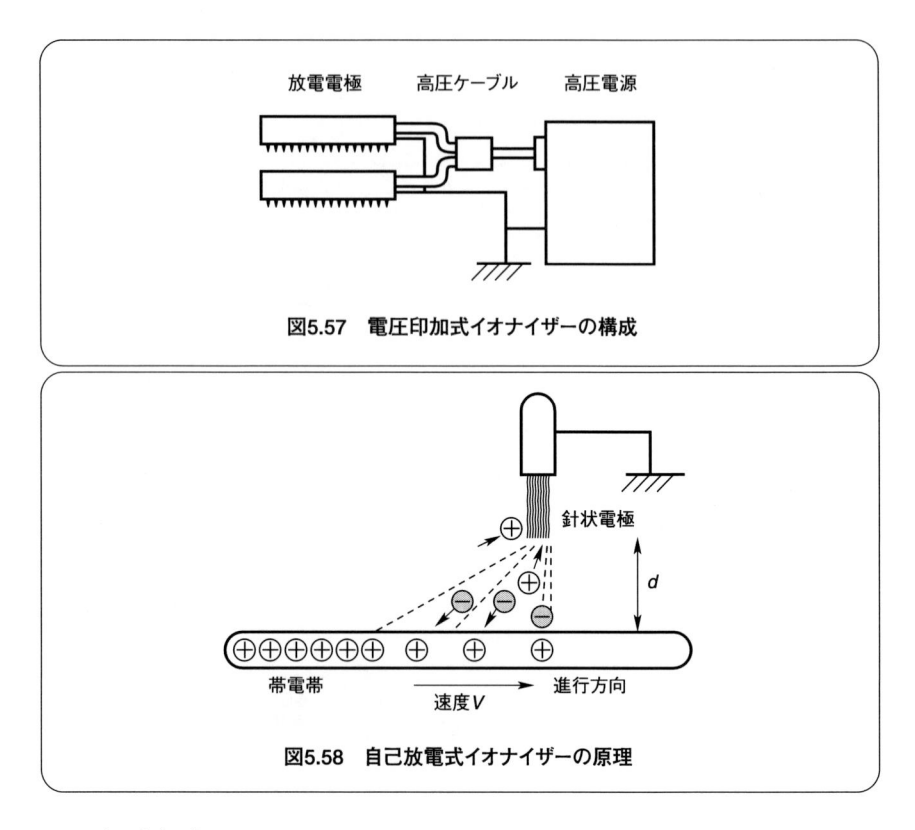

・電圧印加式
・自己放電式

　電圧印加式の装置は、**図5.57**に示すように、放電電極と高圧電源、両者を接続する高圧ケーブルによって構成されています。放電電極の放電針に、高圧電源からの高電圧を印加して、放電針の尖端に電界を集中させ、コロナ放電を発生させる装置です。

　自己放電式の装置は、**図5.58**に示すように、帯電物体の電界を接地した針状電極に集め、その集中電界によるコロナ放電によってイオンをつくる装置です。高圧電源が不要であり、電極の構造も簡単で安価なので、コピー機やファクシミリなどに広く利用されています。しかし、帯電物体の電位が3kV以上でないとコロナ放電が起きないので、利用には限界があり、電子デバイスのESD対策に適用できる機会は少ないと考えられます。そこで、本項では、電圧印加方式イオナイザーに的を絞って検討します。

12. イオナイザー

表5.21 コロナ放電式イオナイザーのイオン発生および制御方式の種類

イオン発生方式	放電電極部の構成および制御方式
交　流 （AC）	単一の電極を装備し、この電極に商用周波数 50/60Hz の高電圧を印加して、交流電界の切り替わりにより、正/負のイオンを交互に発生させる。印加電圧は一定または可変。
直　流 （DC）	正極用と負極用の独立した電極を装備し、それぞれの電極に正と負の直流高電圧を定常的に印加して、常に正もしくは負のイオンを発生させる。印加電圧は一定または可変。
パルス直流 （Pulsed DC）	正極用と負極用の独立した電極を装備し、それぞれの電極に正/負の高電圧を設定された時間間隔および電圧で交互に印加し、正/負のイオンを発生させる。印加電圧および印加時間は可変。

電圧印加式のイオナイザーには、放電電極部への高電圧の印加方式により、交流方式、直流方式、パルス直流方式の3種があります。
1) 交流方式
2) 直流（定常直流）方式
3) パルス直流方式

それぞれの電圧印加方式における放電電極部の構成と、制御方式を**表5.21**〜**表5.24**に示します。

② 用途別分類

コロナ放電式イオナイザーの用途による分類は、ANSI/ESD STM3.1-2000規格に示されています。これによると、室内用、層流フード内用、作業面用および圧縮ガス用の4種があります。それぞれの特徴を簡単にまとめて**表5.25**に示します。また交流、直流、パルス直流の3種の電圧印加方式のイオナイザーが、これらの用途に対応する製品を**表5.26**にまとめました。

▶ イオナイザーの評価方法

① 評価の目的と必要性

イオナイザーには多くの種類があり、特性や除電効果が違うことから、機器の動作をよく理解して使用することや、対象となる静電気障害に対し、適切な機器を選定できるよう調査・検討をする必要があります。また、イオナイザー

は、経年変化に弱く、定期的なメンテナンスが必要です。コロナ放電式のイオナイザーは、設置環境によっては電極の汚れによって、数週間程度で効果が著しく低下してしまうこともあります。これらの機器の特性や効果は、定量的に数値判断できる測定器を用いることが重要です。

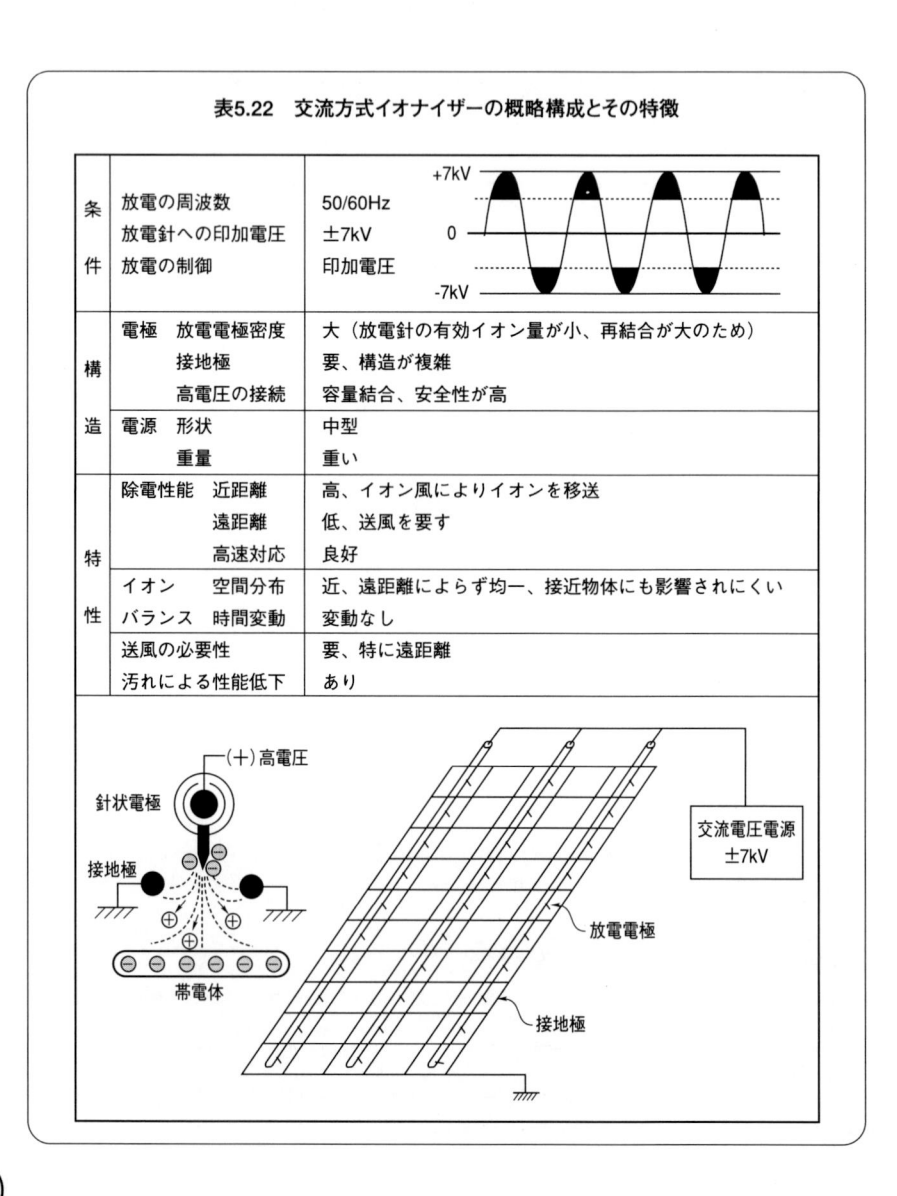

表5.22　交流方式イオナイザーの概略構成とその特徴

条件	放電の周波数	50/60Hz
	放電針への印加電圧	±7kV
	放電の制御	印加電圧

構造	電極	放電電極密度	大（放電針の有効イオン量が小、再結合が大のため）
		接地極	要、構造が複雑
		高電圧の接続	容量結合、安全性が高
	電源	形状	中型
		重量	重い

特性	除電性能	近距離	高、イオン風によりイオンを移送
		遠距離	低、送風を要す
		高速対応	良好
	イオンバランス	空間分布	近、遠距離によらず均一、接近物体にも影響されにくい
		時間変動	変動なし
	送風の必要性		要、特に遠距離
	汚れによる性能低下		あり

② 特性評価項目

静電気対策を適切に実施し、その効果を持続するには、保守管理が必要です。計測すべき項目を以下に挙げます。

1）減衰時間

帯電プレートモニタ（Charged Plate Monitor）を用いて除電時間を計測しま

表5.23 直流方式イオナイザーの概略構成とその特徴

条件	放電の周波数	連続
	放電針への印加電圧	+7kV/−7kV
	放電の制御	印加電圧
構造	電極　放電電極密度	中（正負イオンの均一分布、再結合が中のため）
	接地極	不要、構造簡単
	高電圧の接続	抵抗結合
	電源　形状	小型
	重量	軽量
特性	除電性能　近距離	高、正負電極との相対位置により差がある
	遠距離	中
	高速対応	優秀
	イオン　　空間分布	分布あり（特に近距離）、物体の接近にも影響されやすい
	バランス　時間変動	変動なし
	送風の必要性	無風でも効果あり、風があれば性能上昇
	汚れによる性能低下	あり、正負電極による差が大きい

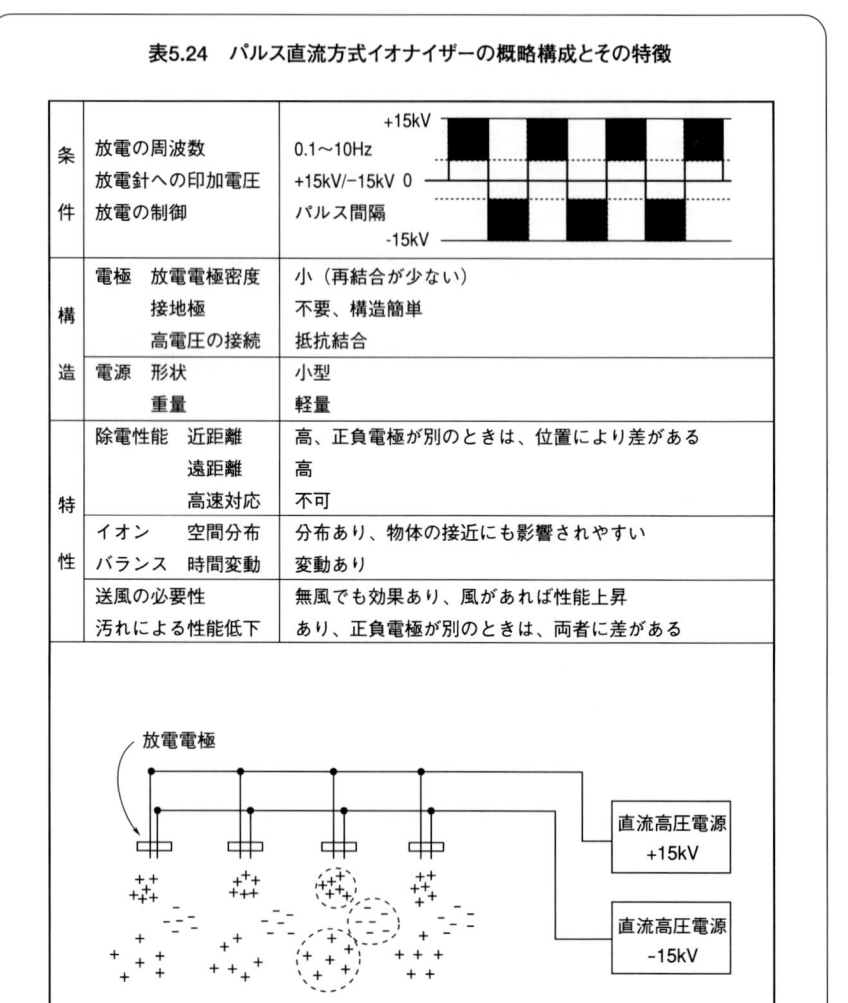

表5.24 パルス直流方式イオナイザーの概略構成とその特徴

条件	放電の周波数 放電針への印加電圧 放電の制御	0.1〜10Hz +15kV/−15kV パルス間隔
構造	電極　放電電極密度 　　　接地極 　　　高電圧の接続	小（再結合が少ない） 不要、構造簡単 抵抗結合
	電源　形状 　　　重量	小型 軽量
特性	除電性能　近距離 　　　　　遠距離 　　　　　高速対応	高、正負電極が別のときは、位置により差がある 高 不可
	イオン　　空間分布 バランス　時間変動	分布あり、物体の接近にも影響されやすい 変動あり
	送風の必要性 汚れによる性能低下	無風でも効果あり、風があれば性能上昇 あり、正負電極が別のときは、両者に差がある

す。形状（15cm×15cm）と静電容量（20pF±2pF）の導電板（金属プレート）に±5000V、または±1000Vの高電圧を印加し、それぞれ1/10の電圧までイオナイザーによる減衰時間を計測します。

2）イオンバランス（オフセット電圧）

　イオナイザーが、生成するプラスとマイナスのイオンを、物体に照射した場

12. イオナイザー

合、そのプラスとマイナスの差違により、物体が新たな電位を持つことがあります。この影響の大小によっては、静電気に敏感なデバイスは損傷してしまいます。イオナイザーには、この生成するプラスとマイナスのイオン量を、調節できる機能を持つものがあり、静電気に敏感なデバイスの静電気対策に利用するには、このプラスイオンとマイナスイオンの量は、そのデバイスに影響しないように調整しなければなりません。

表5.25 イオナイザーの用途別分類

名　称	特　徴
ルームイオナイザー （Room Ionizer）	コロナ放電電極またはユニットを対象区域の天井部に配置し、室内全域の雰囲気をイオン化して帯電防止およびコンタミネーション防止を図るもの。
フードイオナイザー （Laminar Flow Hood Ionizer）	フード内の空気吹き出し部分にコロナ放電電極を配置し、フード内の層流を利用しイオンを気流下方向に供給するもの。下降流型と水平流型がある。
作業面イオナイザー （Worksurface Ionizer）	ファンやブロアにコロナ放電電極を組み合わせ、作業面に送風によりイオンを供給するもの。卓上型とオーバヘッド型がある。
圧縮ガスイオナイザー （Compressed Gas Ionizer）	圧縮空気または圧縮窒素ガスをイオン化して供給するもの。エアガンにコロナ放電電極を組み合わせたものが一般的で、除塵を兼ねる場合が多い。

表5.26 イオナイザの種類とその製品例

イオナイザーの種類	製　品　例
交流式イオナイザー	エアイオナイザー 除電バー イオンガン クリーンベンチブース用イオナイザー ルームイオナイザー
直流式イオナイザー	エアイオナイザー イオンガン
パルス直流式イオナイザー	除電バー クリーンベンチブース用イオナイザー ルームイオナイザー

測定方法は、帯電プレートモニタにより行い、この帯電プレートモニタの持つ疑似帯電電極を、一旦0Vにしたうえで絶縁状態にし、一定時間、イオンを照射して、疑似帯電電極に現れる電位を読み取ります。イオンを照射する時間は、イオナイザーのタイプによって異なります。一般的に、このイオナイザーが生成するイオン量の差、または、帯電プレートモニタに現れる電位のことを、イオンバランス、またはオフセット電圧と呼びます。
　ここで言うイオンバランス（またはオフセット電圧）とは、空間におけるイオンの厳密な状態を表わすものではなく、測定器の絶縁された金属電極に現れる電圧を意味したものです。このイオナイザーの生成するイオンバランスは、電極の汚れや機器の調整変動等によって変化するので、定期的に計測されなければなりません。また、イオンバランスの判定には、一点だけの平均値的な見方だけでなく、空間分布的な見方や時間変化的な見方も必要です。

3）除電範囲の調査

　帯電プレートモニタで、さまざまな点を計測することで、イオナイザーの効果の範囲と、対策を希望する範囲が適応しているかを調べます。また、イオナイザーによっては、電極近傍で使用すると、かえって電子デバイスを傷めるような逆効果を起こすことがあるので、適切な設置場所を選定するためにも、効果の範囲や影響は良く理解されなければなりません。

4）除電特性

　帯電プレートモニタの導電板電極にイオンを当て、導電板の電位減衰の仕方を見ることでイオナイザーの特性を調べます。イオナイザーは、交流方式、直流方式、パルス直流方式イオン生成方式の違いによって特性が異なるので、選定するイオナイザーの特性をよく捉えておかなければなりません。静電気障害に対し、適切な効果を持つ装置を選定する必要があります。

5）イオナイザーの調整

　イオナイザーには、調節の必要なものがあり、静電気障害に対し、適切な調節をしなければなりません。また、イオナイザーと帯電物の相互関係（設置距離等）によって効果が異なるために、除電対象物やイオナイザーの設置距離等条件を変えた場合は、再調整が必要です。調整をおろそかにすることで、かえってイオナイザーが悪影響を及ぼすこともあります。つまり、装置の効果を最大限に発揮できるように調整が必要なのです。

評価基準

イオナイザーの評価としては、社内基準的な方法で行うこともできますが、ISO等国際標準的な各国との整合性が重要となっています。社内の基準で評価、管理の正当性を主張しても買手の意志とそぐわなければその評価は認められません。現在の主流となっている評価方法に「帯電プレートモニタ」と呼ばれる測定器を使う方法があります。これは、米国ANSI規格に承認されたEOS/ESD Association Standard for Protection of Electrostatic Discharge Susceptible Items : Ionization, ANSI/ESD-STM3.1-2000規格で規定されています。この規格は、イオナイザーに特性評価結果をユーザーに提供するために制定された標準です。帯電プレートモニタの構成要素は表5.27の通りです。

①イオナイザーの試験機器

イオナイザーの性能測定を行うために、この規格で推奨する試験機器は帯電プレートモニタ(帯電プレートの詳細は図5.59参照)です。帯電プレートモニタによる測定方法は、再現性も高く計測器メーカー各社がこの規格に準じて帯電プレートモニタを製作しており、測定値のバラツキが少ないという利便性があります。

試験機器・帯電プレートモニタの導電板は、15cm×15cm角で、電気的接続がない試験器に取り付けたときの最小静電気容量は15pFです。導電板と試験回路を含む総静電気容量は、20pF±2pFです。図5.59に示す導電板の間隔"A"には、支持絶縁体、または加電圧接点以外に接地やその他いかなるものも近づけてはいけません。絶縁した導電板は、試験電圧に帯電した時、5分以内に試験電圧の10%以上減衰してはいけません。

表5.27 帯電プレートモニタの基本的な構成要素

①	絶縁された15cm×15cm角の導電板(金属プレート)
②	±5000V以上出力できる直流高電圧電源
③	15cm×15cm角の導電板が20pF±2pFの静電容量を持つ構造
④	15cm×15cm角の導電板の電位を連続的に測定できる静電気電位計
⑤	初期電位から1/10電位までの減衰時間を知るためのタイマー

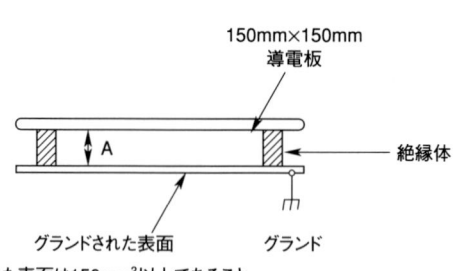

図5.59　帯電プレートの詳細図

(図中ラベル: 150mm×150mm 導電板、A、絶縁体、グランドされた表面、グランド)
注）グランドされた表面は150mm²以上であること

表5.28　試験設定と試験箇所数

イオン化装置の分類	試験個所数	オフセット電圧測定時間間隔	帯電プレートの初期電圧(V)
(1)　室内イオン化装置			
(A) 交流グリッド	2	1～5分間	5000
(B) パルス直流または定常直流式バー	2	1～5分間	5000
(C) 単極エミッター	3	1～5分間	5000
(D) 両極直流ライン	3	1～5分間	5000
(E) パルス直流エミッター	2	1～5分間	5000
(2)　層流フードイオン化			
(A) 垂直型	7	1～5分間	1000
(B) 水平型	5	1～5分間	1000
(3)　作業面イオン化装置			
(A) 卓上型	12	1～5分間	1000
(B) オーバーヘッド型	12	1～5分間	1000
(4)　圧縮ガスイオン化装置			
ガンおよびノズル	1	10秒～1分間	1000

12. イオナイザー

導電板の電圧は、表5.27に適合した試験機器により測定します。試験機器の応答時間は、導体板電圧の変化を測定するのに十分な精度がある必要があります。

② イオナイザーの特定要項

試験器の導体板は、初期試験電圧に帯電し、初期試験電圧の10%（1/10）に減衰するまで放置します。減衰時間試験は、正および負極の電荷に対して行います。この時間は、減衰時間として参照します。オフセット電圧試験は導体板を一時的に接地して、残存電荷を除去した後、帯電プレートモニタの0電位を確認します。その後、表5.28に示す各装置の分類に従った手順により、イオン化雰囲気内で、帯電プレートモニタにより測定します。

減衰時間とオフセット電圧は、表5.28に示すそれぞれの試験個所で測定します。被試験イオナイザーの減衰時間とオフセット電圧は、同一条件下で測定します。もし、異なる分類のイオナイザーと比較するのであれば、すべての試験において、同一試験電圧を使用します。

パルス直流電圧型イオナイザーの場合、ピークオフセット電圧を測定します。帯電プレートモニタを用いて、正および負極の最大値を報告します。湿度、温度、風速等の特定のパラメータを適用する場合には、それらを記録します。

③ 室内イオナイザー

帯電プレートモニタの周囲には、水平距離1.5m内のすべての方向において、障害物がないようにします。もし、それが不可能な場合には、記録に注記します。イオナイザーは、試験区画で安定状態になるまで最低30分作動させます。

試験中、試験技術員は接地し、モニタから1.5m以上離れて立ちます。もし、それが不可能な場合には、記録に注記します。初期電圧5000Vから、最終電圧500V（初期電圧の10％）までの減衰時間を正極、負極とも測定します。試験場所の風速を測定し記録します。測定は、被試験イオナイザーの直下、1.5mの距離に帯電プレートモニタを設置して行います。設置するイオナイザーの高さが異なるシステムの評価では、矛盾のない測定高さを選択します。測定高さとイオナイザーの設置高さは、試験結果に記録します。

システムの種類により、表5.28および図5.60～図5.63を参照して、試験個所の最低数を決定します。減衰時間は、各試験個所で測定します。オフセット電圧は、各試験個所で測定します。オフセット電圧は、読み取りが安定するまで、少なくとも、1分間後（最大5分間後）に測定します。

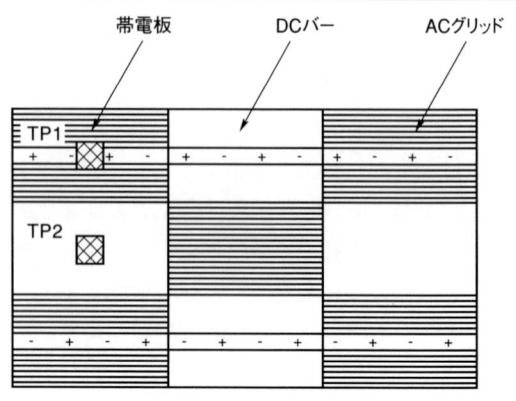

注1） ACグリッド（100%未満カバー）およびパルスまたは定常状態DCバーの例
注2） TP1は、グリッドまたはバーの直下、一方TP2はグリッドまたはバー間の中央である。

図5.60　室内イオナイザーの試験設定（交流グリッドと直流バー方式イオナイザー）

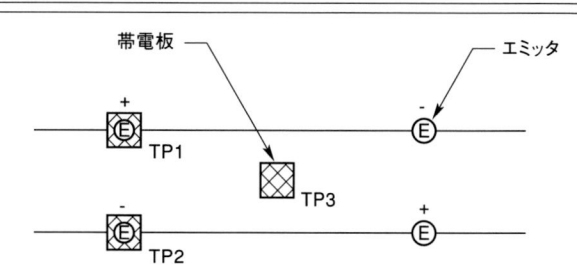

注）3個所の測定位置が必要

図5.61　室内イオン化装置の試験設定（単極エミッタシステム）

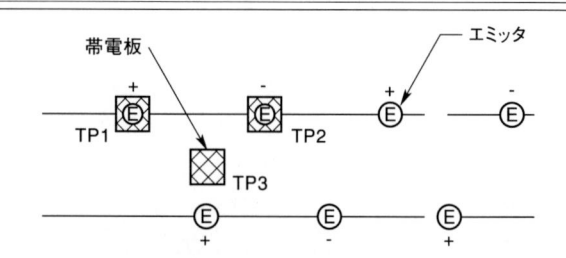

注）3個所の測定位置が必要

図5.62　室内イオン化装置の試験設定（両極直流エミッタシステム）

```
         帯電板              エミッタ
      +/-                +/-
       Ⓔ                  Ⓔ
          TP1       ⊠
                    TP2
              Ⓔ       Ⓔ
              +/-
   注）2個所の測定位置が必要
```

図5.63　室内イオン化装置の試験設定（パルス直流エミッタシステム）

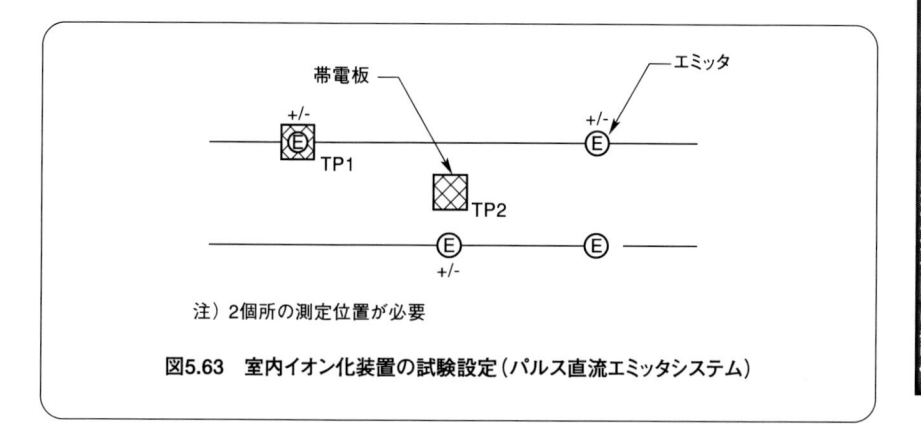

④　**層流フードイオナイザー**

　試験は、特に指定がない限り、気流をさまたげる物がない試験表面で行います。試験表面は、静電気拡散性とし適切に接地します。試験技術員は、適切に接地します。初期電圧1000Vから、最終100V（初期電圧の10％）までの減衰時間を、正極、負極とも測定します。図5.64または図5.66に示す試験場所TP4の風速を記録します。

　垂直層流フードの場合の試験設定を、**図5.64**と**図5.65**に示します。試験位置TP1からTP7まで、各試験個所で測定します。水平層流フードの場合の試験設定を、**図5.66**と**図5.67**に示します。図5.65の試験位置TP1からTP5まで、各試験個所で測定します。

　減衰時間は、各試験個所で測定します。オフセット電圧は、各試験個所で測定します。オフセット電圧は、読み取りが安定するまで、少なくとも1分間後（最大5分間後）に測定します。

⑤　**作業面イオナイザー**

　試験は、特に指定がない限り、気流をさまたげる物がない試験表面で行います。試験表面は、静電気拡散性とし、適切に接地します。試験技術員は、適切に接地します。初期電圧1000Vから、最終100V（初期電圧の10％）までの減衰時間を、正極、負極とも測定します。ヒータ付装置は、ヒータを切って測定します。フィルタを装備している装置は、フィルタ付で試験します。可変風量調整装置の測定は、最低風量と最大風量の両方で行います。風速を測定し、試験結果に含めます。

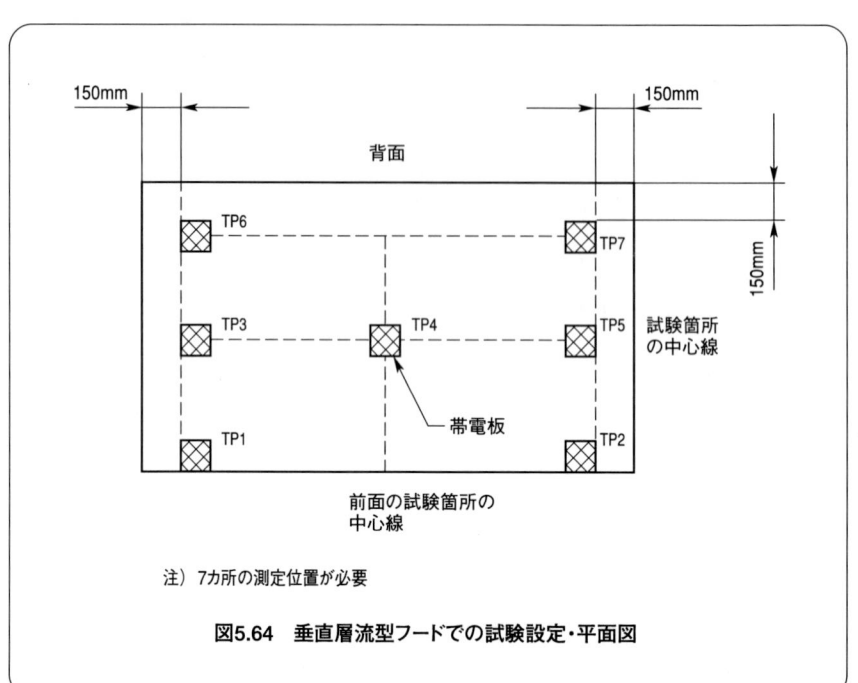

図5.64　垂直層流型フードでの試験設定・平面図

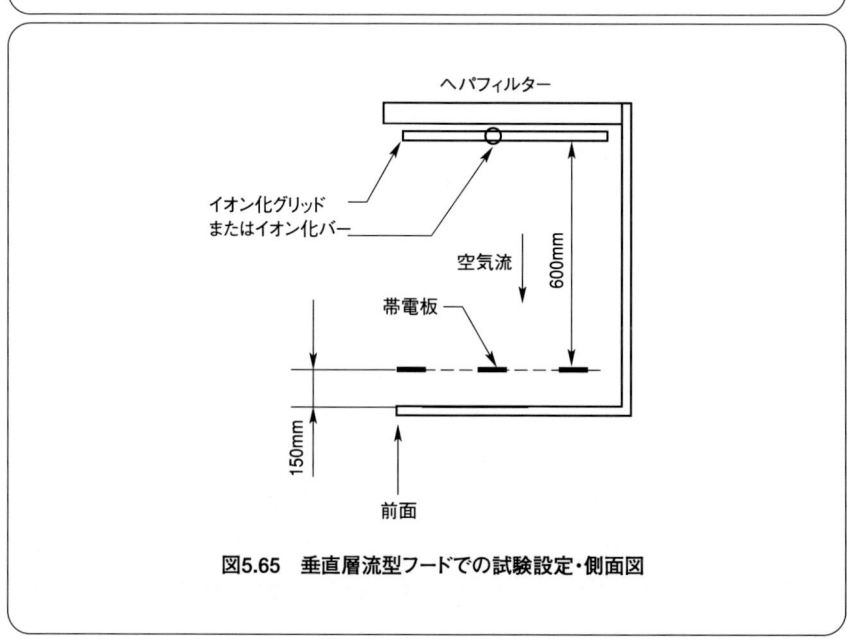

注）7カ所の測定位置が必要

図5.65　垂直層流型フードでの試験設定・側面図

12. イオナイザー

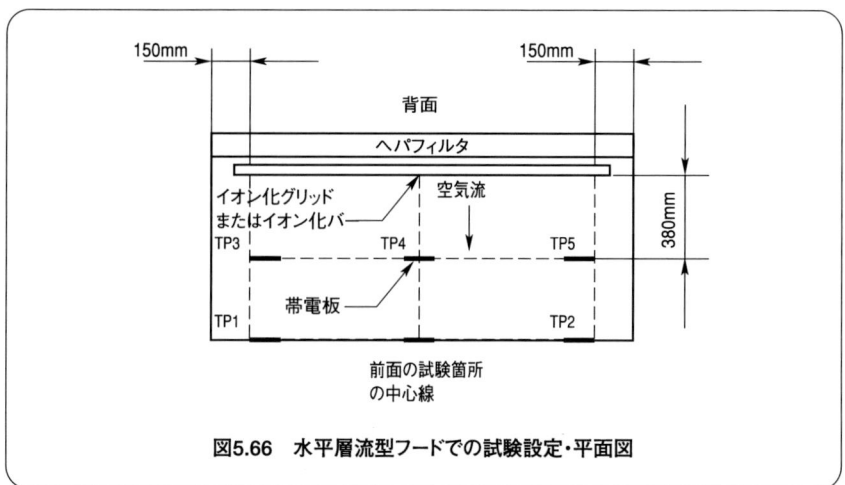

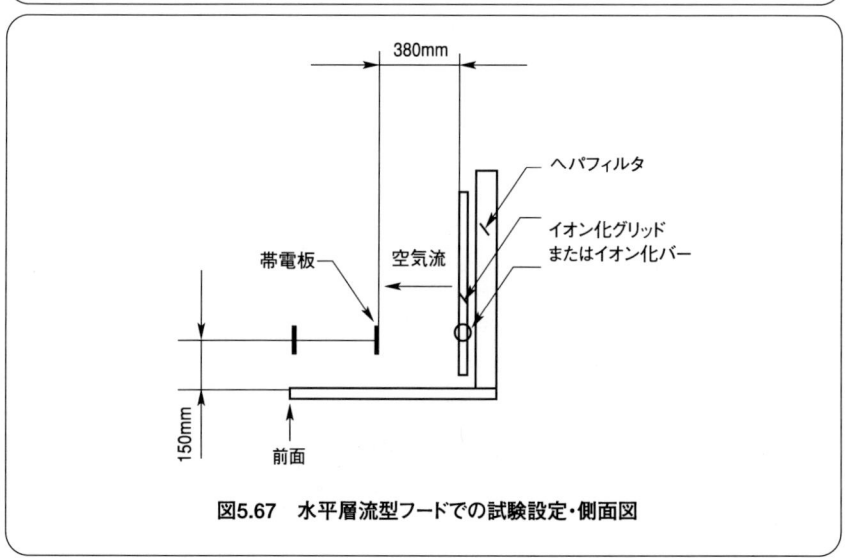

図5.66 水平層流型フードでの試験設定・平面図

図5.67 水平層流型フードでの試験設定・側面図

　卓上装置の場合　図5.68に示す位置にイオナイザーを置きます。送風は、試験個所TP2の方向に送付し、TP2とTPの各試験個所での風速を測定します。帯電プレートモニタの導電板面は、イオナイザーの方向へ向けます。帯電プレートモニタを用いた測定は、図5.68に示す試験個所TP1からTP12まで行います。

　オーバーヘッド型装置の場合、図5.69と図5.70に示す場所に、イオナイザーを置きます。気流は、試験個所TP5とTP8で測定します。帯電プレートモ

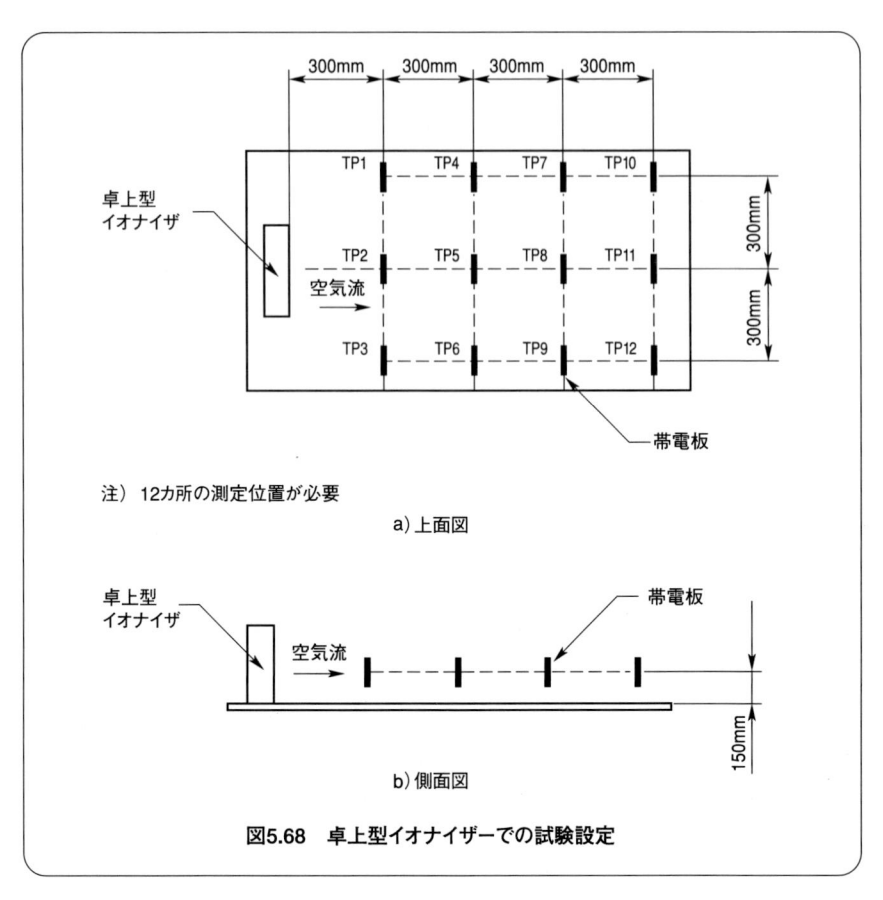

図5.68　卓上型イオナイザーでの試験設定

ニタを用いた測定は、図5.69に示す試験個所TP1からTP12まで行います。減衰時間は、各試験個所で測定します。オフセット電圧は、各試験個所で測定します。オフセット電圧は、読み取りが安定するまで、少なくとも、1分間（最大5分間）に測定します。

⑥ 圧縮ガスイオナイザー

試験は、特に指定がない限り、気流をさまたげる物がない試験表面で行います。試験表面は、静電気拡散性とし、適切に接地します。試験技術員は、適切に接地します。初期電圧1000Vから最終100V（初期電圧の10％）までの減衰時間を、正極、負極とも測定します。特に指定がない場合には、流入圧力2.1 kg/cm^2（30psig）とします。試験は、図5.71に示すように設定します。減衰時

12. イオナイザー

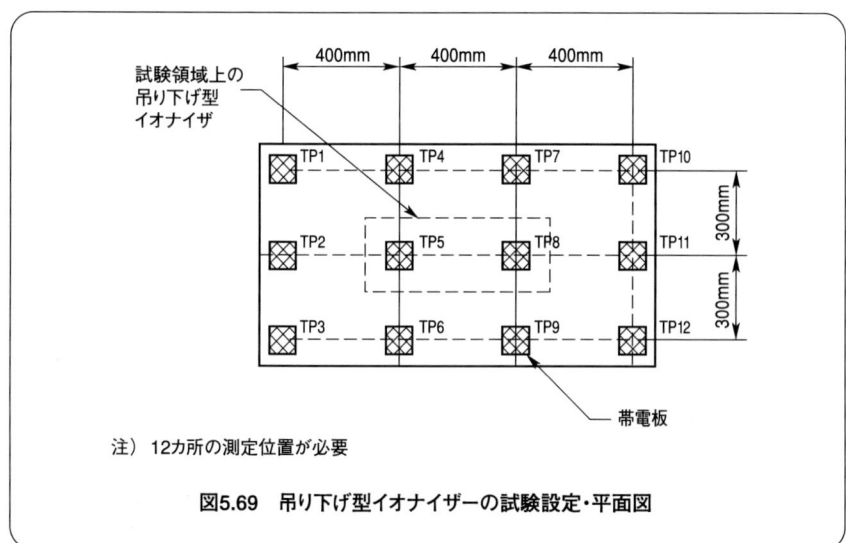

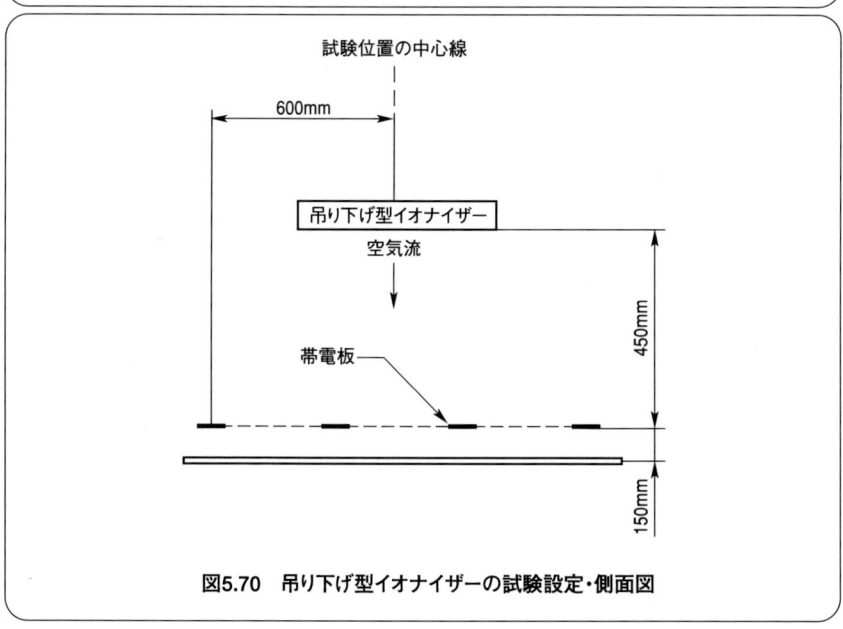

図5.69　吊り下げ型イオナイザーの試験設定・平面図

注）12カ所の測定位置が必要

図5.70　吊り下げ型イオナイザーの試験設定・側面図

間は、各試験個所で測定します。オフセット電圧は、試験個所で測定します。オフセット電圧の測定は、少なくとも10秒後とし、読み取りが安定するまで少なくとも1分間程度行います。

図5.71　圧縮ガスイオナイザー（ガンまたはノズル）の試験設定

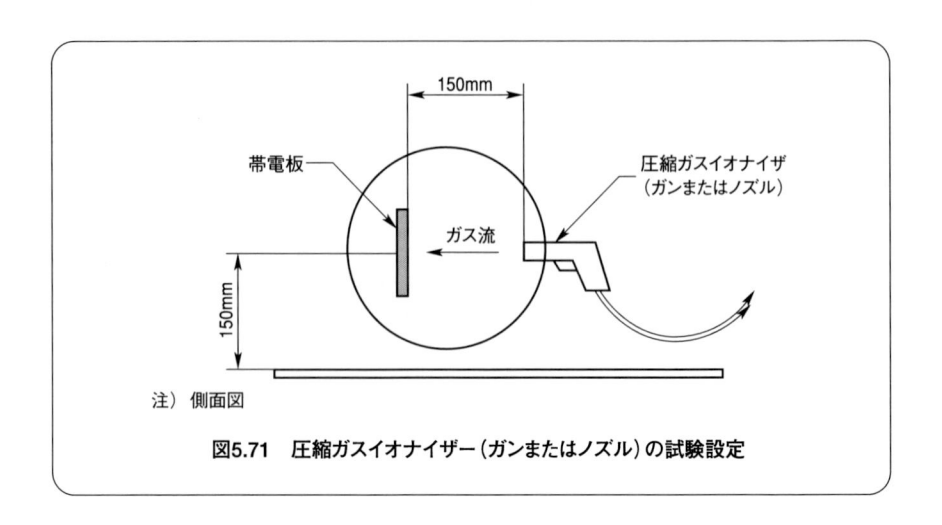

⑦　イオナイザーの保守

　最適の性能を維持するため、すべてのイオナイザーは、放電電極の定期的な清掃、または交換を行います。性能は、定期的に測定し、電荷中和能力を確認します。放射線源を使用したイオナイザーの線源は、定期的に交換し、国の定める関連法規に適合した管理を確認します。

　高電圧型イオナイザーの放電電極は、摩耗と塵埃の付着が生じやすいため、放電電極の定期的清掃を行います。放電電極の交換も必要となることがあります。電極状態は、装置の性能に係わる要因です。

　送風用ファンおよび、エアフィルタを装備したイオナイザーは、定期的に風量を確認します。イオナイザーの電荷中和条件は、帯電体に搬送するイオン化した空気の量に直接関係しています。予防的保守スケジュールは、イオナイザーの取り付け時、もしくは取り付け以前に設定します。

　イオナイザーは、しばしばESDSアイテムを取り扱う重要な作業区画での使用を目的としているため、保守要求事項をイオナイザーの仕様の一部として考慮する必要があります。

保守管理

①　イオナイザーの保守管理の必要性

　電子デバイス製造工程での静電気対策として、コロナ放電式イオナイザーを使用する場合には、イオナイザーの保守管理について導入前に検討を行い、使

用開始後には確実な実行が必要です。イオナイザーには、さまざまな用途に対応した種類、形状、構造があり、イオナイザーの保守、管理の方法には、これらに対応した適切な保守管理が要求されます。

　イオナイザーの使用期間中にイオン発生量が低下したり、イオンバランスがくずれると、除電能力が低下し、期待された効果が発揮できなくなります。このため、工程内での所要時間以内に、帯電電位を減衰させることができず、静電気の影響を残してしまいます。その結果、イオナイザーによる静電気トラブルの改善が期待できないだけでなく、最悪の場合には、逆帯電による電子デバイスの帯電や、ESDによる破壊などの静電気のトラブルを増加させてしまうこともあるのです。

　このため、イオナイザーの保守管理は、適切なイオナイザーの選択と同様、重要な課題として認識される必要があります。イオナイザーの使用者は、イオナイザーの使用開始時に、その保守管理についての計画案を作成すべきです。保守管理を含めたイオナイザーによる静電気障害対策フローを**図5.72**に示します。

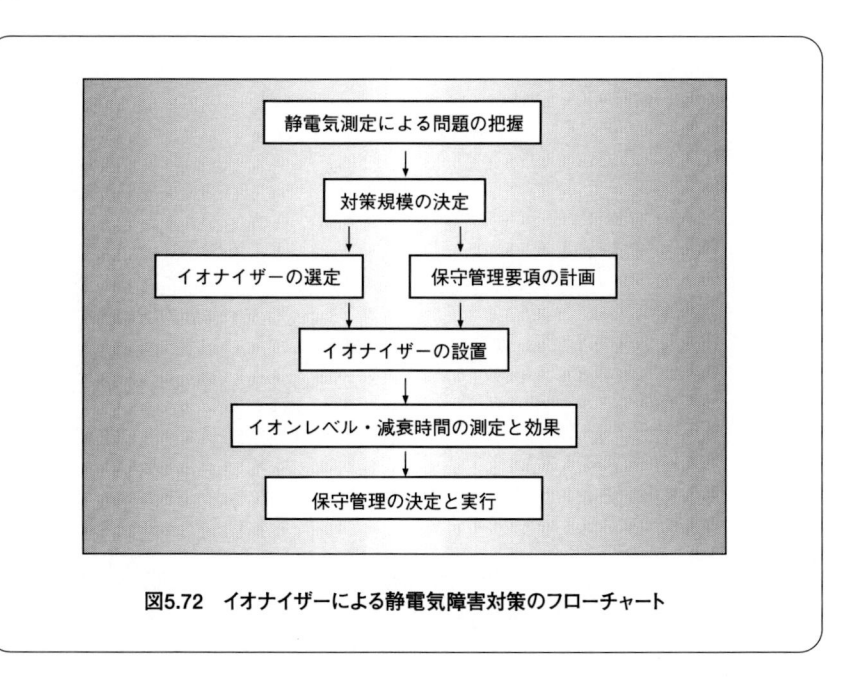

図5.72　イオナイザーによる静電気障害対策のフローチャート

② コロナ放電電極の清掃

　コロナ放電式イオナイザーの放電電極には、印加電源方式の違いにかかわらず、約7kVから十数kVの高電圧が印加されているので、電極先端には強い電界が発生しています。この電界の影響により、空中に浮遊する塵埃が、電極方向に吸引され付着堆積します。

　一般環境での作業場で使用されるイオナイザーでは、電極に黒い付着物や繊維状の物質が付着堆積することがあります。黒い付着物は、外気から室内に混入した自動車などの排気ガスに由来する炭素系粒子の付着と思われ、繊維状の付着物は、作業者の衣服などの繊維と推察されます。

　また、クリーンルーム内のような高清浄空間においても、放電電極への付着物の析出、堆積が見られます。一例として、クリーンルーム内で使用したイオナイザーの場合には、白色の異物が電極先端へ付着することが多く観察されます。この物質の元素分析を行った結果では、主成分がSiO_2（シリカ）であったと報告されています。これは、基板処理工程で使用される薬液などのガス化した分子や、クリーンルームに使用されるシリコンコーキング材料（目地止め材料）などからのアウトガスのイオナイザーの電界によりガス－粒子変換したものが主な原因と見られ報告されています。また、他の報告では、電極先端に析出した異物が、亜硝酸アンモニウムであったとの報告もあり、イオナイザーの使用される環境内での薬液から排出されたガス分子に、大きく影響されているものと思われます。

　このような事例の通り、一般環境内の作業場や、高清浄なクリーンルーム環境内作業場でも、現在のところ、残念ながらイオナイザーの電極が外気に露出していれば、イオナイザー電極の高電界の影響により、放電電極に異物が付着、もしくは析出し表面に堆積します。

　このような、浮遊塵埃やガス－粒子変換による発生微粒子が電極に付着すると、コロナ放電電極でのイオン化が妨げられ、発生イオン量の低下とともに、正負極のイオンバランスの崩れが生じてしまうことが問題となります。このため、電極の定期的な清掃を確実に行い、電極表面の付着物を取り除いておくことは、イオナイザーを使用する上で、最も重要な管理事項となります。イオナイザーの放電電極を清掃する頻度と、清掃に必要な労力、時間、費用は、イオナイザーとその使用条件、環境条件により異なります。堆積する異物の量と、イオン発生量およびイオンバランスへの影響の程度については、個々のイオナイザーの条件が異なるために、定量的に判断することはむずかしいと考えられ

ます。1〜2ヵ月に1回の清掃頻度が一般的と思われますが、清掃頻度はユーザ側により、決定されるべきです。

③ コロナ放電電極の定期的交換

イオナイザーに装備されているコロナ放電電極は、正イオンを生成する時に放出される電子が、正電極に衝突して電極材の原子を弾き飛ばす現象により、摩耗することが報告されています。電極先端部の形状が変化することにより、正負イオンの生成効率に影響を与えて、イオンバランスが微妙に変化して行きます。このようなイオンバランスの変化に対して、多くのイオナイザーには、イオンバランスを補正する機能が装備されており、調整することが可能ですが、交流型や直流型のイオナイザーの一部には、このようなイオンバランスを補正する機能が付属していない場合もあります。

このため、長期間使用した場合には、イオナイザーの電極を交換する必要がでてきます。イオナイザーの電極の装着方法は、ソケット差込型や溶接などメーカーによりさまざまであるので、購入を検討する場合には、電極交換に関する技術的なアドバイスを受けておくことが推奨されます。

④ 電極の清掃と交換での注意

電極の清掃と交換は、コロナ放電型イオナイザーを使用する上で、必要不可欠で、重要な保守項目です。さらに、電極の清掃と交換を行う場合には、電撃や引火防止に注意を払う必要があります。電極清掃に使用される薬液には、一般に、アルコールが推奨され、エチルアルコールやIPA（イソプロピルアルコール）が使用されています。清掃用のワイプに少量のアルコールを浸み込ませて、電極を軽く拭いて付着物を取り除きます。アルコールには引火性があるので、清掃するイオナイザーの電源を切ったことを必ず確認してから行う必要があります。

ある種のイオナイザーでは、高電圧ケーブルを電極と外部の内蔵高電圧トランスとの配線に使用しています。この場合、高電圧ケーブル、およびシステムの電気容量によっては、かなりの残留高電圧が残っている可能性があるので、指で触れた時に電撃を受けることもあります。そのため、電源を切った後も、しばらく放置して、残留電圧が放電し、十分低下するのを確認する必要があります。また、電極を交換する場合にも、同様に注意し電撃を防止します。

⑤ 定期的なイオナイザーの点検

　イオナイザーを使用する場合に、定期的にイオナイザーのイオンバランスと除電性能の確認を行うとともに、点検した時の測定値を記録し保管しておくことが重要です。初期状態からの経時変化が、製造工程での許容範囲であるかを確認するとともに、イオナイザーの保守期間の判断材料や、イオナイザーの寿命を事前に予測することができます。イオナイザーの保守管理の周期は、イオナイザーの種類、形状、構造、イオナイザーを使用する環境により大いに異なるので、イオナイザーの使用者は、イオナイザーメーカーのアドバイスをもとに、実際の使用条件での保守期間や、その頻度を決定する必要があります。

簡便な特性評価装置の利用

　ANSI/ESD3.1規格を適用して、イオナイザーの特性を評価する場合、イオナイザー使用者側で、この規格で提示された帯電プレートモニタによる試験方法および測定個所のすべてを満足して評価することが困難な場合が予想されます。このため、規格の1.3項—適用に記述されている通り、イオナイザーの使用者は、特定の使用条件や、使用環境において規格に示されている試験方法と試験条件を変更することもあります。

　使用者の製造ラインや、イオナイザーの設置されている場所では、規格に定められた帯電プレートモニタの帯電プレートの寸法が、15cm×15cmという大きなものなので、測定個所すべての測定が不可能であるというケースが想定されます。さらに、帯電プレートモニタの価格が、導入したイオナイザーのコストに匹敵するか、また、それ以上の場合もあり、経済的ではないこともあります。また製造現場では、測定の迅速性も要求されます。

　このような制約や要求に対応した計測器として、イオナイザー特性評価用の簡便装置が提案されています。この簡便装置は、低コストの計測器とするために、標準的なポータブル型表面電位計を利用したものです。表面電位計に帯電プレートを直接装着するものと、小型の帯電プレートを別設置するものとがあります。

① 簡便装置の一般条件
1) 電位計は、イオン化された雰囲気内で、正確な測定が可能なもの。
2) 絶縁された金属板、または、金属キャップの自己放電による初期電位1000Vからの減衰は、5分間で100V以内。

② 試験における確認事項と手順
1) 試験区域内の大きな金属物や気流の障害となるものの確認を行い、記録しておくこと。ただし、これらを移動しない。
2) 測定者と計測装置は測定期間中、適切に接地しておく。
3) 計測装置の絶縁プレートは、＋/－1200から1500Vに帯電させることができること。
4) 減衰時間の測定は、初期電位1000Vから始め、100Vに減衰するまでの時間をストップウォッチで計測し記録する。

精度の高い測定は、規格の帯電プレートモニタを使用すれば可能ですが、定期的なイオナイザーの性能確認のためには、精度の高い測定は必要ありません。この簡便装置を使用することにより、イオナイザーの性能を確実に、かつ速やかに確認することができるとともに、性能確認のために要する費用と時間を低減できます。

この簡便装置は、規格の帯電プレートモニタから、この装置に置き換えることを意図したものではなく付加されるべきものです。

13 ESD保護包装

ESD保護袋の概要

近年の電子デバイスをはじめとする電気・電子部品類の急速な発展・微細化に伴い、従来では考慮する必要の少なかったさまざまな現象について対策を取る必要が出てきています。たとえばそれは物理的な衝撃や湿度であったり、静電気によるさまざまな障害もその1つです。静電気による障害は、部品の製造段階から製品の完成・使用まで広範囲にわたり、いろいろな形態を取って表れます。そのために、静電気の対策用資材の特性も多岐に渡り、個々の部品類の保護から、人体アース、製造現場でのワークステーションの環境整備など、小さな規模のものから、工場全体に及ぶ非常に大掛かりなものまで存在します。それらの対策資材の中で最も目立ち、また重要視されているものの一つに包装

材料があります。

　包装材料は、静電気に敏感な部品類を輸送・保管・貯蔵中の静電気障害から保護するために使用されます。ESDSは、一般的には、一次包装材料（キャリアやマガジンなどのESDSに直接接触する材料）に納められた後に、二次的な包装材料（袋やコンテナなど一次包装材料を保護するのに使用する材料）に入れ取り扱われます。本来の包装材料の使用目的も考えれば、この二次包装を行うことにより、非ESDS類と同様に取り扱うことができるようになるべきなのですが、実際にはコストの問題を含め、さまざまな要因からより簡易的に包装を行っている場合が多いのが現実です。特に袋類は、一次、二次包装材料として、その種類・特性も多数存在します。

　さて、これらのESD保護袋は、かなり古くから使用され、70年代ではその主流がカーボンを練り込んだポリエチレン製（**図5.73**）、80年代は帯電防止剤を練り込んだ透明性ポリエチレン製（**図5.74**）、そして90年代に入ると金属化された層を保持する静電気シールド袋（**図5.75**）へと移っていきました。もちろん、その背景には、静電気に対する保護技術の進歩、内容物の静電気への敏感性の増加、製造環境の変化などさまざまな原因があります。開封することなく内容物を確認するために、カーボンを使用した不透明なものの使用が減り、帯電防止剤の使用による汚染や外部電界からの影響を防ぐために、静電気シールドフィルムが使用されるようになりました。

　また同時にESDの発生を考慮し、ESDSに近づく可能性の高い導電性材料の袋表面への使用も避けられるようになってきたのです（ESDS類を保護する目

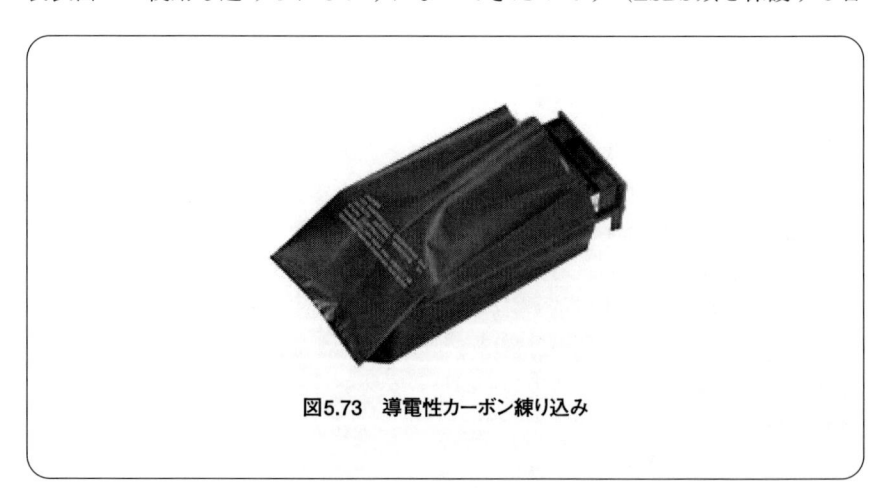

図5.73　導電性カーボン練り込み

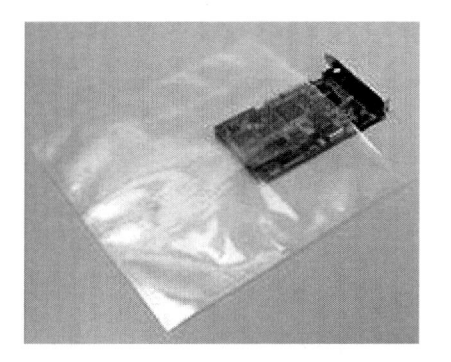

図5.74　帯電防止剤練り込み

図5.75　静電気シールド袋

的では、古くは、包装材料の抵抗値を下げることにより、解決できると考えられていましたが、導電性が高いものを使用した場合の包装材料とESDS類、あるいは、人体等とのESDの発生を避けるために、近年では、いくぶん抵抗のあるものを使用するようになってきています）。

　さて、静電気対策用袋の使用が一般化されるに伴い、その評価方法も標準化されていきました。初期には、比較的導電性の高い材料を使用していたために、体積抵抗や表面抵抗、あるいは、その抵抗率を使用して評価していましたが、比較的抵抗値の高い材料が、ESD保護包装材料として使用されるようになると、それだけでは不十分ではないかという疑問が発生して、静電気電荷の減衰時間

など、より現実に近い指標も使用されるようになっていきました。80年代の中期を過ぎる頃から、摩擦帯電現象は、抵抗値や減衰時間に関係ないという考え方が、標準、規格などでも明確に示され、フィルムや袋の摩擦帯電特性も評価指標として採用されていきます。

そして、90年代が近づくと、先の静電気シールドフィルム（図5.76）の使用が一般化され始め、そのシールド特性の評価方法についても議論されました。静電気シールドフィルムは、金属化された比較的導電性のよい層を、最外部か中間層になるようにフィルムをラミネートしたもので、一般には、ESDSに接触する面に、摩擦帯電抑制用の静電気防止剤を練り込んだフィルムを使用しています。このため、従来のホモジェニアスな材料とは異なり、抵抗率や減衰時間などで特性を示すことがむずかしいこと、また、これらの指標では、静電気シールド特性を直接的に示せない、という点が問題視されました。そこで、米国3MのHuntsuman等により70年代の後半に"キャパシティブプローブ法"が提案され、EIA541をはじめとして、さまざまな標準、規格類で採用されました。

この測定方法の提唱された当時は、ようやく透明タイプの静電気対策袋が一般的に使用されるようになってきたばかりでしたので、当時、このシールドタイプの袋は、外部表面導電層があるもの（Metal-out）のみ存在していました。

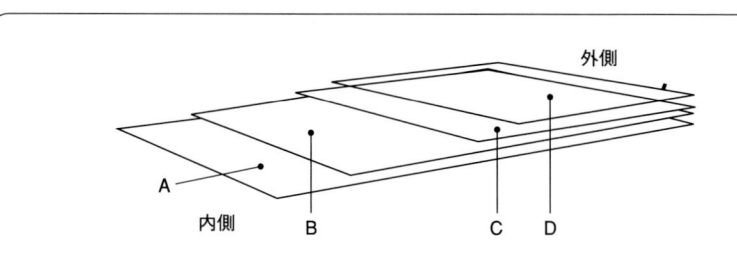

構 造 例

	Metal-in	Metal-out
A	帯電防止ポリエチレン	帯電防止ポリエチレン
B	金属蒸着層	ポリエステル
C	ポリエステル	金属蒸着層
D	耐摩耗コーティング	帯電防止コーティング

図5.76　静電気シールド袋の構造

表5.29 袋の分類(81705C)

	名称	EMI/STATIC SHIELD
タイプ I	分類	水蒸気防止、静電気防御、静電気・EMIシールド
	構造	金属ラミネート
	目的	小型回路、半導体素子（たとえば、マイクロ波素子、FET、薄膜抵抗、その他この要項による保護を必要とする小型の部品）などを水蒸気、静電気、電磁波から保護
	名称	STATIC DISSIPATIVE
タイプ II	分類	透明、防水性、静電気防御、静電気拡散
	構造	透明、薄い色で着色、コンタミの発生防止
	目的	透明性を必要とし、オイルおよびグリースが直接接触しない環境で使用する。防水性、静電気防止、バリヤ性
	名称	STATIC SHIELD
タイプ III	分類	透明、防水性、静電気防御、静電気シールド
	構造	透明、薄い色で着色
	目的	透明、防水性、静電気防御、静電気シールド防御、タイプIの静電気シールドおよびEMIシールド効果の弱いもの

MIL-PRF-81705E：区分		
I	表示	EMI／STATIC SHIELD
	分類	耐水蒸気特性，静電気防御，静電気／EMIシールド
	構造	金属ラミネート
	目的	小型回路，ある種の半導体素子（たとえば，ダイオード，電界効果型トランジスター，敏感性抵抗，）の水蒸気／静電気／電磁波からの保護
III	表示	STATIC SHIELD
	分類	透明，耐漏水特性，静電気防御，静電気シールド
	構造	透明，薄い色で着色
	目的	透明，漏水性，静電気保護，静電気シールドが必要とされる場所での使用

つまり、この試験方法は、初期においては構造の特定できる1種類のフィルムを評価するものでした。しかし、80年代に入ると、構造の異なる内部に導電層のあるもの（Metal-in）が、製造されるようになります。当初、構造の違いによる問題点には気が付いていなかったようですが、実際には、同じEIAの評価方法で異なる波形が得られることが判明し、波形の減衰時間の取扱いも議論されるようになってきました。

一方、ESDSの敏感性の増加は、MIL-B-81705C（現在は、MIL-PRF-81705D）（**表5.29**）として静電気シールドタイプを規定させることになり、EIA規格にはない規定値までが定められました。そして、この評価方法は、現在では、

ANSI/ESD 541など、当初の電圧方法から、電流方法、つまり、エネルギー値の評価へと変化して行きます。

ESD保護包装とは？

　ESD敏感性アイテムの包装とは、取扱い、輸送、貯蔵等のすべての領域で、ESDSを衝撃、水蒸気、機械的損傷等から保護する機能を本質的に持つ材料とアイテムのことを言います。そして、一般的には、包装材料そのものが静電気損傷の原因となることを避けるために、既存の包装材料を改良して作成しています。しかし、そのようなESD管理用の特性を付加しても、包装材料の物理的保護と環境保護の品質は、保持するようにしています。また、ESD保護包装は、包装されたアイテムを、その他の静電気発生源からの損傷から保護するように開発されています。

　ところで、このようなESD保護包装材料の電気的特性は、使用、保管、移送、配送、再使用の各領域で、予想される最高と最低の相対湿度、または決められた相対湿度で測定し、維持されていなければなりません。というのは、包装材料の使用環境の最も低い湿度で特性を持っていなければならないのは、一般的に静電気管理特性が低湿度条件で厳しいからです。つまり、このような考え方では、高湿度環境での測定の意味はあまりないのですが、実は、包装材料の中には、高湿度環境下でべたついたり、樹脂特性が異常に悪くなったりするものがあるからです。

　袋を例に取り、具体的に説明してみましょう。さて、一般的に、アイテムを収める包装材料として、内容物を物理的保護、環境保護の観点から保護するためには、ポリエチレン製袋を使用します。しかし、ポリエチレン製袋は、通常の作業でも静電気を蓄積し、損傷の可能性を増大します。そこで、ESD保護を行うための帯電防止効果を得るために、帯電防止剤等の化学薬品を添加したり、導電性を増加するために、導電性のカーボンや金属化粒子などを添加したりします。このようにして、導電性や静電気拡散性、帯電防止性を付加した袋は、さらに、金属化層などの導電層を加えることにより、アイテムから発生するESDあるいは、電界からシールドする特性、ESDシールド性を保持するようになります。

　さて、基本的静電気対策として、人体も含んだすべての導体と静電気拡散性アイテムを等電位接合し、接地に接続するように設計されたEPA内部では、包装材料そのものの電荷の発生に注意し電荷拡散に考慮してあれば、静電気敏感

性デバイスを取り扱うために特別な包装は必要ありません。そこでESD保護包装は、静電気敏感性デバイスの輸送、貯蔵システムでの静電気危険性から保護するために必要ということになります。つまり、ESD保護包装材料の使用目的から考えると、EPA外部での使用が一般的ということです。では、EPA外での保護包装の基本的機能を考えてみましょう。

① **摩擦帯電を制限する**

具体的には、包装されるESDSと接触し、摩擦したとしてもお互いに帯電せず、ESDSを帯電させないということです。しかし、より実際的には、包装材料そのものの帯電を防ぎ、EPA内に危険な静電気電荷を持ち込まないというEPAの基本的原理に基づくものです。つまり、EPAに持ち込むすべての包装の最外部層は、電荷を容易に発生し、拡散に時間を要する絶縁体であってはならないことになります。

② **静電界とESDに対してシールドする**

外部での輸送中や保存中に直接放電あるいは帯電電界への暴露により、ESDSが損傷を受けることを避けるために、静電気電場を抑制/遮蔽（シールディング）することです。つまり、ESDSにいかなる方法でも、帯電を発生させないように、包装しなさいということです。

EPAは、小さなものとしては作業台から、製造工場全体をEPAとすることもあります。ESD管理という立場からは、ESDS製造工程をすべて含めてEPAとした方が良いのですが、工場全体をEPAとした場合には、設備に多大な経費を必要とします。そこで一般的には、各生産領域内で生産性を考慮してEPAを作成します。ESD保護包装材料は、EPA間で使用するものですから、同じ工場内であってもEPA間では、ESD保護包装を使用します。

▌ ESD保護包装材料の区分

帯電防止処理されたプラスチックをどのように分類するかについては、1970年代の後半DOD-HDBK-263やMIL-B-81705等で表面抵抗率や体積抵抗率で分類されてから（表5.30、表5.31、表5.32）、抵抗率の指標を使用して行うのが一般化されてきました。ただし、初期の分類と80年代の後半以降の分類には、大きな違いがいくつか出てきているので、まず、その点について説明してみましょう。

初期の分類では、帯電防止処理されたプラスチックのESDに関する特性が抵

表5.30　抵抗率による分類

・MIL-HDBK-263の分類

帯電防止特性：摩擦帯電の発生を抑制するという意味で使用する。
　　　　　　帯電防止材料は、静電気電荷の発生を抑制するものである。この特性は、
　　　　　　材料の抵抗率には無関係である。

導電性材料	ESD保護の目的で右の特性を保持する	表面導電性	$1 \times 10^5 \Omega/\square$以下の表面抵抗率を保持する材料
		体積導電性	$1 \times 10^4 \Omega \cdot cm$ 以下の体積抵抗率を保持する材料
拡散性材料		表面導電性	$1 \times 10^5 \sim 1 \times 10^{12} \Omega/\square$以下の表面抵抗率を保持する材料
		体積導電性	$1 \times 10^4 \sim 1 \times 10^{11} \Omega \cdot cm$以下の体積抵抗率を保持する材料
絶縁材料		導電性材料あるいは拡散性材料ではないと定義される材料は、絶縁性材料であると考えられる。	

・MIL-HDBK-263の分類

帯電防止材料	それ自身あるいは他の類似の材料と擦り合わせたり、分離したりした場合、静電気電荷の発生を抑制する特性を保持する材料
導電性材料	$1.0 \times 10^5 \Omega/\square$以下の表面抵抗率を保持する材料
静電気拡散性材料	$1.0 \times 10^5 \sim 1.0 \times 10^{12} \Omega/\square$の表面抵抗率を保持する材料
絶縁材料	$1.0 \times 10^{12} \Omega/\square$以上の表面抵抗率を保持する材料

表5.31　抵抗率による分類（CECC100 015）

Ⅰ．帯電防止材料：同一あるいは異種の材料を摩擦／剥離した際の電荷発生を抑制する特性を有するもの	
Ⅱ．抵抗特性による分類（試験方法は、ASTM D 257など）	
静電気シールド材料	静電界を減衰する能力を保持する材料 表面抵抗率：$10^4 \Omega/\square$未満の層を保持するか、または 体積抵抗率：材料の厚み1mm当たり$103 \Omega \cdot cm$未満の材料
静電気導電性材料	表面抵抗率：$10^3 \sim 10^6 \Omega/\square$の材料で、静電気体積導電性材料aは、$10^2 \sim 10^4 \Omega \cdot cm$の体積抵抗率を保持
静電気拡散性材料	表面抵抗率：$10^6 \sim 10^{12} \Omega/\square$の材料、または 体積抵抗率：$10^4 \sim 10^{11} \Omega \cdot cm$の材料
絶縁材料	表面抵抗率：$10^{12} \Omega/\square$以上の材料、または 体積抵抗率：$10^{11} \Omega \cdot cm$以上の材料

注）原文に定義されてはいないが、既刊の文書により静電気体積導電性材料とは、材料が体積方向にも導電性特性を保持するもので、それに対する用語としては、静電気表面導電性材料がある。具体的には、前者は、樹脂に導電性カーボンを練り込んだもの、後者は、材料の表面に導電性材料をコーティングなどにより被覆したものである。

抗率に直接関係あるとの誤解から、単に抵抗率のみでESD管理に関するプラスチックの特性をすべて評価しようとしていました。しかし、実際には、表面抵抗率の測定は、測定そのものにも問題があることがわかり、また、減衰測定や摩擦帯電電荷測定などから、抵抗率と摩擦帯電特性の関係について、さまざまな疑問が提示されることにより、現在では、抵抗率はESD管理の主要特性の1つであるという認識が一般化されるようになりました。

そのために、抵抗率の分類の他に帯電防止特性という概念も合わせて表示することが一般的となってきたのです。そこで、MIL規格で使用していた静電気防止性（本来は、帯電防止性という言葉を使用すべきなのですが、混乱を生じるおそれがあるので、あえて現在では使用されていない言葉を使用します）と静電気拡散性を合わせて、1つのグループにするようになりました。そして、近年では、ESD管理すべてを考慮して、つぎのように分類しています。

①電荷の発生を抑制する（帯電防止、低帯電性）
②抵抗値（導電性、拡散性、絶縁性）
③シールド（ESD、電界）

つぎに、従来からも行われていましたが、現在では必ず表記しなければならなくなってきた分類方法に、包装材料の構造による分類があります。構造による分類とは、具体的には製品がモノジェニアスであるか、多層構造を持っているか、多層構造の場合には、各層構造の抵抗はどの程度かなどですが、このような情報は、抵抗や減衰測定のデータを解析する場合に特に重要となります。

① 導電性材料タイプ

1）添加タイプ

素材に導電性カーボンや金属化された樹脂、まれに金属のフィラー等、導電性を保持する材料を添加し、その材料の持つ導電性により素材にさまざまなグレードの帯電防止特性を保持するように加工したものです。この場合の製品の導電特性は、添加する材料の特性とその量に依存するために、さまざまな用途に使用できる製品を加工できるように思えるのですが、実際には、添加量は特性が得られる下限から素材の特性が変化しない程度までの範囲に納めることになり、そのために一般的にこの種の材料は、$10^4 \sim 10^{11}$ Ω/□程度の抵抗率範囲のものが主流となります。

もっとも、一般的には、抵抗率の上昇とともに、添加する導電性材料の濃度管理と、樹脂への均一な分散のため工程管理がむずかしくなるので、実用上は、

抵抗率で10^8 Ω/□としている場合が多いようです。黒色の導電性カーボン等を使用するために、透明性が得られにくいことから、内容物を直接確認する工程を必要とする場合には、開封の必要性や、装置の改良の必要性が問題とされていた時期もありましたが、透明性のある樹脂との組み合わせや、装置側の改良、検査装置の開発等でキャリアテープやトレー等では広く使用されています。

80年代の後半からは、この種の材料の中で、特に表面のみに導電性樹脂類をコーティングしたものを表面導電性材料、樹脂全体に導電性材料を添加したものを体積導電性材料と呼ぶようにもなってきています。包装材料以外では、床や作業表面の基本材料として使用されています。過去には、添加された導電性材料の剥離や脱落等の問題も発生していましたが、現在では少なくなってきています。

2) 導電性ポリマータイプ

ケミカルドーピングや共重合体、電子ビーム処理の他、いわゆるポリピロールやポリアニリン等の導電性樹脂の応用等が、80年代の後半より考案され製品化されるようになってきました。これらは、従来の帯電防止タイプで問題となったアウターガスの問題や未反応生成物による腐食の問題あるいは水洗や物理的衝撃に対する耐久性、WVTR（水蒸気透過率）の不足等さまざまな新たな要求特性を満足させるために開発あるいは改良されてきたものです（表5.33、表5.34）。

特に新たな要求特性として重要となったのは、部品の改良進歩の速度が異常に加速されたために、逆に製造企業が法律で制定されている期間、部品を保管する場合の代替品の供給がむずかしくなったことによる部品の長期保管という問題、そして、特定樹脂の使用制限等の影響による保管状態と輸送形態の変化、さらに、ESD管理の一般化による受け入れ検査領域の仕様規定の改善、その他、真空パックや窒素パージでの輸送等、包装材料でも特に二次包装材料となる袋やパウチ等ではその要求特性が非常に厳しくなってきています。そのために、従来の包装材料の要求特性では満足できなかったり、その仕様で包装した場合の不具合の発生等により、さまざまな製品が開発されてきているのです。

② 帯電防止材料特性

低帯電性（帯電防止）材料は、材料と他の物質、あるいは材料自身が接触し、分離することにより発生する摩擦帯電電荷を抑制するものです。このような摩擦帯電を緩和するのには、以下のようないくつかの方法があります。

13. ESD保護包装

表5.32　包装材料のユーザーガイド

電圧敏感性（注c）	表面抵抗率Ω/□（カッコ内は体積抵抗率Ω・cm）				
	一次包装材料（注a）		二次包装材料（注a）		
	電源のないESDS	電源のあるESDS	EPA領域内	近接包装材料（注a）	
				制御されていない状況	
0～3999	10^3～10^{12} (10^2～10^{11}) 帯電防止 (注釈b)	10^8～10^{12} (10^7～10^{11}) 帯電防止 (注釈b)	静電気シールディング あるいは 10^3～10^6 (10^2～10^5)	静電気シールディング	二次包装材料：ルーズフィルムを含む二次包装材料は、以下の場合、特別な要項を必要としない。 1) ESDSが一次包装材料に入ったまま、あるいは二次包装材料から出している場合。 2) 二次包装材料をEPA内に持ち込まない。 条件を満足できない場合には、帯電防止二次包装材料を使用
4000～14999			10^3～10^{12} (10^2～10^{11})	10^3～10^6 (10^2～10^5)	
15000＜			帯電防止	帯電防止	

注a）外部表面が、静電気電荷を蓄積せず、静電気を発生しない物理的な保護のための箱があるのなら、内部表面が帯電防止で静電拡散性であるシールディング袋を一次及び近接包装材料として使用してもよい。
b）表面抵抗率が10^{10}Ω/□以上、体積抵抗率が10^9Ω・cm以上の材料を使用する場合には、材料は、1kVから50Vまでの減衰時間が2sec以下下という規定を満足すること（A2:FS 101C Method4046）。
c）ESDS製造企業の規定がない場合には、電圧敏感性レベル0～3,999Vの要項を使用する（MIL 883C Method3015、HBM試験）。
d）これらは最低要項であるので、必要であれば改善レベルを使用してもよい。特に、より敏感なESDSを使用する包装材料を使用すること。
e）表面／体積抵抗率測定は、25±5%RHで測定する。

表 5.33　帯電防止袋の要求特性

特　性	適応タイプ	要　求	参照する試験項
継ぎ目強度 1. 受領状態でのシールと試験； 　a. 室温 (分離 - インチ) 　b. 100°F と 160°F (分離 - インチ) 2. 160°F で 12 日間エージング前シールと試験 　a. 室温 (分離 - インチ) 　b. 100°F と 160°F (分離 - インチ) 3. 160°F で 12 日間エージング後シールと試験 　a. 室温 (分離 - インチ) 　b. 100°F と 160°F (分離 - インチ)	I、III	 分離しないこと 分離しないこと 分離しないこと 分離しないこと 分離しないこと 分離しないこと	4.6.1
継ぎ目強度	I、III	2重接合部での漏れがないこと	4.6.2
水蒸気透過性 (WVTR) 1. 室温折り曲げ後： 　a. 受領状態 (gms/100sq.in/24hrs) 　b. エージング後 (gms/100sq.in/24hrs) 2. 低温で折り曲げた後： 　a. 受領状態 (gms/100sq.in/24hrs)	I	 0.02 (最大) 0.02 (最大) 0.03 (最大)	4.6.1
水蒸気透過率 (WVTR) (モジュール式赤外線センサー) 受領状態 (gms/100sq.in./24hrs)	I	0.0005 (最大)	4.6.5
ブロッキング特性	I、III	ブロッキング、層間剥離、切れ目のないこと	4.6.1
巻き上げ強度	I、III (クラス I)	5% を越えないあるいは反り返らない	4.6.1
接触腐食性	I、III	腐食、錆、窪がないこと	4.6.1
エージング特性	I、III (ラミネートのみ)	分離しないこと	4.6.3
厚み	I、III	0.015inch (最大) 0.006inch (最大)	4.6.1
マーキング耐水性	I、III (印刷のみ)	明確に判読できること	4.6.1
マーキング耐摩耗性	I、III	判読できること	4.6.6
耐水性	I、III (ラミネートのみ)	層間剥離しないこと	4.6.1
透明性	III	3inch の距離で、文字が判読できること。	4.6.1
耐油性 (層間剥離)	I、III (ラミネートのみ)	漏洩、膨潤、層間剥離、脆化のないこと。	4.6.1
漏水性	III	染料の浸透なし	4.6.4
突き抜き強度	I、III	10 ポンド (最小) 6.0 ポンド (最小)	4.6.1
静電気減衰	I、III	減衰値が 2.00 秒以下	4.6.1
Electromagnetic interference (EMI) 特性	I、III	25db (最小) 10db (最小)	4.6.7
表面抵抗率	I、III	内側；$10^5 \leq$、$10^{12} \Omega/sq$ 外側；$<10^{12} \Omega/sq$.	4.6.8
静電気シールド 　エネルギー試験	I、III	最大 10nJ	4.6.9
保存性 1. 継ぎ目強度 2. 表面抵抗率 3. 静電気減衰 4. 静電気シールド 　エネルギー試験	I、III I、III	 分離しないこと 内側；$10^5 \leq$、$10^{12} \Omega/sq$ 外側；$<10^{12} \Omega/sq$. 減衰値が 2.00 秒以下 最大 10nJ	4.6.10

13. ESD 保護包装

表 5.34 物理特性

試験項目	タイプ	方法 No	注意
水蒸気透過率(室温折り曲げ後)			
受領状態とエージング後	I	2017	1/
透過率方法	I	3030	
水蒸気透過率(低温折り曲げ後)			
受領状態とエージング後	I	2017	2/
透過率方法	I	3030	
継ぎ目強度	I、Ⅲ	2024	3
突きぬき強度	I、Ⅲ	2065	4
ブロッキング特性	I、Ⅲ	3003	-
巻き上げ強度	I、Ⅲ(クラス1のみ)	2015	5
接触腐食性	I、Ⅲ	3005	6
耐油性(層間剥離)	I、Ⅲ(ラミネートのみ)	3015	7
耐水性	I、Ⅲ(ラミネートのみ)	3028	8
マーキング耐水性	I、Ⅲ(印刷のみ)	3027	9
静電気減衰	I、Ⅲ	4046	10
透明性	Ⅲ	4034	11
厚み	I、Ⅲ	1003	11

注意
1/ 受領状態とエージング後のサンプルのどちらもフルストロークを使用する
2/ 受領状態のサンプルを試験するという項目以外 MIL-STD-3010、Method2017 で規定する試験を行う。折り曲げ前に、試験サンプルを少なくとも 30 分-20±2°F でコンディショニングし、-20±2°F で試験を行う。
3/ ヒートシールした場所での層剥離があった場合は、拒絶する。この評価は、ヒートシールした場所に限定する。
4/ 試験は、5つのサンプルで行う。試験サンプルのヒートシール可能面をプローブに接触させる。試験した5つのサンプルの平均値が、表Iの規定要綱に適合すること。伸張試験は必要ない。
5/ 3つのサンプルを試験する。サンプルをつるす必要はないが、水平な面に置く。
6/ 以下の試験表面を試験に使用する。65％に、72時間暴露する。但し、低炭素鋼は、20時間暴露し、タイプIの試験のみ使用する。
a.QQ-S-698、低炭素鋼、条件5
b.QQ-A-250/4、アルミニウムアロイ、2024 ベア
c.ASTM-B451 に規定された銅、標準厚み 0.014 インチ
d.銅フォイル(cと同じフォイル)に銀をメッキ、メッキ厚 100-200μインチ
e.SN63 錫鉛混合物はんだ銅フォイル(cと同じフォイル)、厚み 200-500μインチのコーティング、J-STD-006
f.統合番号システム UNS31400
g.ASTM-F15 で規定された Kovar
7/ ASTM-D471 に規定されたように、ASTM オイル No.3 に油適合し、2 ジエチルヘキシルセバシン酸合成油も使用する。
8/ 蒸留水を使用する。層間剥離は、エッジ長1インチ以上、ある点でエッジより 1/2 インチ以上広がったとして層剥離とされる。
9/ 完全なマーキングを1つ含む3つのサンプルを試験する。
10/ それぞれの暴露条件(受領状態、エージング、シャワー)の3サンプルの平均値が、表1に示された要綱に適合していること。測定される減衰時間は、5000V から 99％減衰するまでのものである(正負両方)。試験は、73±5°F、12±3％RH に維持された環境で行う。
11/ 3つのサンプルを測定する。

- 材料の裏側を流れる電荷量を増加することにより、アイテムの保持している電荷量を減少させる。具体的には、包装材料と内部のデバイス間の電気抵抗を減少させる。
- 摩擦による帯電は、異なる材料よりも同じ材料のほうが、電荷発生が少ない傾向がある。包装材内部と内部のデバイスを同じ材料でコーティングすることで、電荷の蓄積を抑制する。
- 包装材料と内部のデバイス間の相対的な動きを抑制し、電荷の蓄積量を減らす。

　実際に、上記のような方法を使用して帯電防止を行うものには、帯電防止剤の使用があります。帯電防止剤は、一般的に包装材料の抵抗を減少し、さらに、包装と内部デバイス間に同じ材料の境界を作ります。

1）帯電防止タイプ

　帯電防止剤の項にも記述されていますが、ここでは、もう少し具体的に説明をしてみたいと思います。エトキシル脂肪属アミンやアマイドのような帯電防止剤を素材に添加したり、4級アンモニウム塩等の表面処理剤を処理したもので、この表面層により電荷の発生を防ぎ帯電防止を行うものです。このタイプのものは、ほとんどの場合、湿度依存性を持ち、低湿度環境下では、帯電防止の効果を発揮できないものも多いのです。一般的には、初期特性は、素材に添加した場合より表面に処理した場合の方が良いのですが、表面処理したものは、処理面が取れてしまったり、劣化してしまえば通常の樹脂となってしまうので、あまり耐久性は期待できません。

　そのために、この4級アンモニウム塩の初期特性と耐久性を同時に得ようとして開発されたのが、先の電子ビーム処理技術です。この技術は、開発当初は数種類の樹脂で特殊な使用しかありませんでしたが、90年代に入りさまざまな樹脂に適応できるようになってきています。さて、素材に帯電防止剤を添加した場合には、水洗や摩耗に対して耐久性があるように思えます。実際、米国で古くから使用されているこのタイプの素材は、それらの衝撃に対してある程度耐久性を持っています。ただし、この耐久性という意味は、水洗の場合には、周りの環境にも依存しますが、通常1〜2週間経過してほぼ元の特性にもどるという意味で、衝撃が加わってすぐ回復するという意味ではありません。逆にこのような特性を応用して、厚手のシートから真空成形で製品を作成していたこともありました。また、一般的にこのような回復特性は、樹脂の量に依存する訳ですから、作業台表面や床等にも広く使用されていた時期もありました。

2）静電気シールドタイプ

袋等の用途でよく使用されている構造的に導電性の高いシールド層（アルミ等の金属蒸着、導電性フィラー等）を中間に挟んだ3～4層の素材です。10年前には、特殊用途での使用でしたが、現在では帯電防止タイプの袋と同様に使用されています。一般的には、表面／裏面とも帯電防止タイプのフィルムが使用されていますが、一部トップコートの層を保持しているものもあります。このタイプの素材開発の本来の目的は、ある程度のファラディケージ効果（外部電界の抑制）を想定したものであったので、その評価方法は、かなり特殊な装置を使用します。

この他、静電気シールドタイプには、一般的に分類しませんが、アルミ箔を中間層に入れWVTRの特性を満足させたタイプのものもあります。このタイプは、70年代にすでに使用されており、現在でも長期保存やWVTRの特性が要求される包装資材には幅広く使用されています。

ESD保護包装材の選択

特性による分類の他に、ESD保護包装材を実際に使用する場合に考慮しなければならない点があるので解説します。まず、当然ながらその他の要求特性を考慮します。これは、一般樹脂を選択する以上に神経を使う必要があります。たとえば、表面導電性材料と体積導電性材料の違いや静電気シールドタイプへの考慮は、材料選択で忘れてしまうことが多いのですが比較的重要な項目です。

表面導電性材料は、静電気的には表面の導電性が保証されているのであって、中の樹脂については保証がありません。また、導電性層の厚みが評価時に必要となることもあります。逆に、静電気シールドタイプは、内部が導電性の高い材料です。つまり、これらの材料については、構造的な面の仕様を明らかにしておく必要があります。次に、帯電防止材料は、クリーンルーム等、クリーン度が要求される場所に持ち込まれる機会が比較的多い材料です。見掛けのクリーン度は、当然要求特性に入れますが、経時変化や光線劣化、アウターガスの発生等にも注意する必要があります。さらに、化学的な転移、強度等にも注意が必要とされます。

① 再使用と廃棄

産業を取り巻く環境は大きく変化し、現在では、プラスチック製品は基本的

にはリサイクルを考慮して設計しなければならなくなってきています。静電気管理に使用するプラスチック資材は、一般的にはホモジェニアスなものが少なく、廃棄という面では問題が多いと考えられます。また、再使用についても、適切なリサイクルシステムの構築という問題があります。

　さて、包装資材の中でも、比較的リサイクルが容易だと思われるのは、工場間の輸送等に使用される硬質の容器類、送り箱、コンテナー、ラック等です。これらの製品は、金属部分（接地端子やシャント用のシャーシ部等）を取り外して洗浄することにより、見掛け上、元の特性が得られるように思われます。ESD保護包装の場合には、この他に、体積抵抗や表面抵抗、接地抵抗等の規定値の測定をリサイクルシステムに取り込み、購入段階で規定した使用限度期間の表示を行えば良いと思われます。この使用限度の規定は、導電性タイプや帯電防止タイプのプラスチックの場合では、基本樹脂の特性が添加材の量により変化するために行うものですから特に厳重に行うべきものです。

　規定は、通常、経過時間と回数により行われますが、最近では、表示にカラーマークやバーコードを使用することにより、検査を簡略化している企業も見られます。また、購入時のコストの計算には、当然この使用期間を考慮しますが、その場合、使用後の廃棄処理費用もコストに含めるべきです。**表5.35**は、透明な電子部品用容器に使用できる樹脂の特性を比較したものです。

　ところで、静電気管理資材には、帯電防止剤の表面処理を行っているものも比較的多く存在します。このような資材の場合には、洗浄工程を設けることにより、劣化した帯電防止の層を一度すべて洗い流して再処理を行えば、基本の樹脂性が保たれている間は、何度でも使用することが理論的には可能となります。しかし、実際には、回収システムの問題（ユーザからメーカーへの返却が容易に行われない場合、あるいは、他社の製品が混じっていた場合、選別に手間が掛かる）、洗浄工程の問題（帯電防止剤が簡単に洗浄でき、さらに洗浄した溶液が環境を汚染しないものでなければならない。また、異なった処理剤を使用していた場合、洗浄工程で化学反応が発生する可能性がある）、再処理コストの問題（一般に、このような資材はコストが低いので、再処理費用の捻出がむずかしい）等から思ったほど容易ではないと言われています。

　次に、袋やポーチ等の硬質以外の樹脂製品では、リサイクルは非常にむずかしい問題となってきます。それは、使用方法がESDSを直接包装するものというよりは、トレーやマガジン、キャリアテープに入れたものを包装したり、基盤等を包装するのに使用することが多いために、摩耗や傷を受ける可能性が大

表5.35 樹脂の総合評価

樹脂名	総 合 評 価
PVC（硬質） 成形温度：170℃ 予備乾燥：なし	成形メーカー：成形性・透明性・難燃性・捺印性・切断性・再原料性良好・剛性と耐衝撃性のバランス良く、強度・耐久性良好。また、耐薬品性があり、アルコール希釈静防処理ができ、乾燥が速い（約1時間）。 リユース：良品歩留まり良く、不良品は国内外ともに再生原料市場性があるので、廃棄は最小限に可能。 東南アジア：現地品原料入手でき、上記理由により安定供給できている。
透明HIPS 成形温度：180℃ 予備乾燥：65℃/2時間 PVC金型を修正して使用可能	成形メーカ：形性・捺印性は良好だが、剛性と耐衝撃性のバランスが悪く、切断時割れるために、温めてカット（ホットカット）必要。大口径のタイプでは、ホットカットしても割れが発生するので、のこ切断・バリ取り後工程となり、かなり高くなる。透明性が悪いため、目視外観検査の能率が低下。また、耐薬品性が悪く、水希釈静防処理となり、乾燥時間が長くなり（約2時間）、作業能率低下（アルコールに漬けるとクラック発生）。 リユース：過去にやってはみたが、クラックなどの発生が多く歩留まり悪く、また、ゴムストッパ挿入後の割れ多発のため断念。 東南アジア：透明HIPSは特殊グレードなので、現地品にはない可能性あり。
ABS 成形温度：190℃ 予備乾燥：75℃/2時間 PVC金型を修正して使用可能	成形メーカー：成形性・捺印性は良好だが、剛性と耐衝撃性のバランスが悪く、切断時割れるために、ホットカット必要。大口径タイプではPS同様。透明性はPVCとPSの中間程度で、耐薬品性が悪く、PS同様水希釈静防処理となる。 リユース：PS同様にリユースには不向き。 東南アジア：現地品入手可能。
PAN（バレックス） 成形温度：200℃ 予備乾燥：70℃/3時間 PVC金型を修正して使用可能	成形メーカー：成形性は良好だが、剛性と耐衝撃性のバランスがやや悪く、ホットカットが必要。薬品性が強いために捺印密着性が低く、また、アルコールに漬けると剥げるために水希釈耐静防処理となり、乾燥作業効率が低下。 リユース：リユース可能。再生原料市場は新素材につき不明。 東南アジア：現地品原料はないと思われる。日本では三井化学のみ生産している。
PET 成形温度：260℃ 予備乾燥：150℃/4時間 PVC金型使用は形状によっては、新規金型作製の必要あり。	成形メーカー：成形性にやや難があり（本来透明度は良好だが、成形時表面に波が出やすい）、塩ビ金型からの修正がやりづらい（約10%肉厚傾向）。切断性は良好、捺印性はPANほどではないが、アルコールでは剥げる可能性あり。 リユース：剛性にやや難があり、変形不良などの歩留まりが心配。再生原料市場性は、異物（モールド樹脂など）が付着しているので難しいと思われる。 東南アジア：現地品原料入手可能。

（資料提供：旭プラスチック工業）

きいことや、製品設計の段階でワンウェーと考えていることが多いからです。基本的には、このような資材も購入段階で定めたさまざまな規定値をクリアしていれば使用することが可能なのですが、袋類は工場間の使用のみならず、直接エンドユーザやディーラーにESDSを搬送するために使用されることも多く、回収自体が非常にむずかしいことが予想されます。また、そのような場合には、機能性よりも美観を優先することも考えられ、リサイクルには不適なものとなりやすい存在です。

② リサイクルの実際

米国では、"グリーンクレーム"についての法的な制定が進み、ESD保護包装についても規定の例外ではありません。一般的な樹脂と同様にSPI（Society of the Plastics Industry、プラスチック工業協会）によるコード化システムを取り入れ、表示が行われている資材も、輸入資材に多く見られるようになってきました。しかし、ピクトグラムの表示では、静電気管理資材は、その他の項目に分類されることが一般的です。静電気シールド袋に代表される多層ラミネート製品は、基本的にはリサイクルすることができず、粉砕後、焼却することになります。この理由は、材料が、本来リサイクルのむずかしいポリエステルとポリエチレンの多層ラミネートであることの他に、金属蒸着膜を保持していることにより、再生がほとんど困難となるためです。また、仮に、再生可能樹脂であっても、添加剤の耐熱温度の問題等から、静電気的な初期特性を維持することがむずかしいといわれています（添加剤を取り除いてしまえば、一般樹脂としての再生が可能なのですが、添加剤にどのような物質を使用しているかが不明なことが多く、その意味では、リサイクルはあまり現実的ではありません）。

次に、フォーム材料については、ESD保護包装としては、つぎの2つの処理方法があります。

①帯電防止剤のディッピング

表面処理と同じですが、オープンセルの場合には、どこまでが表面であるかという問題もあります。

②帯電防止剤を添加した樹脂を使用して熱成形

素材としては、ウレタンとポリエチレンが多く使われ、スチロールの製品は、あまり使用されていないようです。添加剤としては、導電性カーボンを使用したものと帯電防止剤を使用したものがあります。

いずれにしてもポリエチレン製品に関しては、リサイクルすることが理論的には可能です。その他の成形品については、一般に導電性タイプのものが多く、導電性カーボンを含んでいるためや金属製の端子やシャーシ等の存在から再生はむずかしいと言われています。

③ 腐食

この10年で、静電気管理資材に起因すると考えられる腐食の問題は、従来の硫黄成分、塩素成分によるものと変わっていないようですが、内容がアウターガスや使用環境下での化学反応等、よりクリティカルな領域になってきています。過去に発生した代表的な腐食の例としては、添加剤の未反応生成生物による金属の腐食やポリカーボネートへの不適合性等の問題です。

最近では、樹脂に含まれていた不燃性材料のアウターガスの問題や帯電防止剤の揮発による汚染の問題等が報告されています。これらの問題は、ESDSのはんだ特性に影響を与えたり、直接的な腐食を発生する可能性があるために十分な検討が必要となりますが、幸いなことに大きな問題にはなっていません。

④ コンタミ

静電気管理用資材のコンタミについては、製品の作成にあたって樹脂へ添加物を加えることが多いために心配されるところです。過去には、樹脂表面から導電性添加物が脱落したり、樹脂特性の変化から基本的な樹脂の耐久性が得られないことによる基本樹脂の脱落等の他、添加した帯電防止剤が表面より他の材料に転移する等の事故もありました。導電性添加物には、導電性カーボンや金属化フィラー等があり、ESDSに直接的な影響が心配されました。また、基本樹脂の安定化や難燃処理剤等の化学物質は、腐食の原因となったり、はんだ付け特性の劣化等の問題を引き起こした例もありました。現在では、このような問題の発生は少なくなったと言われていますが、資材の使用に際しては十分な注意が必要とされます。

ESD保護包装材（DIPスティック）

① ESD保護DIPスティックの種類

ESD保護DIPスティックは、導電性の素材と帯電防止の素材2つに分類されます。一般的には、導電性の素材は導電性カーボンを使用した黒色のもので、材質はPVCやPC、PE等さまざまなタイプがあります。また、帯電防止のタイ

プには、帯電防止剤を表面処理したものと練り込んだものがあり、PVC素材に表面処理したものが多く使用されていましたが、現在では、PVCの廃棄の問題等からPETやPAN、PS等さまざまなものが検討されいます。DIPスティックは、本来DIP型半導体素子等を輸送するための容器の名称でしたが、その他のタイプの部品類を輸送するためのレール状の容器の総称として使用していることもあります。

ESD管理上からは、仕様に合わせて特性を決定するので、導電性の素材でも帯電防止のタイプでも使用することができますが、どちらの場合にも帯電防止特性が要求されます。これは、ハンドラーの装着時や輸送中の帯電を防ぐ目的の他、CDM型の破壊を防ぐためです。

② **ESD保護要求特性**

DIPスティックのように直接ESDSに接触するような包装材料では、最も重要なESD管理上の要求特性は、「静電気を発生させない」いわゆる帯電防止効果になります。これは、70年代の後半から議論されていた問題なのですが、輸送中の振動や摩擦などにより容器から取り出したESDSが帯電し、ハンドラー等の周辺の大きな接地された導体へESDを発生する可能性を抑制するために必要とされる特性で、80年代に入りESDS等の組立て工程の自動化が進む中で大きな問題となることが予想されたためでした。

そこで、EIAのESDS包装のための静電気管理基準では、ファラディカップ法というDIPスティックの摩擦帯電電荷を測定する方法が提案され現在でも使用されています。さて、従来より行われていた発生した電荷を逃がす特性としての表面抵抗率測定は、この形状では、測定がむずかしいことから材料の分類のみに使用し、実際にはDIPスティックの端子間の抵抗を測定する方法が取られています。そのため、電荷の拡散性特性を全体的に評価する方法も同時に考慮され、本来は袋やシート等の比較的平滑なものの電荷拡散特性を評価するための減衰特性も広く使用されるようになってきました。

③ **摩擦帯電特性評価**

DIPスティックを実際に評価する試験器具は、**図5.77**のようにファラディカップとエレクトロメータの電荷測定用器具と対象物となるESDSに電荷を発生させるための装置です。この場合、対象となるESDSの静電容量が、比較的小さいために写真のようにファラディカップも特別に容量を計算した大きさのも

のを使用するのが一般的です（容量を計算するのは、簡単に言えばコップに入れた水を計るためには、量に合った入れ物とそれに適した測定器が必要だということです。人間を計るための計りで、象の体重は計れませんから）。

80年代の前半には、このような特別に設計された装置が市販されていなかったので、測定にさまざまな問題が発生していましたが、90年代に入り特別に設計された装置が市販され、比較的簡単に材料の評価が行えるようになってきました。

④ **減衰特性評価**

減衰特性の理論については前述しましたので、ここでは実際の測定に使用されている器具について説明します。ただし、JIS規格で行われている試験方法については、MILの指定している測定方法と大きく異なるために、ここでは記述しません。さて、減衰測定の規格値は、MIL-PRF-81705に0%までの減衰時間が2秒以下と規定されています。この2秒以下という値の根拠については、理論的なものではなくエンジニアリング的に定められた値ではないかと言われています。つまり、MIL-PRF-81705は、包装用の袋やパウチ類を規定したものであるために、作業者が袋を開封して内容物に接触する時間内に作業者の帯電あるいは包装材料の帯電が接地に逃げれば良いという考えに基づいているものです。

次に、具体的な測定規格は、MIL-STD-3010、4046です。この評価方法で使用する電極は、サンプルの表面に直接規定の±5000Vの電圧を直接印加するものです（電圧を印加するとは、電流を流すという意味ではありません。充電す

図5.77 ファラディカップ測定器

ると思った方がわかりやすいかもしれません)。

　ところで、この測定器には、構造上の問題があると指摘されています。簡単な問題から話しますと、実は、市販されている測定装置の電荷印加部は、規格に示された素材で作成されていません。それは、対向電極の素材なのですが、規定ではテフロン樹脂を使用するようにと指示があります。

　しかし、テフロン樹脂は減衰測定を行う試験環境(相対湿度15％以下)では、非常に帯電しやすく測定に影響することが考えられます。そこで、一般には、この素材をステンレスのような導電性の金属に変更して測定を行います。しかし、今度は測定サンプルの裏面にも電荷を印加することになり、測定表面のみの測定がむずかしくなるおそれがあります。また、このように改良した電極を使用した場合には、表面と裏面の材質や特性が異なっている材料の測定や評価が難解となります。実際に、DIPスティックでは、窓付きというタイプでこの問題が指摘されました。この測定では、通常DIPスティックの両面から電圧を印加するために、窓付きのDIPスティックのように導電率の異なる樹脂から構成されているものは、導電性の良い方の樹脂特性を示してしまいます。

　そこで、前述のように対向電極をテフロン製などの絶縁性の高いものに替えて測定を行うことが考えられますが、このような成形品では、印加電極側に導電部分が残っているために、この部分に電流が流れてしまい導電性の小さな部分の測定を行うことができません。一般的に、このような場合には電極を設計することになり、この場合には、**図5.78**のような改良を電極に施して導電性の低い部分のみ電圧が印加されるようにしました。結果は、**表5.36**に示すように優位性が現れ測定が行えるようになります。

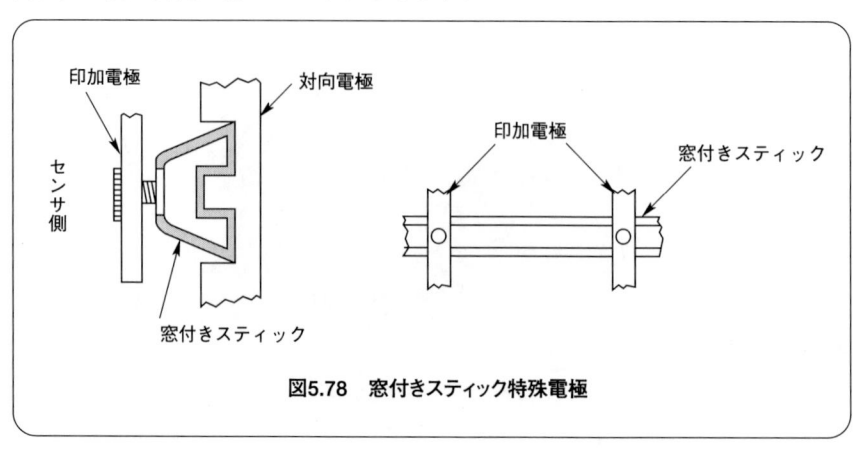

図5.78　窓付きスティック特殊電極

13. ESD保護包装

表5.36 特殊電極による減衰時間(5000V→50V)

(単位:sec)

電極 サンプル	従来方法			対向電極(＜テフロン＞使用)		
	一般スティック	窓付きスティック		一般スティック	窓付きスティック	
		カーボン部	透明部		カーボン部	透明部
x̄	0.159	0.01	0.013	0.236	0.01	1.847
min	0.08	0.01	0.01	0.08	0.01	0.13
max	0.33	0.01	0.02	0.40	0.01	14.82

(資料提供：旭プラスチック工業㈱技術開発課)

注) n＝20、23.8℃/13％RH

なお、一般カーボンスティックの減衰時間は0.01sec程度である。

　次に、これは電極の構造とセンサヘッドの構造から避けられないことなのですが、大きな電圧を加え、それを接地に逃がす測定ではどうしても空間の静電容量の影響やセンサや電極のシールド板の影響が、測定に影響してしまいます。理論的なお話はむずかしくなるので、ここでは実際の減衰時間を測定する場合の初期電圧が、規定の値よりある程度小さくなると覚えておいて下さい。

　減衰測定は、本来導電性領域の素材を評価するものではなく静電気拡散性領域の素材を評価するものです。つまり、抵抗測定で抵抗率や抵抗値の小さな素材は、測定を行う必要がありません。また、規格によっては減衰測定か抵抗率あるいは抵抗値の測定のどちらかを行えば良いことになっている場合もあります。しかし、減衰測定は、ESDSを取り扱う業界では、包装材料の一般評価として広く使用されていることも事実です。特にシートや袋類では、分類としての抵抗、評価としての減衰測定を位置付けている企業もあります。

⑤ 抵抗測定

　抵抗測定については、DIPスティックの形状のために、表面抵抗率の測定はむずかしく現在では、2点間測定を行うようになってきています。80年代には、素材としてシート状の同じ材質のものの表面抵抗率を使用した時期もありましたが、現在では製品としての抵抗測定が主流で、徐々に行われなくなってきています。さて、2点間の測定ですが、DIPスティックの口の両側に電極を取付測定する方法が最も一般的といえます。この場合、内側と外側の導通性をみるために、プローブを片側の口の内部に差し込み、測定を行ったり両側に差し込ん

で測定を行い抵抗値の変化を測定しています。表記方法としては、EIA-541のような長さ当たりの抵抗値としたり、単純に抵抗値を示している場合もあります。

　DIPスティックは、トレーやキャリアテープと並んで比較的安価なESDS包装資材なので、評価を軽視する傾向がありますが、上記いずれの包装材料もESDSに対しては一次包装材料となるので非常に重要です。

⑥　袋とシート類
　ESD保護包装袋とシートは、ESD保護包装材の製品群の代表的なものですから、製品の特性や分類については、ESD保護包装材で行った解説とほぼ同じ内容です。
　包装材料には、さまざまなものがありますが、実際の現場では、それを適材適所で正確に使用しなければなりません。一般の作業工程では、包装も手順どおりに行えば良いのですが、保守や修理のような現場作業では、手順書通りに行えることは少ないようです。
　現場作業での包装を含む作業手順については、IEC 61340-5-1・5-2の5.4と5.5に記述されています。この技術レポートでは、現場作業であっても基本的には、通常のEPAの作業要綱を順守するように記述していますが、基本的な作業手順としては、作業者、一時的な作業表面、床、保守する装置を等電位結合し、可能であればEPA接地設備に接続するようにしています。つまり、現場作業では、必ずしも接地が必要条件ではなくなっています。
　また、ESDSを装置から取り外し作業を行う場合には、ESDSは、上記のようなESD保護包装に収めます。そして、そのESDSが損傷を受けていた場合には、EPA外に持ち出す前に、ESD保護包装に入れる必要があります。これは、そのESDSが、それ以上、損傷を受けないようにするためのものですから、一般的には、ESDについてのみ考慮するのではなく、他の物理的な障害についても考慮する必要が出てきます。包装方法については、MIL-HDBK-773に、詳しい記述があります。**図5.79**は、その作業工程を示したものです。
　一般的には、通常の作業に準拠した作業を行うために、本来は、リストストラップやESD保護用の靴、衣服などの着用が必要になります。しかし、非常に劣悪な環境下での屋外作業と事務所内の汎用OA機器の保守を、同じ作業手順で行うことは、たとえ、ESD管理手順のみでもかなりむずかしいと考えられます。そこで、現場作業でESD保護を行うためには、以下に示すような一般作業

13. ESD保護包装

手順を阻害せずに、適切に行える手順書を作成することが重要となります。

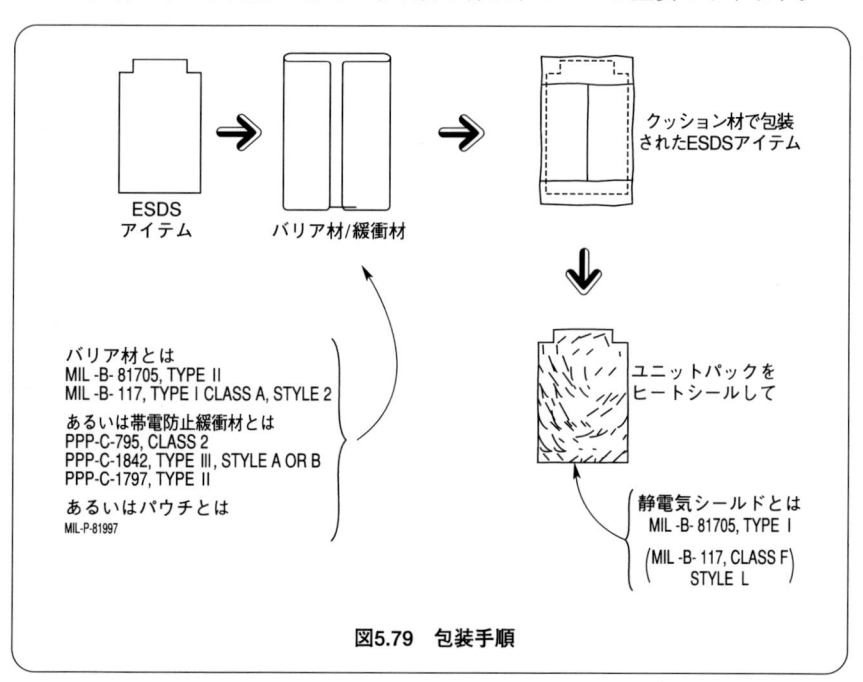

図5.79 包装手順

ESDアイテム → バリア材/緩衝材 → クッション材で包装されたESDSアイテム → ユニットパックをヒートシールして

バリア材とは
MIL-B-81705, TYPE II
MIL-B-117, TYPE I CLASS A, STYLE 2

あるいは帯電防止緩衝材とは
PPP-C-795, CLASS 2
PPP-C-1842, TYPE III, STYLE A OR B
PPP-C-1797, TYPE II

あるいはパウチとは
MIL-P-81997

静電気シールドとは
MIL-B-81705, TYPE I
(MIL-B-117, CLASS F)
STYLE L

MIL-HDBK-773: ESDSアイテムの包装手順

ESDアイテムは、以下の手順で包装する。

① ESDSアイテムを以下の材料を使用しラップする。

- バリアー材料 ：MIL-B-81705 タイプII
  - MIL-B-117 タイプI、クラスA、スタイル2
- 帯電防止緩衝材：PPP-C-795, クラス2
  - PPP-C-1842, タイプIII、スタイルA／B
  - PPP-C-1797, タイプII
- パウチ ：MIL-P-81997

＊ 保護されていないESDSを取り扱う作業者は、ESDS管理について訓練を受けること。

② MIL-B-81705（MIL-B-1170、タイプI、クラスFスタイル1）材料で袋を形成しアイテムを挿入する。袋は中折りにして3方ヒートシールで作成する。

(ユニットパック（個包装））
③個包装に敏感性ラベル（MIL-STD-1686A）を貼り付ける。
④ESDSアイテムを専用"ファストパック"納める。
　ファストパック容器；PPP-B-1672, タイプⅡ、スタイルD
　同クロージャー　　；PPP-B-1672
　ファストパックが使用できない場合には、前述の包装手順に従い包装するかPPP-B-636 ファイバーボード（MIL-STD-2073のリスト）容器に帯電防止緩衝材を入れたもので包装する。箱の製造は、PPP-B-636 に従って行う。ラベル／マークは、MIL-STD-129 に従って行う。

＊何らかの目的で、個包装の開封が必要な場合には、ESD管理作業場で行う。
＊内容物を個包装とする前に数箇所の領域に運ぶ必要のある場合には（たとえば、受け入れ、検査、修理、試験等）、以下の手順を使用すること。
1. 上記包装で内容物を包装する。
2. 内容物を緩衝材で包装し、MIL-B-81705 タイプ1に適合する袋に入れる。
3. 袋、パウチ類の開口部封止への粘着テープ類の使用禁止。袋類の口を折り返してゴムバンドで留める。
4. 内容物を蓋のある静電気管理トレー等に入れ運ぶ。

＊初期損傷の解析のため、アイテムがそれ以上の損傷を受けないことを要求。

MIL-HDBK-773; ESD管理での諸注意

Ⅰ. ESDSアイテムをESD保護領域で取り扱うこと。
Ⅱ. ESDSアイテムの輸送は、必ずESD保護容器に納めて行うこと。
Ⅲ. ESD管理作業場を使用する場合の諸注意が示されています。
　a. 作業着を着用する場合には、静電界測定器を使用し頻繁に作業員の電圧を検査すること。
　b. リストストラップ（必須）、ヒールストラップ（適時）の着用。
　d. 作業領域あるいはその周辺に、磁界を発生するものを置かない。
　e. ESD管理領域内では、伸縮を伴う包装作業を行わない。
　　注釈：現場発泡の作業やスプレーコート等では非常に大きな静電気が発生します。

13. ESD 保護包装

f. 同一ESD管理領域内に2つ以上のワークステーションが存在する場合には、作業表面や床マットを直列に接続せずに個々に接地する。
   注釈：直列に接続した場合には、合成抵抗（抵抗値の増大）あるいは並列回路の形成（抵抗値の減少）等いずれにしても設計特性が得られなくなります。
g. 作業表面や床マットへのワックス・光沢剤の使用禁止。塗布型の帯電防止剤を包装材料に使用しない。
   注釈：これは、絶縁性のワックス・光沢剤が表面に絶縁層を形成して効果を減少してしまわないようにするためです。また、帯電防止の材料を使用しても設計特性を得られないことがあるのです。
h. 作業表面や床マットを清掃する。
   注釈：塵・汚れ等は、一般的に絶縁性です。
i. 毎週、接地接続を確認する。
j. 毎週、リストストラップの特性確認。 250kΩ以下あるいは破断が判明した場合には、使用を中止する。
k. ESD管理領域内で使用する書類をパウチする場合には、帯電防止のパウチを行う。

引用文献／参考文献

第1章の引用文献
1) 二澤正行："静電気管理技術の基礎（1）"、プラスチックスエージ（Nov.1998）
2) 二澤正行："静電気管理技術の基礎（2）"、プラスチックスエージ（Jan.1999）

第5章の引用文献
1) 村上俊郎、二澤正行："静電気、その現象と問題　イオナイザーによる対策（Ⅰ）"、プラスチックス・エージ（Nov. 1997）
2) 村上俊郎、二澤正行："静電気、その現象と問題　イオナイザーによる対策（Ⅱ）"、プラスチックス・エージ（Jan. 1998）
3) 村上俊郎、二澤正行："静電気、その現象と問題　イオナイザーによる対策（Ⅲ）"、プラスチックス・エージ（Feb. 1998）
4) 二澤正行："帯電防止剤の性能から見た評価と選択（Ⅰ）"、プラスチックスエージ（Jan. 1995）
5) 二澤正行："帯電防止剤の性能から見た評価と選択（Ⅱ）"、プラスチックスエージ（Feb. 1995）
6) 二澤正行："帯電防止剤の性能から見た評価と選択（Ⅲ）"、プラスチックスエージ（Mar. 1995）
7) 二澤正行："帯電防止剤の性能から見た評価と選択（Ⅳ）"、プラスチックスエージ（April. 1995）
8) 二澤正行："帯電防止剤の性能から見た評価と選択（Ⅴ）"、プラスチックスエージ（May. 1995）
9) 二澤正行："帯電防止剤の性能から見た評価と選択（Ⅵ）"、プラスチックスエージ（Jun. 1995）
10) 二澤正行："帯電防止剤の性能から見た評価と選択（Ⅶ）"、プラスチックスエージ（Aug. 1995）
11) 二澤正行："静電気管理技術の基礎（3）"、プラスチックスエージ（Feb.1999）
12) 二澤正行："静電気管理技術の基礎（4）"、プラスチックスエージ（Mar.1999）
13) 二澤正行："静電気管理技術の基礎（5）"、プラスチックスエージ（Aug.1999）
14) 二澤正行："静電気管理技術の基礎（6）"、プラスチックスエージ（Sept.1999）
15) 二澤正行："静電気管理技術の基礎（7）"、プラスチックスエージ（Oct.1999）
16) 二澤正行："静電気管理技術の基礎（8）"、プラスチックスエージ（Nov.1999）
17) 二澤正行："静電気管理技術の基礎（9）"、プラスチックスエージ（Feb.2000）
18) 二澤正行："静電気管理技術の基礎（10）"、プラスチックスエージ（Mar.2000）
19) 二澤正行："静電気管理技術の基礎（11）"、プラスチックスエージ（April.2000）
20) 二澤正行："静電気管理技術の基礎（12）"、プラスチックスエージ（May.2000）
21) 二澤正行："静電気管理技術の基礎（13）"、プラスチックスエージ（June.2000）
22) 二澤正行："静電気管理技術の基礎（14）"、プラスチックスエージ（Aug.2000）
23) 二澤正行："静電気管理技術の基礎（15）"、プラスチックスエージ（Sep.2000）
24) 二澤正行："静電気管理技術の基礎（16）"、プラスチックスエージ（Nov.2000）

25）二澤正行："静電気管理技術の基礎（17）"、プラスチックスエージ（Jan.2001）
26）二澤正行："静電気管理技術の基礎（18）"、プラスチックスエージ（Feb.2001）
27）二澤正行："静電気管理技術の基礎（19）"、プラスチックスエージ（Mar.2001）
28）二澤正行："静電気管理技術の基礎（20）"、プラスチックスエージ（April.2001）
29）二澤正行："静電気管理技術の基礎（21）"、プラスチックスエージ（Aug.2001）
30）二澤正行："静電気管理技術の基礎（22）"、プラスチックスエージ（Sep.2001）
31）二澤正行："静電気管理技術の基礎（24）"、プラスチックスエージ（Jan.2002）
32）二澤正行："静電気管理技術の基礎（24）"、プラスチックスエージ（Jan.2002）
33）二澤正行："静電気管理技術の基礎（28）"、プラスチックスエージ（May.2002）

第1章の参考文献
1) 二澤 正行："静電気防止プラスチックの評価"、プラスチックスエージ、1988年10月号、pp.130～134
2) 同　　上："静電気防止プラスチックの評価方法と評価事例"、プラスチックスエージ、1989年1月号、pp.171～175
3) 山田、二澤："静電気防止特性の評価と対策＜1＞"、プラスチックエージ、1983年10月号、pp100～104
4) G.Baumgartner and R.Havermann, "Testing of Electrostatic Materials FED.STD. 101C Method 4046.1", Electrical Overstress/Electrostatic Discharge Symposium Proceedings, pp.97～103（Sept 1984）
5) 瀧原産業技術資料
6) ANSI/EIA-541：Packaging Material Standards for ESD Sensitive Items, June 1988
7) MIL-PRF-81705E：Barrier Materials, Flexible, Electrostatic Free, Heat Sealable
8) MIL-STD-3010B Method 4046：Electrostatic Properties（2008）

第2章の参考文献
1) 福田保裕等："先端半導体デバイス構造とESD耐性"、RCJ第3回EOS/ESDシンポジウム予稿集、pp.1～5（1993）
2) EIAJ ED4701/300 試験方法304-2001："半導体デバイスの環境及び耐久性試験方法（強度試験I）－人体モデル静電破壊試験（HBM／ESD）"
3) IEC 61340-3-1-Ed.2.0-2006："Electrostatics‐Part 3-1：Methods for simulation of electrostatic effects‐Human body model（HBM）- Electrostatic discharge test waveforms"
4) ESD STM5.1-2007："Electrostatic Discharge Sensitivity Testing - Human Body Model（HBM）Component Level"
5) JESD22-A114F-2008："Electrostatic Discharge（ESD）Sensitivity Testing Human Body Model（HBM）"
6) MIL-STD-883H method 3015.8-2010："Electrostatic Discharge Sensitivity Classification"
7) IEC 61340-3-2-Ed.2.0-2006："Electrostatics-Part 3-2：Methods for simulation of electrostatic effects‐Machine model（MM）- Electrostatic discharge test waveforms"
8) ANSI/ESD S5.2-2009："Electrostatic Discharge Sensitivity Testing‐Machine Model（MM）Component Level"
9) JESD-A115C-2010："Electrostatic Discharge（ESD）Sensitivity Testing Machine Model（MM）"

10) EIAJ ED4701/300 試験方法305B-2010："半導体デバイスの環境及び耐久性試験方法（強度試験I）－デバイス帯電モデル静電破壊試験（CDM／ESD)"
11) ESD S5.3.1-2009："Charged Device Model（CDM）-Component Level"
12) JESD22-C101-E-2009："Field-Induced Charged-Device Model Test Method for Electrostatics- Discharge-Withstand Thresholds of Microelectronic Components"
13) A.Nishimura, et.al.："The Arc problem and Voltage Scaling in ESD Human Body Model", in Annual Proceedings of The 12th EOS/ESD Symposium, EOS-12, pp.111-113（1990）
14) M.Matsumoto, et.al.："New Failure Mechanism due to Non-Wired Pin ESD Stressing", in Annual Proceedings of The 16th EOS/ESD Symposium, EOS-16, pp.90-95（1994）

第3章の参考文献
1) 渡辺、他："LSI単独のEMIを評価する2つの標準測定方法"、EDN Japan（2002.4）
2) 渡辺、他："Measurement of EMI Noise from ICs made Easier", NIKKEI ELECTRONICS ASIA, 2002.Nov, I-8
3) 渡辺："半導体EMI測定方法の国際規格化動向と概要"、EMC（2001.11）
4) 渡辺："EMC技術動向とLSIベンダーの取り組み"、日刊工業新聞、(2003.7.18)
5) SEMI E78-0998：Electrostatic Compatibility
6) SEMI E43-0301：Recommended Practice for Measuring Static Charge on Objects and Surfaces
7) IEC-61000-4-2：Electrostatic discharge immunity test
8) EC 61967-6：Measurement of Conducted Emissions, Magnetic Probe Method

第4章の参考文献
1) S.H.Halperin："Facility Evaluation:Isolating Environmental ESD Problems", EOS/ESD Symposium Proceeding, pp.192-205（1980）
2) ANSI/ESD S20.20-2007："Protection of Electrical and Electronic Parts, Assemblies and Equipment（Excluding Electrically Initiated Explosive Devices)"
3) EIA 625（最新版 JESD625-A-1999)："Requirements for Handling Electrostatic-Discharge-Sensitive（ESDS）Devices"
4) IEC 61340-5-1-2007："Protection of electronic devices from electrostatic phenomena – General requirements"
5) IEC/TR 61340-5-2-2007："Protection of electronic devices from electrostatic phenomena –User guide"
6) RCJS-5-1-2010："静電気現象からの電子デバイスの保護－一般要求事項"

第5章の参考文献
1) B. Y. Liu, et al.,："Characterization of Electronic Ionizers for Clean Rooms", the 31st Annual Technical Meeting of the IES April/May（1985）
2) 鈴木政則、他："高清浄空間におけるイオナイザーの問題点とその対策"、RCJ第3回EOS/ESDシンポジウム予稿集、p.65（1991）
3) 並木則和："クリーンルーム環境におけるガス－粒子変換"、クリーンテクノロジー p.67-737（1994）
4) Ken Murray, Vaughn Gross："Ozone and Small Particle Production by Steady state DC

Hood Ionization", EOS/ESD Symposium Proceeding (1989)
5) D. M. Fehlenbach et al.:"An Evaluation of Air Ionizers for Static Charge Reduction and Particle Emission", EOS/ESD symposium Proceeding (1992)
6) 村上、他:"エアーイオナイザーによる効果とその維持"、RCJ第5回EOS/ESDシンポジウム予稿集 (1995)
7) 鈴木、他:"クリーンルームにおける空気イオン化システムの有効性について"、第6回空気流浄とコンタミネーションコントロール研究大会、5 (1987)
8) Arnold Steinman : "Periodic Verification of Air Ionizer Performance", EOS/ESD symposium Proceeding (1993)
9) EOS/ESD Association : "Standard for Protection of Electrostatic Discharge Susceptible Items "Ionization", EOS/ESD, S3.1 (1991)
10) B. Y. Liu, D. Y. H. Pui, W. O. Kinstley and W. G. Fisher : "Characterization of Electronic Ionizers for Clean Rooms", The 31st Annual Technical Meeting of the IES April/May (1985)
11) 藤江:"半導体デバイスの静電気問題の概要", NIKKEI MICRODEVICES 11 (1995)
12) 二澤:"ESD損傷モデル"、pp.186-187、プラスチックエージ (1992.10)
13) 高山、渋谷、吉田:"静電気によるウェハー表面への微粒子沈着"、第8回空気清浄とコンタミネーションコントロール研究大会予稿集 (1989)
14) I. Hill : "Ionization Improves Robot Performance", pp.128-130, Evaluation Engineering (1992.4)
15) 静電気学会編:静電気ハンドブック、p.347、p.820、オーム社 (1981)
16) A.Steinman : "Air Ionization : Theory and Use", EOS/ESD Association Tutorial (1993)
17) 阪田:"次世代クリーンルームの静電気対策"、RCJ第2回EOS/ESDシンポジウム予稿集 (1992.11)
18) 日本電子部品信頼性センター編:"静電気に敏感なデバイス及び装置の取り扱いに関するガイドライン"、RCJS-0950-1993 (1993.3)
19) 福田:"静電気管理用のルームイオナイザー、選択と使い方が毒か薬かを決める"、日経エレクトロニクス、No.484 (1989)
20) 和泉:"静電気対策機器・用品の現状"、静電気学会誌、18、No.3、262 (1994)
21) 静電気学会編:静電気ハンドブック、p.347、p.820、オーム社 (1981)
22) 阪田、岡田:"クリーンルームにおける静電気障害とイオナイザーによる帯電防止"、静電気学会誌、15、No.2、134 (1991)
23) 稲葉、大見、吉川、岡田:"極微弱軟X線照射除電技術"、静電気学会誌、18、No.1、34 (1994)
24) 川高:エックス線作業主任者受験テキスト、pp.26-29、オーム社 (1993)
25) 小野:"人体の帯電危険とその防止"、静電気学会誌、15, No.2, 125 (1991)
26) 電気安全調査専門委員会:"電気に起因する災害とその防止技術の現状"、電気学会技術報告、Ⅱ部、No.181、pp.16-21 (1984)
27) 田中、市川:"電撃危険性と危険限界"、産業安全研究所安全資料、RIIS-SD-70-1、pp.29-37 (1970)
28) 太田、清水編:"オゾン利用の理論と実際"、pp.413-428、リアライズ社 (1989)
29) 日本電子部品信頼性センター編:"イオナイザーの規格に関する動向調査研究成果報告書"、R-5-ES-02 (1994-3)

30) MIL HDBK-263B AppendixI 40.1.2
31) ESD ADV2.0 - 1994 9.1
32) 二澤正行：静電気対策マニュアル、オーム社 (1989)
33) M.R.Havens.,"INHERENTLY STATIC DISSIPATIVE PACKAGING FILMS",1991. 204-209 EOS/ESDSYMPOSIUM PROCEEDING
34) T.E.Fahey & G.F.Wilson.,"INHERENTLY DISSIPATIVE POLYMER FILMS",1992. 189-194 EOS/ESDSYMPOSIUM PROCEEDING
35) J.A.Bradford.,"ESD PACKAGING:AN ENVIRONMENTAL PERSPECTIVE", 1993. 201-207,EOS/ESDSYMPOSIUM
36) J.Anderson,R.Denton & M.Smith,"CONTAMINATED ANTISTATIC POLYETHLENE",1987. 36-40 EOS/ESDSYMPOSIUM
37) J.M.Kolyer & J.D.Guttenplan,"CORROSION AND CONTAMINATION BY ANTISTATIC ADDITIVES IN PLASTIC FILMS", 1988. 99-102 EOS/ESDSYMPOSIUM

■ MIL 規格 ■
1) MIL-STD-1686
   Electrostatic Discharge Control Program for Protection of Electrical and Electronic Parts, Assembles and equipment (Excluding Electrically Initiated explosive Devices)
2) PRF-87893
   Workstations, Electrostatic Discharge (ESD) Control
3) PRF-81705
   Barrier Materials, Flexible, Electrostatic Free, Heat Sealable
4) MIL-HDBK − 263
   Electrostatic Discharge Control Handbook for Protection of Electrical and Electronic Parts, Assembles and equipment (Excluding Electrically Initiated explosive Devices)
5) HDBK-773
   Electrostatic Discharge Protective Packaging
6) MIL-STD-3010B, Method4046 Electrostatic Properties

■ 資料提供 ■
三井物産プラスチック株式会社
原田産業株式会社
旭プラスチック株式会社
村上商事株式会社
住友スリーエム株式会社
アキレス株式会社
ミドリ安全株式会社

参考文献

西ケ谷　薫：クリーム・インフラ低コストへの取り組み、クリーンてくのろじー、21〜22（1995）
E.Greig et al., "Controlling Static Charge in Photolithography area," Micro, 33〜38

(May.1995)

J.Rush, A.Steinman, "Reduction of Statics Related Defects and Controller Problems in Semiconductor Production Automation Equipment," Proceedings of the Ultra Clean Manufacturinng Conference SEMI（Oct.1994）

二澤正行、"静電気管理技術の基礎（23）"、プラスチックス・エージ（Oct. 2001）
二澤正行、"静電気管理技術の基礎（25）"、プラスチックス・エージ（Feb. 2001）
二澤正行、"静電気管理技術の基礎（26）"、プラスチックス・エージ（Mar. 2001）
二澤正行、"静電気管理技術の基礎（27）"、プラスチックス・エージ（April. 2001）
二澤正行、"静電気管理技術の基礎（29）"、プラスチックス・エージ（June. 2001）
二澤正行、"静電気管理技術の基礎（30）"、プラスチックス・エージ（Aug. 2001）
二澤正行、"静電気管理技術の基礎（31）"、プラスチックス・エージ（Sep. 2001）

索 引

あ

- 圧縮ガスイオナイザー ……………………… 282
- アッセンブリ ……………………………… 107
- イオナイザー ……………………… 4, 169, 256
- イオン ……………………………………… 13
- イオン化 …………………………………… 257
- イオンバランス …………………………… 272
- 椅子 ………………………………………… 207
- 一次包装材料 ……………………………… 290
- 衣服 ………………………………… 146, 202
- イミュニティ ……………………………… 80
- イミュニティ試験法 ……………………… 87
- インパルスノイズ ………………………… 89
- オームの法則 ……………………………… 29
- オゾン ……………………………………… 264
- オフセット電圧 …………………… 272, 283

か

- 回復性不良 ………………………………… 60
- ガウスの定理 ……………………………… 18
- 拡散性保護材料 …………………………… 22
- 加湿 ………………………………………… 169
- 間接印加放電試験 ………………………… 100
- 気中放電法 ………………………………… 91
- 起電妨害 …………………………………… 153
- キャパシティブ結合 ……………………… 38
- 空間電荷 …………………………………… 15
- 空気イオン ………………………………… 261
- クーロンの法則 …………………………… 19
- クーロン量 ………………………………… 19
- クーロン力 ………………………………… 19
- 靴 …………………………………………… 186
- 組立て工程 ………………………………… 56
- クリーンルーム …………………… 119, 258
- ゲート絶縁膜破壊 ………………………… 61
- 減衰曲線 …………………………………… 47
- 減衰時間 …………………………………… 4
- ケネディ宇宙センター …………………… 22
- 高圧ラミネート材料 ……………………… 188
- 交流方式 …………………………………… 269
- 故障率曲線 ………………………………… 56
- コロナ放電 ………………………………… 13
- コロナ放電式 ……………………………… 261

さ

- 作業表面 …………………………………… 194
- 作業面イオナイザー ……………………… 279
- サブアッセンブリ ………………………… 107
- 紫外線式 …………………………………… 261
- 磁界プローブ法 …………………………… 84
- 自己放電式 ………………………………… 268
- 湿度依存性 ………………………………… 221
- 室内イオナイザー ………………………… 277
- 修理 ………………………………………… 159
- 除電 ………………………………………… 27
- 除電装置 …………………………………… 257
- ジョブ・エンジニアリング …………… 147
- 塵埃付着防止 ……………………………… 258
- 人体帯電 …………………………………… 114
- 人体の帯電状態 …………………………… 139
- 人体モデル ………………………… 59, 66
- 垂直型モデル ……………………………… 106
- スプレー …………………………………… 250
- 生産分析 …………………………………… 112
- 静電気 ……………………………………… 2
- 静電気管理 ………………………………… 104
- 静電気管理規格 …………………………… 168
- 静電気管理技術者 ………………………… 164
- 静電気管理区域 …………………………… 134
- 静電気管理製品 …………………………… 174
- 静電気管理プログラム ……………… 113, 121

索引

静電気管理用製品	119
静電気管理領域内	12
静電気減衰性	152
静電気シールド袋	290
静電気シールドフィルム	290
静電気除去装置	257
静電気損傷	108
静電気敏感性区分	64
静電気敏感性デバイス	170
静電気放電	56, 164
静電気放電障害	105
静電気保護区域	165
静電気用管理製品	119
静電容量	18
絶縁体	15
絶縁抵抗	30
接触放電法	92
接地	169
接地器具	199
接地経路	207
洗浄	243
層構造	37
層流フードイオナイザー	279
ソフトリーク不良	60

た

体積抵抗	4, 33
体積抵抗率	31
帯電電圧	4
帯電プレートモニタ	271, 275
帯電防止衣類	203
帯電防止剤	6, 209
帯電防止材料特性	298
帯電防止袋	237
帯電防止対策	210
帯電列	11
卓上型装置	96
直流方式	269
抵抗率	29
ディッピング	250, 251

デバイス帯電モデル	71, 114
デバイス破壊	116
電圧	14
電位	14
電位差	14
電界	16
電界強度	32
電荷減衰	42
電荷量	4, 16
電気的連続性	208
電気力線	18
電磁環境両立性	78
電磁波耐性	78
電磁波妨害	78
電磁パルス	154
電磁誘導	153
電場	16
電場強度	17
電流	14
トゥー・ヒールグラウンダ	191
トゥー・ヒールストラップ	191
導電性	22, 150
導電性カーボン	307
導電性素材	230
導電繊維	204
透明性ポリエチレン製	290
塗布型帯電防止剤	140, 146, 214

な

軟X線式	261
二次包装材料	290
二端子方法	35
人間要因	144
熱破壊	61
練り込み型帯電防止剤	229

は

破壊試験	114
破壊電圧	135
破壊モデル	56

履物	145, 190
バスタブカーブ	56
パルス直流方式	269
半導体デバイスの損傷	60
非回復性不良	60
表面抵抗	4, 33
表面抵抗率	31
敏感性	104
敏感性区分	135
ファラディカップ	25
ファラディカップ法	19
フィードバック	148
フィールドサービスキット	201
フットチェッカー	192
物流	127
分極	13
放射線式	261
包装	123, 156
包装手順	313
放電電極	93
ポウドフロワー	188
保護作業区域	165
保護用包装	156
保守	159

ま

マーキング	172
摩擦帯電	11
摩擦帯電系列	11, 22
マシンモデル	59, 69, 114
窓付きスティック	310

や

誘導帯電	12
床	137, 186
輸送	156
四端子測定法	34

ら

ラベリング	157

リーク抵抗	30
リストストラップ	144, 174
リストストラップチェッカー	182
リストストラップモニター	184
ルームイオナイザー	119
漏洩	207
漏洩抵抗	30

わ

ワークベンチファラディケージ法	89
ワイプ	250, 254

英文索引

ANSI	46
BSI	3
CDM	114
DIPスティック	51, 307
DIPチューブ	23, 240
EBP	173
EIA	3
EMC	78
EMI	78
EMIロケータ	101
EMS	78
EN	3
EPA	165, 173
ESD	105, 164
ESDS	39, 104
ESDSアイテム	177
ESDSデバイス	105
ESDS現場作業用キット	200
ESDコーディネータ	104, 164
ESD管理	107
ESD協会	6
ESD接地設備	173
ESD発生器	95
ESD保護作業表面	194, 197
ESD保護包装	294, 289

FICDM	116
FTMS	24
HBM	59, 114
Human Body Model	59
IEC	3
JEITA	59
LDD構造	62
Machine Model	59
Magnetic Probe Method	84
MIL	3
MM	59, 114
NASA	22
NFPA	39
p-n接合破壊	61
PVCフィルム	241
SD構造	62
VZAP Ⅱ	111

その他

α 線	263
α 粒子	263

図解 静電気管理入門	©二澤正行　*2011*
2011年10月28日　第1版第1刷発行	【本書の無断転載を禁ず】
2024年 3月21日　第1版第3刷発行	

編著者　二澤正行
発行者　森北博巳
発行所　森北出版株式会社
　　　　東京都千代田区富士見1-4-11（〒102-0071）
　　　　電話 03-3265-8341／FAX 03-3264-8709
　　　　https://www.morikita.co.jp/
　　　　日本書籍出版協会・自然科学書協会　会員
　　　　JCOPY <(一社)出版者著作権管理機構　委託出版物>

落丁・乱丁本はお取替えいたします　　　印刷・製本／ワコー
Printed in Japan／ISBN978-4-627-73601-6